内容提要

　　本教材紧紧围绕中等职业教育培养目标，从职业能力的培养出发，结合职业资格考试内容，采用项目教学、任务驱动模式。教材结构打破传统的章节顺序，以案例实训为主线，充分体现了任务引领、实践导向的课程设计思想。通过相关项目的学习，使学生掌握计算机辅助园林制图方面的基本知识和基本操作技能，增强学生解决实际问题的能力。

　　本教材共分七个项目：绘制园林造园要素的平面图形、绘制园林规划平面设计图图纸、绘制园林规划施工图图纸、绘制园林规划设计平面效果图、绘制园林规划设计三维效果图场景、园林设计效果图的后期处理、绘制园林规划设计方案文本。每个项目下有若干任务、相关知识链接以及任务拓展等。

　　本教材可供中等职业学校园林专业教学使用，也可作为计算机园林制图初学者的培训教材和自学用书。

中等职业教育农业部规划教材

计算机辅助园林制图

王世茹　主编

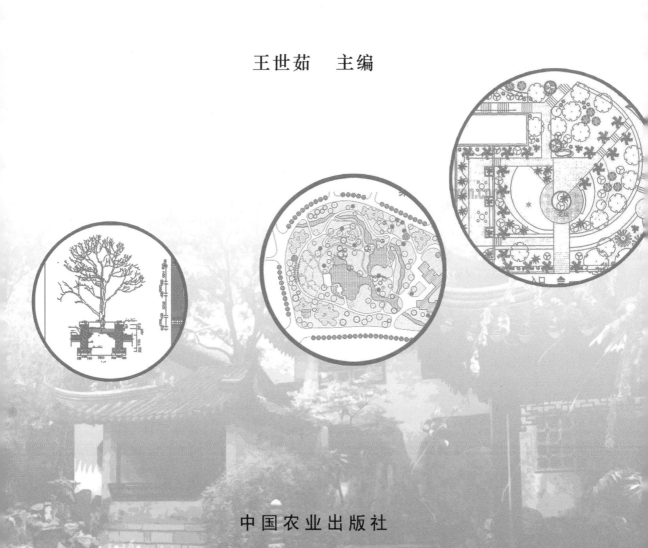

中国农业出版社

编写人员名单

主　编　王世茹（河南省南阳农业学校）

副主编　石　战（河南省南阳农业学校）

　　　　　曾　莉（广西桂林林业学校）

参　编（按姓名笔画排序）

　　　　　李妹燕（广西百色农业学校）

　　　　　张荣妹（广西桂林农业学校）

　　　　　姚勇强（安徽省黄山茶业学校）

　　　　　郭　丹（北京市昌平职业学校）

审　稿　白振海（黄淮学院）

《国务院关于大力发展职业教育的决定》中明确提出了"坚持以就业为导向，深化职业教育教学改革"的方针，以课程改革为核心的职业教育改革迫在眉睫，开发实用性和针对性强的新颖教材成为当务之急。为了进一步适应新的职业教学改革，更加贴近教学实际，满足学生的需求，中国农业出版社组织了一批具有扎实基础理论知识和丰富实践经验的一线教师共同编写这本全新的教材。

本课程是中等职业学校园林专业的一门重要专业基础课。其任务是使园林专业的学生了解 AutoCAD、Photoshop 和 SketchUp 等常用的计算机绘图软件的基本性能，熟练应用绘图软件，能绘制系统的园林规划设计平面图和效果图。全书通过绘制各种园林规划设计要素的平面和立体图例、园林规划设计平面图图纸和效果图图纸，系统介绍 AutoCAD、Photoshop 和 SketchUp 等计算机绘图软件在园林规划设计方面的应用，使读者在完成各种绘图任务的过程中系统掌握计算机辅助园林制图的职业技能。

本教材在编写上充分结合中等职业教育的教学特点和中等职业学生的学习能力及学习特点，打破了传统意义上严密的学科体系，采用项目式教学模式，共设有绘制园林造园要素的平面图形、绘制园林规划平面设计图图纸、绘制园林规划施工图图纸、绘制园林规划设计平面效果图、绘制园林规划设计三维效果图场景、园林设计效果图后期处理和绘制园林规划设计方案文本七个项目，涵盖了园林规划设计中常用的典型操作。每个项目又分为若干个教学任务，设置任务分析、知识链接、任务实施、任务拓展等教与学的环节，以绘图实例贯穿全书，将应会应知的理论知识融入大量的实例操作中，并详细陈述具体绘图步骤，辅以实际操作画面图，帮助学生在最短的时间内，熟练掌握计算机辅助园林制图的基本方法和步骤。

需要特别指出的是，本教材讲解 SketchUp 软件，它新颖独特的绘图方法使得应用者可以非常流利地从二维图形得到三维模型，也可以非常方便地从三维模型得到二维图形，方便方案在平面阶段和空间阶段快速地转换。尤其是操作方法简单，容易上手，非常适用于中等职业学生在较短时间内熟练掌握绘制三维模型图的技能。

本教材可供中等职业学校园林专业教学使用，也可以作为计算机园林制图初学者的培训教材和自学用书。

本教材由王世茹担任主编，石战、曾莉担任副主编，姚勇强、张荣妹、郭丹、李妹燕参加编写。王世茹撰写项目一（任务四）、项目七；石战撰写项目五；曾莉撰写项目四（任务五）、项目六；李妹燕撰写项目一（任务一至任务三）；郭丹撰写项目二；姚勇强撰写项目三；张荣妹撰写项目四（任务一至任务四）。全教材由白振海审稿。

本教材在编写过程中，参阅了大量相关教材和相关文献，在此表示衷心的感谢！

由于编者水平有限，编写时间仓促，不妥之处在所难免，敬请广大读者和专家对我们的工作提出宝贵意见和建议。

编　者

2012.12

目录

前言

项目一

绘制园林造园要素的平面图形

AutoCAD是由美国Autodesk（欧特克）公司于20世纪80年代初为微机上应用计算机辅助设计（computer aided design，CAD）技术而开发的绘图程序软件包，经过不断完善，现在已成为国际上广为流行的绘图工具。它具有易于掌握、使用方便、体系结构开放等优点，广泛应用于建筑设计、机械设计、室内设计、园林设计等各个行业。

在园林设计中，AutoCAD主要用来绘制园林设计的平面图、立面图、剖面图等工程图纸。本教材以AutoCAD2007中文版为例，结合园林行业的实际需要，详细介绍AutoCAD的基本绘图和编辑修改等功能，图块、文字以及尺寸标注的创建与使用方法，图形文件打印输出的方法和技巧等。

一、AutoCAD2007 的启动

双击桌面上的"AutoCAD2007 Simplified Chinese"图标█启动AutoCAD；或者单击桌面左下角"开始"按钮，在"程序"选单（俗称菜单）中选择"AutoCAD2007"程序启动AutoCAD。

二、AutoCAD2007 经典界面

启动AutoCAD2007中文版软件后打开如图1-1所示的系统工作界面。

（一）标题栏

标题栏位于应用程序窗口的最上方，用于显示当前的程序及所操作的图形文件的名称和路径，与其他的Windows应用程序相似，用户可以通过标题栏最右端的 ▁▢✕ 图标实现AutoCAD2007窗口的最小化、最大化（还原）和关闭操作。

（二）选单栏

选单栏通常位于标题栏下面，共有11项选单项，其中包含了AutoCAD绝大部分的操作命令。单击某一选单项，会显示出相应的下拉选单。另外，每个选单项名称后面小括号里都有一个相应的字母，按住Alt键的同时，按相应字母键，可以快速打开相应的下拉选单。例如按Alt+F键，可以快速打开"文件"下拉选单。

在下拉选单中，单击右侧没有任何标识的选单项，将直接执行对应的AutoCAD命令。

在下拉选单中，单击右侧带有" ▶ "标记的选单项，将弹出下一级选单，称为级联选单。用户在级联选单中选取选单项，可执行对应的AutoCAD命令。

在下拉选单中，单击右侧带有"…"标记的选单项，将弹出一个相应命令的对话框，

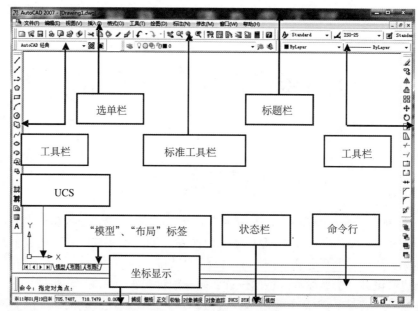

图 1-1　AutoCAD2007 工作界面

用户可以通过该对话框实施相应的操作。

（三）工具栏

工具栏分组排列着许多图标按钮，每个图标对应一个 AutoCAD 命令。将鼠标指针置于一个图标上几秒钟，则该图标的名称就显示在鼠标指针的右下角，单击图标，就会快速启动该命令。

AutoCAD2007 提供了 29 个工具栏，在默认情况下，显示"图层"工具栏、"标准"工具栏、"对象特性"工具栏、"绘图"工具栏、"样式"工具栏、"修改"工具栏等常用的工具栏。在上述任意一个工具栏上单击右键，则弹出一个如图 1-2 所示的显示所有工具栏名称的快捷选单，其中名称前有"√"的表示该工具栏显示在界面，反之则隐藏起来。

（四）绘图窗口

绘图窗口是用户绘图的工作区域，所有的绘制图形将显示在该窗口中。绘图窗口可以理解为无限大，用户通过选择选单"视图"→"缩放"中的有关命令，显示绘制的图形。

绘图窗口的光标称为"十字"光标，当移动鼠标时，绘图窗口中的"十字"光标也跟着移动，同时在绘图窗口底部的状态栏中将显示出光标的坐标位置。

在绘图窗口的左下角有一个坐标系的图标，它指示了绘图窗口的方位。在 AutoCAD 中绘制图形，可以采用两种坐标系：一种是世界坐标系（world coordinate system，WCS），这是用户刚进入 AutoCAD 时的默认坐标系统，是固定的坐标系统，绘制图形时多数情况下都是在这个坐标系统下进行的。另一种是用户坐标系（user coordinate system，UCS），这是用户利用 ucs 命令相对于世界坐标系重新定位、定向的坐标系。在默认情况下，UCS 和 WCS 重合。

图 1-2　工具栏快捷选单

（五）"模型"或"布局"标签

绘图窗口包含了两种作图空间，一种是模型空间，另外一种是图纸空间。在此窗口的底部有三个标签，默认时是"模型"标签，用户在这里一般按实际尺寸绘制二维或三维图形。当单击"布局1"或"布局2"标签时，就切换至图纸空间。如果将鼠标指向任意一个标签单击右键，可以使用弹出的快捷选单新建、删除、重命名、移动或复制布局，也可以进行页面设置等操作。

（六）命令行窗口

命令行在绘图窗口下方，是用户使用键盘输入各种命令的直接显示窗口，也可以显示出操作过程中的各种信息和提示。默认状态下，命令行保留显示所执行的最后三行命令或提示信息。用户可以用改变一般窗口的方法来改变命令行的大小。

（七）文本窗口

文本窗口一般处于关闭状态，按F2键可以实现绘图窗口和文本窗口的切换。AutoCAD2007的文本窗口如图1-3所示，显示当前绘图进程中命令的输入和执行过程的相关文字信息。

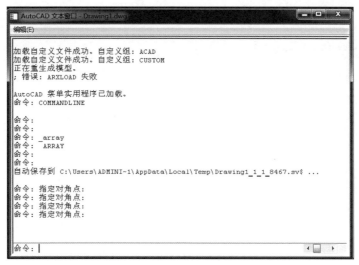

图1-3　文本窗口

（八）状态栏

状态栏位于界面的底部，它反映此时的工作状态。用户将光标置于绘图区域时，状态栏左边显示的是当前光标所在位置的坐标值。这个区域称为坐标显示区域。

状态栏右边是指示并控制用户工作状态的辅助精确绘图工具按钮，它们分别是"捕捉"、"栅格"、"正交"、"极轴"、"对象捕捉"、"对象追踪"、"线宽"和"模型"等。单击任意一个按钮均可切换当前的辅助精确绘图工具。当按钮被按下时表示相应的设置处于打开状态。

用右键单击"极轴"、"对象捕捉"、"对象追踪"等按钮时，弹出快捷选单，选择"设置"命令，弹出"草图设置"对话框，如图1-4所示。在该对话框中可设置辅助精确绘图的特性。

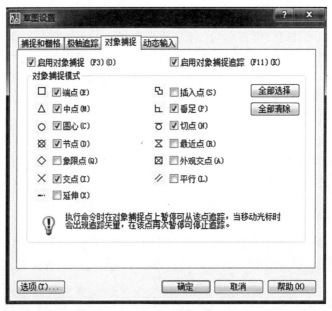

图1-4 "草图设置"对话框

三、常用文件操作命令

（一）打开图形文件

打开一幅已经保存过的图形文件，可以采用以下三种操作方法：

方法1：在命令行输入"open"（快捷键：Ctrl+O），按回车键确认。

方法2：单击"标准"工具栏中的"打开"图标 。

方法3：选择选单"文件"→"打开"命令。

执行以上任何一个操作后，将弹出如图1-5所示的"选择文件"对话框，顺序执行图中所示的操作步骤，即可打开所选择的图形文件。

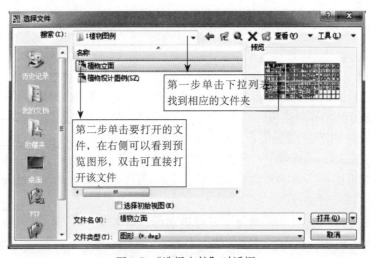

图1-5 "选择文件"对话框

4

（二）图形文件的保存

1.作图过程中第一次存盘　对于第一次保存图形文件可以采用以下三种操作方法：

方法1：在命令行输入"qsave"（快捷键：Ctrl+S），按回车键确认。

方法2：单击"标准"工具栏中的"保存"图标 。

方法3：选择选单"文件"→"保存"命令。

执行以上任何一个操作后，将弹出如图1-6所示的"图形另存为"对话框，顺序执行图中所示的操作步骤，即可完成图形文件的保存。

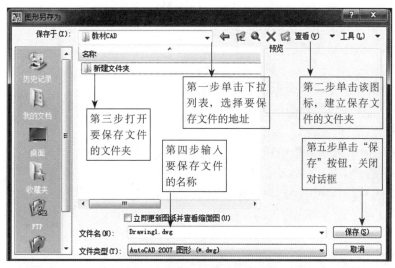

图1-6　"图形另存为"对话框

2.作图过程中存盘　在作图过程中可以随时单击"标准"工具栏中的"保存"图标 ，此时不再弹出"图形另存为"对话框，当前图形以原来的文件名存储于原来的文件夹中。

通过选择选单"工具"→"选项"命令可以定时保存文件。在"选项"对话框的"打开和保存"选项卡中可在1 ~ 120min设置自动保存的时间，如图1-7所示。

图1-7　设置自动保存时间

3. 赋名存盘　对当前绘制的图形文件另取名称保存，可采用以下两种操作方法：

方法1：在命令行输入"save"（快捷键：Ctrl+Shift+S），按回车键确认。

方法2：选择选单"文件"→"另存为"命令。

执行以上任何一个操作，同样弹出如图1-6所示的"图形另存为"对话框，将文件改名后单击"确定"按钮即可。

（三）新建图形文件

绘制图形时需要新建图形文件，可以采用以下三种操作方法：

方法1：在命令行输入"new"（快捷键：Ctrl+N），按回车键确认。

方法2：单击"标准"工具栏中的图标 🗋 。

方法3：选择选单"文件"→"新建"命令。

在默认状态下，执行以上任何一个操作均弹出"选择样板"对话框，如图1-8所示。在"选择样板"对话框的文件"名称"列表框中，可以选择其中的某一个样板文件作为样板来创建新图形。"选择样板"对话框的文件"名称"列表框中提供了三种类型的文件，即图形样板（*.dwt）、图形（*.dwg）、图形标准（*.dws）。

样板文件中通常包含与绘图相关的一些设置，如图层、线型、文字样式等，利用样板图创建新图不仅提高了绘图效率，而且还保证了图形的一致性。但是，在默认的情况下，系统中的样板图不符合我国的制图标准，建议不要采用。可以采用位于文件"名称"列表框前列的空白文件，或者创建自己的样板图，以便日后使用。

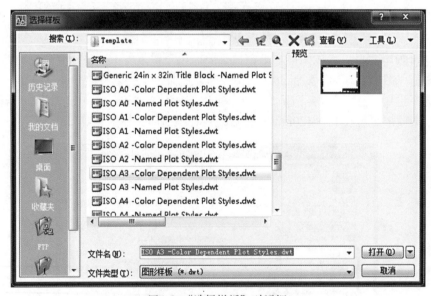

图1-8　"选择样板"对话框

（四）退出AutoCAD 2007

完成图形绘制后，退出AutoCAD2007可以采用以下两种操作方法：

方法1：在命令行输入"quit"（快捷键：Ctrl+Q），按回车键确认。

方法2：选择选单"文件"→"关闭"命令。

四、系统执行绘图命令的方式

（一）操作鼠标执行命令

在绘图窗口，光标通常显示为"十"字线形式。当光标移至选单选项、工具或对话框内时，就会变成一个箭头。无论光标是"十"字线形还是箭头形，当单击或单击右键时，都会执行相应的命令或动作。在AutoCAD中，鼠标键是按照下述规则定义的：

1.拾取键　拾取键通常是指鼠标左键，用于指定屏幕上的点，也可以用来选择Windows对象、AutoCAD对象、工具栏按钮和选单命令等。

2.回车键　回车键通常是指鼠标右键，用于结束当前使用的命令，此时系统将根据当前绘图状态而弹出不同的快捷选单。

3.弹出选单　当按Shift键同时单击右键时，系统将弹出一个快捷选单，用于设置捕捉点的方法。

（二）使用命令行

在AutoCAD2007中，默认情况下"命令行"是一个可固定的窗口。可以在当前命令行提示下输入命令、对象参数等内容。对大多数命令，"命令行"中可以显示执行完的两条命令提示（也叫历史命令）。而对于一些输出命令，例如time、list命令，需要在放大的"命令行"或AutoCAD文本窗口中才能完全显示。

在"命令行"窗口中单击右键，AutoCAD将显示一个快捷选单，通过它可以选择最近使用过的6个命令、复制选定的文字或全部命令历史记录、粘贴文字，以及打开"选项"对话框。

在命令行中，还可以使用BackSpace或Delete键删除命令行中的文字；也可以选择"复制历史记录"命令，并选择"粘贴"命令，将上一步操作过的命令粘贴到命令行中。

（三）使用透明命令

AutoCAD中的命令分普通命令和透明命令。通常在某一命令运行过程中如果输入一个普通命令，那么系统将会自动终止前一个命令而运行该普通命令，当然，运行完该普通命令后，前一个命令也不会再继续运行；相反，在某一命令运行过程中如果插入透明命令，则前一个命令将会暂停运行而执行透明命令，并且当运行完透明命令后前一个命令还会自动继续运行。

常使用的透明命令多为修改图形设置命令和绘图辅助工具命令，例如snap、grid、zoom等。要以透明方式使用命令，应在输入命令之前输入单引号（'）。命令行中透明命令的提示前有一个双折号（＞＞）。完成透明命令后，将继续执行原命令。

五、课后测评

（一）填空题

（1）在下拉选单中，右侧带有" ▶ "的选单项，表示其还包含＿＿＿＿选单项，单击该选单项，将弹出下一级选单，称为＿＿＿＿选单。

（2）在任意一个工具栏上鼠标＿＿＿＿，则弹出一个显示所有工具栏名称的快捷选单，其中名称前有＿＿＿＿的表示该工具栏显示在界面上，反之则隐藏起来。

（3）状态栏右边是指示并控制用户工作状态的辅助＿＿＿＿工具按钮，它们分别是"捕捉"、"栅格"、"正交"、"极轴"、"对象捕捉"、"对象追踪"、"线宽"和"模型"等。

（4）在第一次保存创建的图形时，系统将打开_____对话框。

（5）在命令行输入_____（快捷键：Ctrl+_____），按回车键后执行打开文件的命令。

（6）在绘图窗口，光标通常显示为_____形状。当光标移至选单栏、工具栏或对话框内时，它会变成一个_____形状。

（二）选择题

（1）另存图形文件的快捷键为_____。

　　① Ctrl+S 　　② Ctrl+N 　　③ Ctrl+Shift+S 　　④ Ctrl+Shift+O

（2）新建图形文件的快捷键为_____。

　　① Ctrl+S 　　② Ctrl+N 　　③ Ctrl+Shift+S 　　④ Ctrl+P

（3）在命令行窗口中单击右键，AutoCAD将显示一个快捷选单，通过它可以选择最近使用过的_____个命令。

　　① 3 　　② 4 　　③ 6 　　④ 8

（4）在AutoCAD2007中，可以通过按_____键打开文本窗口。

　　① F1 　　② F2 　　③ F3 　　④ F8

（5）右键单击，相当于按_____键，用于结束当前使用的命令。

　　① Enter 　　② Delete 　　③ Backspace 　　④ Shift

任务一　创建名称为"A3图幅"的图形样板

一、任务分析

本任务创建一个名称为"A3图幅"的图形样板文件。样板文件是一种带有特定图形设置的图形文件（扩展名为".dwt"），是为了保证相同图幅的图形使用相同的图层、颜色、线型等对象特性而设置的。

绘制样板文件包含以下操作：设置单位类型和精度，设置绘图界限，设置图层、线型、线宽、颜色等对象特性。当采用该样板来创建新的图形文件时，它就会继承样板中的所有设置，这样就避免了大量的重复设置工作，而且也保证了同一项目中所有图形文件的标准统一。

二、知识链接

（一）图形界限的设置

设置图形界限就是设置绘图区域的大小，相当于选定了图纸的图幅，也就是栅格显示的界限。默认设置下，AutoCAD2007的绘图区域大小为420mm×297mm，这是一张图幅为A3的图纸。在绘制图形时，设计者应根据图形的大小和复杂程度，选择相应的图纸幅面。

1.执行图形界限命令的方法　在下列两种方法中任选一个就可以执行图形界限命令。

方法1：选择选单"格式"→"图形界限"命令。

方法2：在命令行输入"limits"，按回车键确认。

2.命令操作的方法　按下列步骤设定图形界限：

（1）启动图形界限命令：选择选单"格式"→"图形界限"命令。

（2）按回车键：确定左下角点的坐标为"0.0000，0.0000"。

（3）输入图形界限右上角点的坐标：系统默认右上角点坐标为"420.0000，297.0000"，直接按回车键即为默认坐标；输入新的坐标数值后按回车键即可按要求设定图形界限。

（4）缩放绘图空间：选择选单"视图"→"缩放"→"全部"命令，可在绘图窗口完全显示所设定的图形界限，否则会出现超出绘图窗口的现象。

（二）图层

在绘制图形时，图层是一个重要的辅助工具，它可以用来管理图形中的不同对象。用户可以在一幅图中指定任意数量的图层，但各图层具有相同的坐标系、绘图界限，显示时具有相同的缩放倍数。一般图层的设置根据所绘制图形的复杂程度来确定。每一个图层设定一个名称，方便管理，同时一个图层上的对象应该是一种线型、一种颜色。

1．执行图层命令的方法　在下列方法中任选一个就可以执行图层命令：

方法1：选择选单"格式"→"图层"命令。

方法2：单击"图层"工具栏中的"图层特性管理器"图标。

方法3：在命令行输入"layer"（缩写名：la），按回车键执行命令。

执行以上任何一个命令，都会弹出如图1-9所示的"图层特性管理器"对话框。在其中不仅可以创建新的图层，设置图层的颜色、线型和线宽，还可以对图层进行更多的设置与管理，如图层的切换、重命名、删除及图层的显示控制等。

2．创建新的图层　开始绘制新图形时，系统将自动创建一个名为"0"的特殊图层。默认情况下，图层0将被指定使用7号颜色、"continuous"线型、"默认"线宽及"normal"打印样式，用户不能删除或重命名图层0。在绘图过程中，如果用户要使用更多的图层来组织图形，就需要先创建新图层。

在"图层特性管理器"中单击"新建图层"图标，可以创建一个名称为"图层1"的新图层。单击该图层名，输入新的图层名称，并按回车键确认更改的图层名称。另外用户根据需要还可更改新图层的颜色、线型和线宽等。

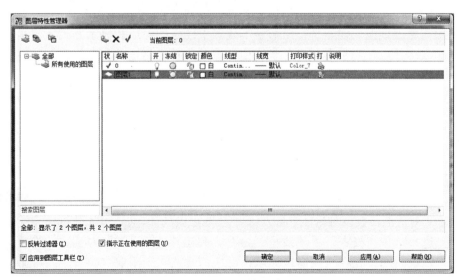

图1-9　图层特性管理器

3. 设置图层的颜色　图层的颜色就是相应图形的颜色，每个图层都有自己的颜色，不同的图层可以设置相同的颜色，也可以设置不同的颜色。

（1）弹出"选择颜色"对话框：在"图层特性管理器"中单击"图层1"的颜色图标（新建图层的颜色默认为白色），弹出"选择颜色"对话框，如图1-10所示。

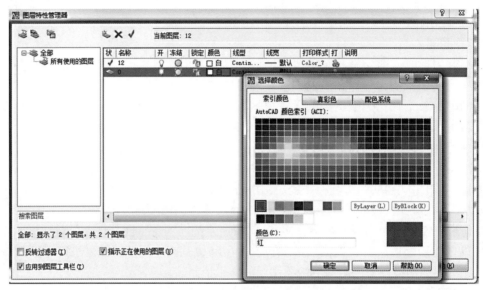

图1-10　"选择颜色"对话框

（2）设定颜色：在"选择颜色"对话框中有"索引颜色"、"真彩色"和"配色系统"三个选项卡，可以根据需要选择合适的颜色，然后单击"确定"按钮，返回到"图层特性管理器"。

"选择颜色"对话框"索引颜色"选项卡左下侧有红、黄、绿、蓝、深蓝、紫六种彩色和白灰色块，这些色块组成的色调为基本颜色，各色块间的对比非常清晰。对于图层设置较少的图纸来说，尽量选择这类颜色可以使图纸对比更加清晰，表现更加清楚。

4. 使用与管理线型　线型是指图形基本元素中线条的组成和显示方式，如实线和虚线等。在AutoCAD中，既有简单线型，也有由一些特殊符号组成的复杂线型，以满足不同的国家和行业制图标准的要求。

（1）设置图层线型：默认情况下，图层的线型为"continuous"一种线型，如果要使用其他线型，必须将其加载到"选择线型"对话框中，按图1-11所示步骤操作。

（2）设置线型比例：选择选单"格式"→"线型"命令，打开"线型管理器"，单击其中的"显示细节"按钮，然后设置全局比例因子，就可设置图形中的线型比例，从而改变非连续线型的外观，如图1-12所示。

5. 设置图层线宽　在"图层特性管理器"的"线宽"列中单击该图层对应的默认线宽，打开"线宽"对话框，在该对话框中有20多种线宽可供选择，如图1-13所示。

另外，选择选单"格式"→"线宽"命令，弹出"线宽设置"对话框，选择"显示线宽"选项卡，设置的线宽在绘图窗口显示；反之，线宽在绘图窗口隐藏。还可通过调整线宽比例，使图形中的线宽显示的更宽或更窄。

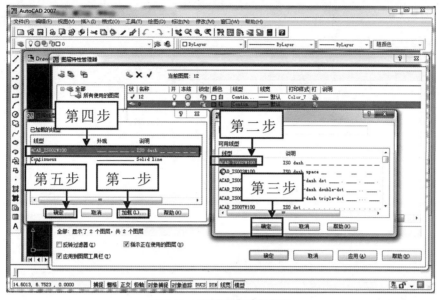

图 1-11　设置图层线型步骤

图 1-12　设置线型比例

图 1-13　"线宽"对话框

三、任务实施

（一）新建空白的图形文件

1. 按 Ctrl+N 键　按 Ctrl+N 键，弹出"选择样板"对话框。

2. 选择"acadiso.dwt"模板　在"选择样板"对话框中，单击"acadiso.dwt"模板文件，接着单击"打开"按钮，就可新建一个图形文件，如图 1-14 所示。

（二）设置单位类型和绘图精度

选择选单"格式"→"单位"命令，弹出"图形单位"对话框，在其中设置绘图时使用的长度单位、角度单位及单位的显示格式和精度等参数，如图 1-15 所示。

（三）设置绘图界限

1. 激活命令　选择选单"格式"→"图形界限"命令。

图1-14 选择"acadiso.dwt"模板　　　　　图1-15 "图形单位"对话框

2.设定图形左下角坐标 按回车键，默认系统设定的左下角坐标"0.0000，0.0000"。

3.设定图纸界限 按回车键，默认系统设定的右上角坐标"420.00，297.00"，设定了A3图幅的图纸界限。

4.缩放视图窗口 选择选单"视图"→"缩放"→"全部"命令，绘图界限位于绘图窗口中间。如果单击状态栏的"栅格"命令，绘图界限如图1-16所示。

由于本项目绘制的园林造园要素图形都使用A3图幅的图纸，所以将图形的绘图界限设置为A3图纸大小。若要绘制其他幅面的图形，修改右上角的坐标即可。

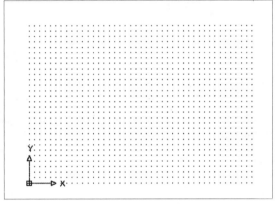

图1-16 A3图幅的图形界限

（四）设置图层

1.新建图层 顺次执行下列步骤新建一个图层。

①激活图层命令：命令行输入"la"，按回车键，弹出"图层特性管理器"，就激活了设置图层的命令。

②创建一个新的图层：单击对话框中的"新建图层"图标，创建一个新的图层，系统自动命名为"图层1"。

③更改图层名称：单击"图层1"名称，输入"中心线"名称。

2.设置线型 设置线型主要有下列两个步骤。

①加载"CENTER"的线型：第一步单击"中心线"图层上的线型"continuous"图标，弹出"选择线型"对话框。第二步单击"加载"按钮，弹出"加载或重建线型"对话框。第三步在列表中选择"CENTER"线型，单击"确定"按钮，回到"选择线型"对话框。

②选择"CENTER"的线型：在"选择线型"对话框中先单击"CENTER"，然后单击"确定"按钮。

3.设置线宽 首先单击"中心线"图层上的图标 ——默认，弹出"线宽"对话框，接着从中选择"——0.25毫米"选项，最后单击"确定"按钮，完成线宽的设置。

图1-17 设置图层

4.设置颜色 单击与"中心线"图层的颜色相对应的白色图标,打开"选择颜色"对话框,选择"红色",单击"确定"按钮,完成颜色的设置。

5.设置其他图层 按照上述步骤,分别设置"粗实线"、"细实线"、"标注"、"文字"、"填充"等图层,如图1-17所示。各图层具体特性如表1-1所示。

表1-1 图层特性参数表

图 层	颜色	线 型	线宽（mm）
中心线	红色	CENTER	0.25
粗实线	白色	Continuous	0.35
细实线	白色	Continuous	0.25
虚线	紫色	DASHED	0.25
填充	白色	Continuous	0.25
标注	白色	Continuous	0.25
文字	白色	Continuous	0.25

（五）保存图形样板

1.执行选单命令 选择选单"文件"→"另存为"命令(快捷键：Ctrl+Shift+S)首先弹出"图形另存为"对话框，然后输入"A3图幅模板"文件名，并在"文件类型"格式栏中选择"AutoCAD图形样板（*.dwt）"，最后单击"保存"按钮保存模板，如图1-18所示。

2.样板说明 保存完成后，弹出"样板说明"对话框，可以输入对该模板的简短描述，并确定单位为"公制"，单击"确定"按钮完成图形样板的创建。

图1-18 保存样板文件

四、任务拓展

（一）绘制任务

创建名为"A2图幅模板"的图形样板文件。

（二）绘图提示

1. 设定图形界限 在命令行输入图形界限右上角坐标"594.00，420.00"，设定A2图幅的图形界限。

2. 设定图层特性 根据表1-2所示的图层特性参数，设置图层的颜色、线型和线宽。

表1-2 图层特性参数表

图 层	颜 色	线 型	线宽（mm）
中心线	红色	CENTER	0.30
粗实线	白色	Continuous	0.35
细实线	白色	Continuous	0.30
虚线	蓝色	ACAD-IS004W100	0.30
填充	白色	Continuous	0.30
标注	白色	Continuous	0.30

五、课后测评

（一）填空题

（1）样板文件是一种带有特定图形设置的图形文件，其扩展名为_____。

（2）在命令行输入_____，按回车键，执行图形界限命令。

（3）当采用图形样板来创建新的图形时，则新的图形继承了该样板的_____设置。

（4）图层的颜色实际上是_____颜色。

（5）开始绘制新图形时，AutoCAD将自动创建一个名为_____的特殊图层。

（6）选择选单"格式"→"线型"命令，打开"线型管理器"对话框，单击其中的_____按钮，然后设置_____比例因子，就可设置图形中的线型比例，从而改变非连续线型的外观。

（7）设置图形的界限相当于选定了图纸的图幅，也就是显示_____的界限。

（二）选择题

（1）默认情况下，图层的线型是_____。

　　① Continuous　　② CENTER　　③ ACAD-ISOO4W100　　④ DASHED

（2）在命令行输入_____（缩写名：la），按回车键执行图层命令。

　　① new　　② layer　　③ limits　　④ open

（3）AutoCAD中的图层数最多可设置_____层。

　　① 10　　② 128　　③ 没有限制　　④ 256

任务二　绘制组合花坛的平面图形

一、任务分析

本任务绘制如图1-19所示的组合花坛平面图。绘图时，首先新建A3图幅的样板文件，然后使用直线、矩形、选择、删除、偏移、复制、修剪等工具绘制组合花坛的二维平面图形。

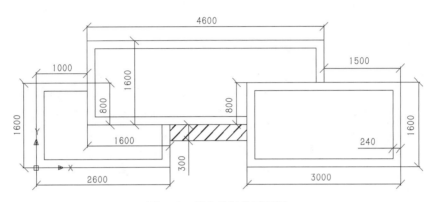

图1-19　组合花坛的平面图

二、知识链接

（一）绘制直线

直线是各种绘图的最基本元素。只要指定线段的起点、方向和长度就可以绘制单段直线、多段连接线，而且线段的方向可以朝向任何一个方向，实现在空间中绘制图形。

执行"直线"命令主要有以下三种方法：

方法1：选择选单"绘图"→"直线"命令。

方法2：单击绘图工具栏中"直线"图标✎。

方法3：按L键，按回车键确定。

（二）绘制矩形

矩形工具是AutoCAD2007中极为常用的工具。只要指定矩形的两个对角点或输入矩形的长度和宽度数值，就可以绘制矩形。绘制一个矩形图形后，矩形工具就退出绘制状态，但仍处于激活状态，仍可继续绘制矩形图形。

执行"矩形"命令，主要有以下三种方法：

方法1：选择选单"绘图"→"矩形"命令。

方法2：单击"绘图"工具栏中"矩形"图标□。

方法3：在命令行输入"rec"，按回车键确定。

（三）精确绘图操作

1. 点坐标的输入　无论绘制直线还是矩形都是通过确定端点的位置来控制的。端点的位置既可以使用平面坐标系，也可以使用极坐标系；既可以用绝对坐标表示，也可以用相对坐标表示。

（1）绝对平面坐标输入法：在AutoCAD绘图区域内的每一个点都有一组相对于坐标原点的绝对平面坐标值（x, y）。在绘图区上移动鼠标，状态栏左边就会显示当前光标所在点的绝对坐标值（x, y）。在绘制图形时，只要顺次输入各个端点的绝对平面坐标即可。

（2）相对平面坐标输入法：在AutoCAD绘图区域内的每一个点都有一组相对于上一个端点的平面坐标值（x, y），此时上一个端点即假定为坐标原点，其输入法为"@x, y"。其中绘制端点在上一个端点的右边时，x为正值，反之x为负值；绘制端点在上一个端点的上方时y为正值，反之y为负值。

（3）相对极坐标输入法：使用相对极坐标输入法确定端点时，假定上一个端点为坐标原点，确定了两个端点之间的距离和方向后，输入"@距离＜角度"绘制端点。其中系统将上一个端点的正右方确定为0°方向，需要绘制的端点沿逆时针方向旋转得到的角度为正值，沿顺时针方向旋转得到的角度为负值，如图1-20所示。

2. 正交模式　AutoCAD提供的正交模式也可以用来精确定位点，它将定位点限制为水平方向或垂直方向。选择正交模式，主要有以下三种方法：

方法1：单击状态栏中的"正交模式"图标 正交 。

方法2：在命令行输入"ortho"命令，按回车键确定。

方法3：按F8键。

3. 对象捕捉　在绘图过程中，经常要指定一些绘图对象上已有的点，如端点、中点、垂足、圆心等。AutoCAD提供的对象捕捉功能可以快捷、准确地捕捉到这些点，从而精确地绘制图形。系统提供了单一对象捕捉和自动对象捕捉两种方式，一般多采用后者，本教材主要介绍自动对象捕捉方式。

自动对象捕捉就是把光标放在一个对象上时，系统自动捕捉对象上所有符合条件的几何特征点，并显示相应的标记。执行自动对象捕捉，主要有以下三种方法：

方法1：右键单击状态栏中的"对象捕捉"图标 对象捕捉 ，从快捷选单中选择"设

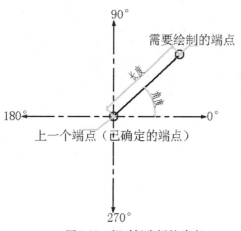

图1-20　相对极坐标的确定

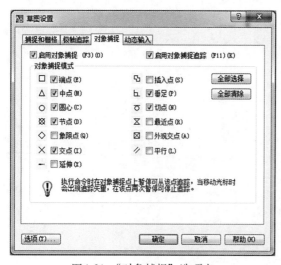

图1-21　"对象捕捉"选项卡

置"命令。

方法2：在命令行输入"osnap"命令，按回车键确定。

方法3：选择选单"工具"→"草图设置"命令，弹出"草图设置"对话框，选择"对象捕捉"选项卡。

执行上述任一操作后，系统打开"草图设置"对话框的"对象捕捉"选项卡，如图1-21所示，勾选需要的几何特征点即可。

（四）偏移命令

偏移复制工具是AutoCAD2007软件常用的编辑工具，它可以对线或一组线进行偏移复制。使用偏移复制可以将边线偏移复制到原表面的内侧或外侧，偏移之后会形成新的图形。执行偏移命令，主要有以下三种方法：

方法1：选择选单"修改"→"偏移"命令。

方法2：单击"编辑"工具栏中的"偏移复制"图标。

方法3：按O键，按回车键确定。

（五）修剪命令

修剪命令工具可以对指定的线进行修剪。执行修剪命令，主要有以下三种方法：

方法1：选择选单"修改"→"修剪"命令。

方法2：单击编辑工具栏中"修剪"图标。

方法3：在命令行输入字母"tr"，按回车键确定。

（六）图案填充

图案填充是一种使用指定线条图案来填满指定封闭区域的图形操作方法，常用于表达剖切面和不同类型物体对象的外观纹理。

1.执行图案填充命令　使用下列任意一种方法即可激活图案填充命令。

方法1：选择选单"绘图"→"图案填充"命令。

方法2：单击"绘图"工具栏中"图案填充"图标。

方法3：在命令行输入字母"h"或"bh"，按回车键确定。

2.图案填充的操作方法　启动图案填充命令后，将弹出"图案填充和渐变色"对话框如图1-22所示，按如图所示步骤完成图案填充任务。其中填充区域必须是闭合的空间；设

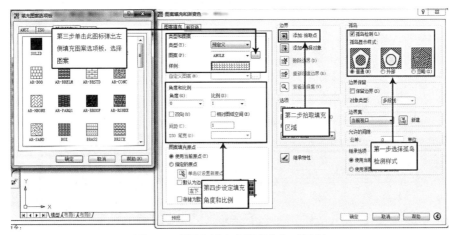

图1-22　"图案填充和渐变色"对话框

置的填充比例依据图纸大小而定，不合适的时候可以右键单击填充好的图案，在弹出的快捷选单中选择"编辑图案填充"命令，重新设定图案的比例；孤岛监测适用于图形复杂时选取不同的填充区域。

三、任务实施

（一）新建图形文件

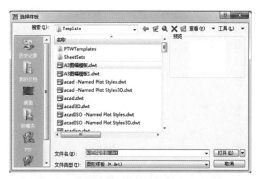

图1-23　选择"A3图幅模板.dwt"样板

启动AutoCAD后，按Ctrl+N键，在弹出的"选择样板"对话框中选择任务一中创建的"A3图幅模板.dwt"样板，如图1-23所示。单击"打开"按钮，新建具有特定绘图环境的图形文件。

（二）绘制组合花坛的二维平面图形

1. 设定当前图层　单击"图层特性管理器"右边的三角下拉符号，在图层列表中选择"细实线"图层，如图1-24所示。

2. 绘制2600mm×1600mm的矩形　第一步单击"绘图"工具栏中的矩形图标□，激活矩形命令。第二步输入"0，0"，按回车键，确定矩形的第一个角点在坐标原点。若坐标原点超出绘图窗口，可以滚动鼠标中间的滚轴，显示坐标原点。第三步输入绝对坐标"2600，1600"，按回车键，指定矩形的另一个角点。第四步选择选单"视图"→"缩放"→"全部"命令，再结合滚动鼠标中间的滚轴，显示绘制

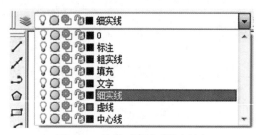

图1-24　选择"细实线"图层

的矩形，如图1-25所示。

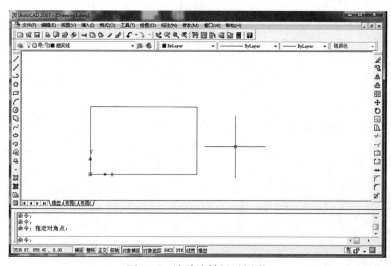

图1-25　滚动滚轴显示矩形

3. 绘制4600mm×1600mm的矩形 第一步激活矩形命令。第二步在命令行输入"from"，按回车键，再单击2600mm×1600mm矩形的右上角点，如图1-26所示，确定此点为4600mm×1600mm矩形左下角点的相对坐标原点。第三步输入"@-1600，-800"，按回车键。第四步输入"@4600，1600"，按回车键，如图1-27所示。

4. 绘制3000 mm×1600 mm的矩形 第一步激活矩形命令。第二步在命令行输入"from"，按回车键，再单击4600 mm×1600 mm矩形的右下角点，如图1-28所示，确定此点为3000 mm×1600 mm矩形左上角点的相对坐标原点。第三步输入"@-1500，800"，按回车键，确定3000 mm×1600 mm矩形的左上角点。第四步输入"@3000，-1600"，按回车键，确定3000 mm×1600 mm矩形的右下角点，如图1-29所示。

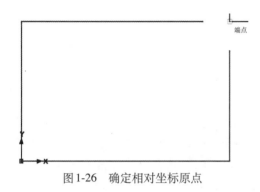

图1-26 确定相对坐标原点   图1-27 绘制4 600mm×1 600mm 矩形

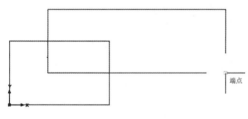

图1-28 确定相对坐标原点

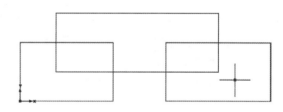

图1-29 绘制3000mm×1600mm 矩形

5. 修剪矩形之间多余的相交线段 第一步单击"修改"工具栏中"修剪工具"图标，激活修剪工具。第二步按空格键。第三步单击多余线段，完成修剪。最后按Esc键退出命令，如图1-30所示。

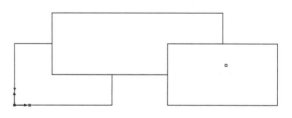

图1-30 修剪多余线段

6. 绘制组合花坛的内框 第一步单击"修改"工具栏中"偏移工具"图标，激活偏移工具，鼠标由"十"字形变为矩形选框形状。第二步输入偏移距离"240"，按回车键。第三步框选4600 mm×1600 mm矩形的边，如图1-31所示。此时选择的边线由实线变为蚂蚁线。第四步将"十"字形指针移动到矩形内部，如图1-32所示。单击图形，完成4600 mm×1600 mm矩形内框的绘制。依次完成另外两个矩形内框的绘制，如图1-33所示。

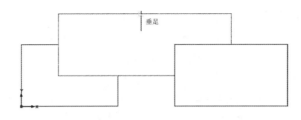

图 1-31　选择偏移目标

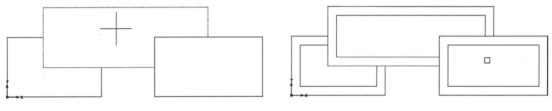

图 1-32　移动鼠标指针　　　　　　　　图 1-33　偏移绘制矩形内框

（三）绘制坐凳

1. 绘制坐凳的边线　第一步单击"绘图"工具栏中的"直线"图标 ✐，激活直线工具。第二步将鼠标指针放在起始点，但不要单击，然后竖直向下移动鼠标指针，绘图窗口显示角度为 270°的对象追踪线。第三步输入"300"，按回车键，确定直线的端点；再向右单击自动捕捉的"垂足"几何特征点，完成坐凳边线的绘制。

2. 填充坐凳面　第一步单击"绘图"工具栏中的"图案填充"图标 ▨，激活图案填充工具。第二步在弹出的"图案填充和渐变色"对话框中单击"边界"复选栏下的"添加：拾取点"图标 ▨，如图 1-34 所示。第三步按空格键，回到绘图窗口，单击坐凳封闭面，周边线段变为蚂蚁线，表明选择完成，如图 1-35 所示。第四步按空格键，返回"图案填充和

图 1-34　单击"添加：拾取点"

渐变色"对话框，在其中选择图案，如图
1-36所示。第五步在"图案填充和渐变色"
对话框的"角度和比例"复选区将角度调
整为"0"，比例调整为"10"，按"确定"
按钮完成坐凳面的绘制，如图1-37所示。

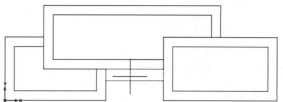

图1-35　单击填充封闭面

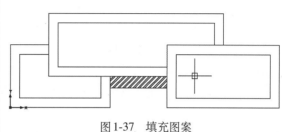

图1-37　填充图案

图1-36　选择图案

四、任务拓展

（一）绘制任务一

绘制如图1-38所示的A3幅面的图纸

1．新建文件　按Ctrl+N键，新建"A3图幅模板.dwt"文件，并把内侧的图框线选择为
"粗实线"图层，外侧的图幅线选择为"细实线"图层。

2．确定相对坐标原点　绘制内侧图框线时，激活矩形命令后在命令行输入"from"命
令，按回车键确认，再单击外侧图幅线的左下角点作为相对坐标原点。

（二）绘制任务二

绘制如图1-39所示的石板嵌草路的结构图

（1）按照图中标示的厚度数据绘制图形，长度自定。

（2）填充图案时先绘制封闭填充区域的辅助线，绘制完成后再将辅助线删除。

（3）填充图案的比例一次确定不准时，可以右键单击图案，在弹出的快捷选单中选择
"编辑图案填充"命令，返回"图案填充和渐变色"对话框，再设置合适的比例。

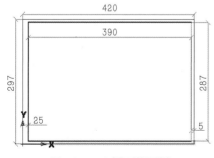

图1-38　A3幅面的图纸

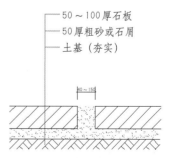

图1-39　石板嵌草路结构图

五、课后测评

（一）填空题

（1）直线工具的快捷键是_____。

（2）矩形工具的快捷键是_____。

（3）端点的位置既可以用_____坐标表示，也可以用_____坐标表示；既可以使用_____坐标系，也可以使用_____坐标系。

（4）使用相对极坐标输入法确定端点时，假定上一个端点为坐标原点，确定了两个端点之间的距离和方向后，输入_____绘制端点。

（5）系统将上一个端点的_____方向确定为0°方向，下一个点沿_____方向旋转得到的角度为正值，沿_____方向旋转得到的角度为负值。

（6）AutoCAD提供的正交模式也可以用来精确定位点，它将定点设置的输入限制为_____或_____。

（7）自动对象捕捉就是当把_____放在一个对象上时，系统自动捕捉对象上所有符合条件的_____点，并显示相应的标记。

（8）偏移工具的快捷键是_____。

（9）激活修剪工具后，必须按_____键，才能执行修剪命令。

（10）图案填充是一种使用指定_____图案来填满指定_____区域的图形操作方法，常用于表达_____面和不同类型物体对象的_____。

（二）作图题

（1）绘制如图1-40所示的标题栏。

（2）绘制如图1-41所示的园路铺装样式图。

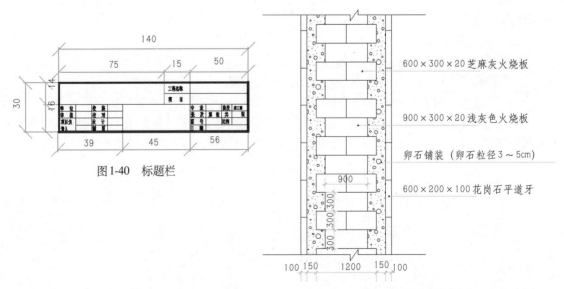

图1-40　标题栏

图1-41　园路铺装样式

任务三 绘制园林六角亭的平面图和正立面图

一、任务分析

绘制如图1-42所示的园林六角亭的平面图和立面图。绘图时，用圆形工具和正多边形工具绘制。通过绘制该图，学习圆、正多边形、图层、阵列等工具指令，巩固前面所学知识。

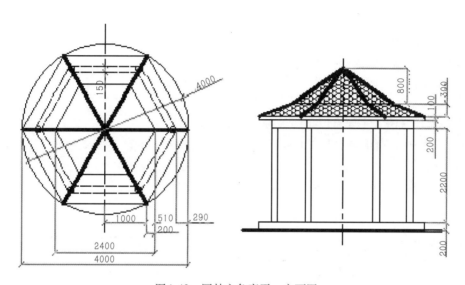

图1-42 园林六角亭平、立面图

二、知识链接

（一）绘制圆

圆形是构成AutoCAD2007中几何体的基本元素。圆形工具是创建圆柱、圆球以及正多边形的重要工具。

1. 执行圆的命令 主要有以下三种方法：

方法1：选择选单"绘图"→"圆"命令。

方法2：单击"绘图"工具栏中的"圆"图标 ⊙。

方法3：按C键，按回车键确定。

2. 圆的绘制方法 有六种绘制圆的方法，如图1-43所示。

方法1：选择"圆心、半径"

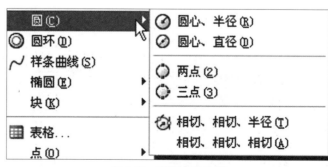

图1-43 画圆方法选单

命令，指定圆心和半径。

方法 2：选择"圆心、直径"命令，指定圆心和直径。

方法 3：选择"两点"命令，按指定直径的两个端点绘制圆。

方法 4：选择"三点"命令，按指定的三个点绘制圆。

方法 5：选择"相切、相切、半径"命令，指定邻近两个图形对象上的递延切点，结合圆的半径绘制与邻近两个图形对象相切的圆。

方法 6：选择"相切、相切、相切"命令，指定邻近三个图形对象上的递延切点，绘制与邻近三个图形对象相切的圆。

（二）绘制正多边形

执行绘制正多边形命令可以绘制 3 ~ 1024 条的正多边形。

1. 执行正多边形的命令　主要有以下三种方法：

方法 1：选择选单"绘图"→"正多边形"命令。

方法 2：单击"绘图"工具栏中的"正多边形"图标。

方法 3：在命令行输入"pol"，按回车键确定。

2. 命令操作方法　主要有以下两种方法：

方法 1：单击已知正多边形的圆心，输入内接圆或外切圆的半径绘制正多边形，如图 1-44 所示。

方法 2：依据正多边形的任意一条边绘制，如图 1-45 所示。

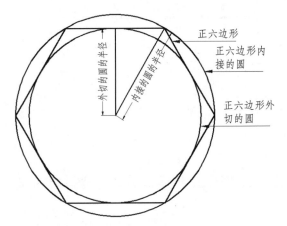

图 1-44　采用圆心结合半径的方法绘制正多边形

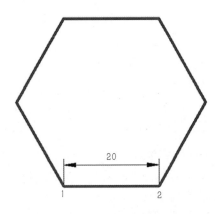

图 1-45　绘制已知边长的正多边形

（三）阵列命令

在 AutoCAD 中，可以通过阵列命令绘制有规律排列的对象。

1. 执行阵列命令　主要有以下三种方法：

方法 1：选择选单"修改"→"阵列"命令。

方法 2：单击"修改"工具栏中的"阵列"图标。

方法 3：在命令行输入"ar"，按回车键确定。

2. 阵列命令的操作方法　如图 1-46 和图 1-47 所示步骤排列对象。

图1-46　设置以矩形阵列方式排列对象

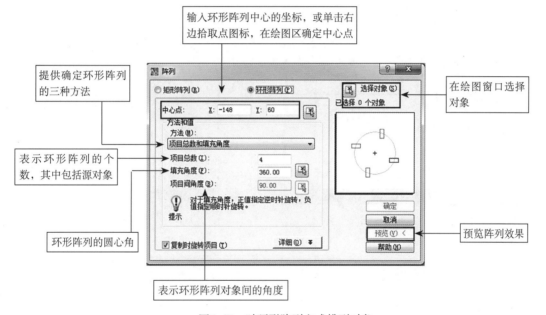

图1-47　以环形阵列方式排列对象

（四）镜像

在AutoCAD中，用户可以使用镜像命令，以镜像线为对称轴对称复制图形对象。

1.执行镜像命令　主要有以下三种方法：

方法1：选择选单"修改"→"镜像"命令。

方法2：单击"修改"工具栏中的"镜像"图标 ⚌。

方法3：在命令行输入"mi"（mirror的缩写），按回车键确定。

2.命令操作方法　按以下步骤依次操作：

①选择源对象：在绘图窗口选择图形对象。

②选择镜像线：镜像线实际就是一条对称轴，它不一定实际绘制在图形上。

③选择是否删除源对象：通过输入"yes"或"no"命令，再按回车键，确定是否删除源对象后完成镜像任务。

三、任务实施

（一）新建图形文件

启动 AutoCAD 后，按 Ctrl+N 键，弹出"选择样板"对话框，选择任务一创建的"A3 图幅模板 .dwt"样板，新建设置了绘图环境的图形文件。

（二）绘制六角亭的平面图

1. 绘制长度 6000mm 的竖直中心线　第一步单击"图层特性管理器"右边的三角下拉符号，在图层列表中选择"中心线"图层，如图 1-48 所示。第二步按 L 键，再按回车键，激活直线命令。第三步输入"3000，3000"的坐标值，确定直线的第一个端点。第四步鼠标竖直向下移动出一条对象追踪线，如图 1-49 所示；再输入"6000"，按回车键，绘制一条长度 6000mm 的竖直线。第五步选择选单"视图"→"缩放"→"全部"命令，再结合滚动鼠标中间滚轴，显示绘制的直线。

图 1-48　在图层列表中选择"中心线"图层

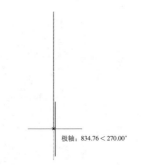

图 1-49　竖直对象追踪线

2. 绘制半径为 2000mm 的圆　第一步单击"图层特性管理器"右边的三角下拉符号，在图层列表中选择"细实线"图层。第二步单击"绘图"工具栏的"圆形"图标，激活圆形命令。第三步单击系统自动捕捉到的直线中点，以此点作为圆心。第四步输入"2000"，按回车键，绘制半径为 2000mm 的圆，如图 1-50 所示。

3. 绘制内接于"半径 2000mm 圆"的正六边形　第一步单击"绘图"工具栏的"正多边形"图标，激活正多边形命令。第二步输入"6"，按回车键，确定正多边形边的数目为六条。第三步单击圆心作为正六边形的中心

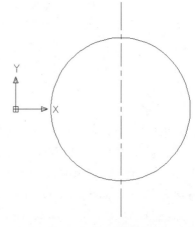

图 1-50　半径 2000mm 的圆

点。第四步按 I 键，按回车键，表示正六边形内接于半径为 2000mm 的圆。第五步输入圆的半径数值"2000"，按回车键，绘制正六边形，如图 1-51 所示。

4. 绘制虚线线型的正六边形　第一步在图层列表中选择"虚线"图层。第二步单击

"绘图"工具栏的"正多边形"图标 ◯，激活正多边形命令。第三步输入"6"，按回车键，确定正多边形边的数目为六条。第四步单击圆心作为正六边形的中心点。第五步按I键，按回车键，表示正六边形内接于半径为1710mm的圆。第六步输入圆的半径值"1710"，按回车键，绘制正六边形，如图1-52所示。第七步单击"修改"工具栏的"偏移工具"图标 ◭，激活偏移命令，输入偏移距离"150"，按回车键，确定输入的数值。第八步框选前面绘制的虚线正六边形，鼠标移到图形内部单击，偏移复制一个正六边形，如图1-53所示。

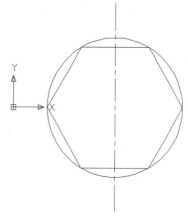

图1-51 内接于半径2000mm的圆的正六边形

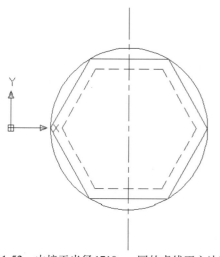

图1-52 内接于半径1710mm圆的虚线正六边形

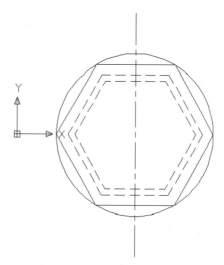

图1-53 偏移复制虚线正六边形

5. 绘制内接于"半径1 200mm圆"的正六边形 按照前述步骤绘制内接于"半径1 200mm圆"的细实线正六边形，如图1-54所示。

6. 绘制1个半径75mm的圆 第一步单击"绘图"工具栏的"圆形"图标 ◯，激活圆形命令。第二步按T键，选择"相切、相切、半径"绘制圆形的方式。第三步分别单击虚线正多边形相邻两条边上的递延切点，如图1-55所示，再输入半径值"75"，按回车键，绘制半径75mm的圆。

7. 环形阵列六个半径75mm的圆 第一步单击"修改"工具栏的"阵列"工具图标 ▦，激活阵列命令，弹出"阵列"对话框，并选择"环形阵列"方式。第二步在对话框中单击"拾取中心点"图标 ▦，返回绘图窗口，再单击圆心后返回到"阵列"对话框。第三步调整项目总数为"6"，填充角度为"360"。第四步单击对话框中的"选择对象"图标 ▦，返回绘图窗口，选择半径为75mm的圆，按空格键确定对象的选择，返回到"阵列"对话框。第五步单击"确定"按钮，环形阵列六个圆，如图1-56和图1-57所示。

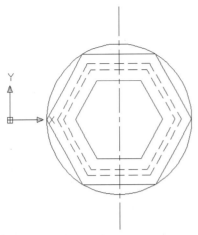

图1-54　内部的小正六边形

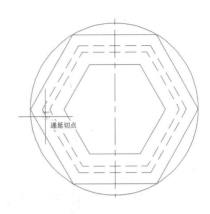

图1-55　以"相切、相切、半径"方式绘制圆

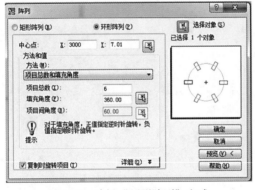

图1-56　选择"环形阵列"方式

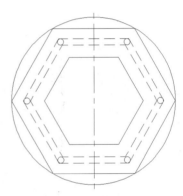

图1-57　环形阵列六个小圆

8．绘制六角亭的脊梁　第一步按L键，激活直线命令，连接水平的直径。第二步按照阵列六个半径75mm圆的步骤，阵列三个直径，如图1-58所示。

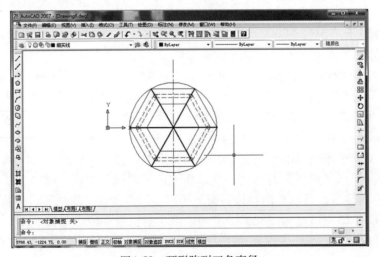

图1-58　环形阵列三条直径

（三）绘制园林六角亭的正立面图

1.绘制长度4200mm的中心线 第一步单击"图层特性管理器"右边的三角下拉符号，在图层列表中选择"中心线"图层。第二步按L键，按回车键，激活直线工具。第三步鼠标放在前面绘制的中心线的上端，再向上垂直移动鼠标，指向90°的追踪方向，如图1-59所示。然后输入"500"，按回车键确定中心线的第一个端点。第四步输入"@0,4200"，按回车键，绘制长度4200mm的中心线。

2.绘制六角亭的地坪 第一步单击"图层特性管理器"右边的三角下拉符号，在图层列表中选择"粗实线"图层。

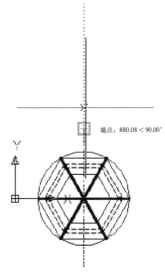

图1-59 引出90°对象追踪线

第二步激活直线工具。第三步在命令行输入"from"，按回车键，然后单击中心线的下方端点，确定相对的坐标原点。第四步输入"@－2400，200"，按回车键，确定直线的第一个端点，接着输入"4800,0"，绘制表示地坪的直线。第五步单击"图层特性管理器"右边的三角下拉符号，在图层列表中选择"细实线"图层。第六步激活直线工具。第七步鼠标指针放在平面图形圆的右侧象限点，然后向上移动鼠标引出90°的对象追踪线，与表示地坪的直线相交，如图1-60所示。单击此交点，作为直线的第一个端点。第八步鼠标指针依次垂直向上引出追踪线，输入"200"，按回车键；水平向左引出追踪线，输入"4000"，按回车键，如图1-61所示；垂直向下捕捉垂足，完成地坪的绘制。

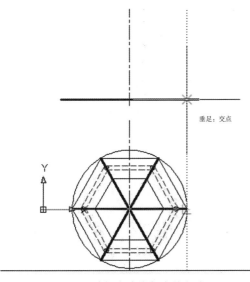

图1-60 对象追踪线与直线相交

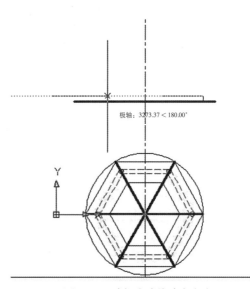

图1-61 对象追踪线确定方向

3．绘制园林六角亭的柱子立面图形　第一步激活直线工具。第二步单击平面图中最右侧小圆的右侧象限点，再垂直向上移动鼠标，自动捕捉到地坪直线上的垂足，然后单击此几何特征点，作为柱子立面的端点。第三步输入"0，2200"绘制柱子立面的一条边线。第四步按O键，激活偏移命令，输入"150"的偏移距离，按回车键后，选择边线向左侧移动鼠标，如图1-62所示。然后单击图形，得到柱子立面的另外一条边线。第五步激活直线工具。第六步鼠标放在右上角小圆的圆心，向右引出水平追踪线，交于圆周，如图1-63所示。再单击此交点，向上绘制交于地坪线的垂直线。第七步按照前述步骤绘制第二根柱子的立面图形。

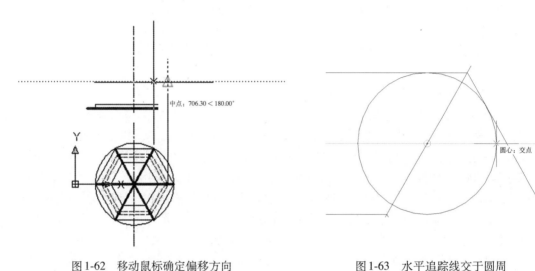

图1-62　移动鼠标确定偏移方向　　　　　图1-63　水平追踪线交于圆周

4．镜像绘制另外两根柱子的立面图形　第一步激活镜像命令。第二步单击绘图窗口，再从右下方向左上方拉出如图1-64所示的选框，选择绘制的两根柱子的立面图形，按回车键确认选择的对象。第三步单击中心线上任意两个点，作为镜像线，如图1-65所示。第四步按回车键完成镜像命令，绘制完成园林六角亭的柱子立面图形。

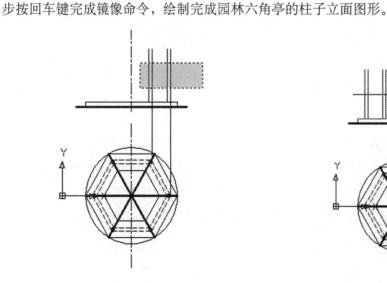
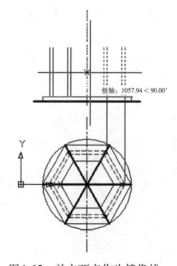

图1-64　从右侧开始选择对象　　　　　图1-65　单击两点作为镜像线

5．绘制园林六角亭的圈梁立面图形　平面图形中外侧的虚线正六边形即圈梁的平面图形。由正六边形的六个顶点对应绘制圈梁的端点。

（1）绘制辅助定位的垂直直线：第一步激活直线工具。第二步单击六边形最右侧的顶点，垂直向上绘制直线，其长度只要超过柱子的高度即可。

（2）绘制圈梁的右侧立面图形：第一步鼠标放在柱子边线的顶点，向左侧引出追踪线，然后单击追踪线与中心线的交点，如图1-66所示。第二步向右侧绘制垂直于辅助直线的直线。第三步鼠标向上引出垂直方向，输入"200"，按回车键。第四步鼠标向左侧垂直交于中心线。第五步单击正六边形右上顶点，向上绘制垂直线，交于圈梁的下面直线，再向上垂直交于圈梁的上面直线。

（3）镜像绘制圈梁的左侧立面图形：按上述镜像绘制柱子立面图形的方法绘制圈梁的左侧立面图形。最后删除辅助定位的垂直线，如图1-67所示。

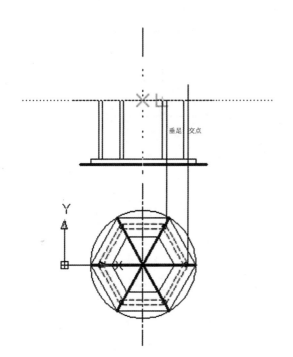

图1-66　追踪线与中心线相交

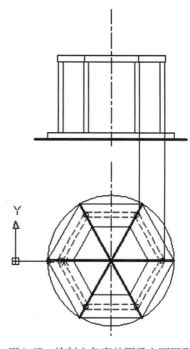

图1-67　绘制六角亭的圈梁立面图形

6．绘制园林六角亭的屋檐　平面图形中的最大正六边形对应六角亭的屋檐。

（1）绘制4000mm×100mm的矩形：第一步激活矩形命令。第二步在命令行输入"from"，按回车键，单击中心线与圈梁上面直线的交点，确定此点为相对坐标原点。第三步在命令行输入"@-2000，0"，按回车键，绘制矩形的左下角点。第四步输入"@4000，100"，按回车键。

（2）完善屋檐的立面图形：第一步单击正六边形的右上角点，向上绘制垂直于4000mm×100mm矩形的下面直线（这是一条辅助直线，完成绘图后需删除）。第二步在命令行输入"@0，100"，按回车键，补充屋檐的立面图形。第三步镜像绘制左侧的屋檐立面图形，如图1-68所示。

7. 绘制六角亭的屋顶 平面图形中的内侧小正六边形对应六角亭的屋顶分界面。

（1）绘制屋顶分界面的正立面直线：第一步按激活直线工具。第二步在命令行输入"from"，按回车键，单击中心线与屋檐矩形上面边线的交点，作为相对坐标原点。第三步输入"@-1200，300"，按回车键，绘制直线的左边端点。第四步向右引出水平追踪线，如图1-69所示，再输入"2400"，按回车键，绘制长度2 400mm的水平直线。

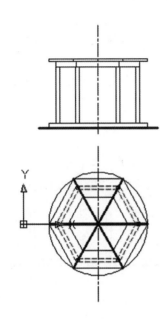

图1-68 屋檐立面图形

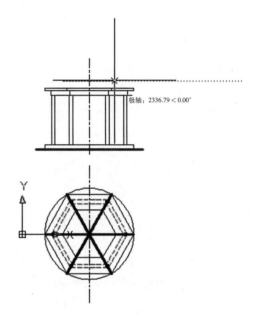

图1-69 向右引出水平追踪线

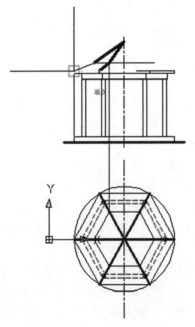

图1-70 辅助线确定屋顶

（2）绘制屋脊线：第一步单击"图层特性管理器"右边的三角下拉符号，在图层列表中选择"粗实线"图层。第二步按激活直线工具。第三步单击正六边形的左上角点，向上绘制垂直于分界线的辅助直线（完成绘图后需删除）。第四步鼠标放在分界线与中心线的交点，向上引出追踪线，输入"800"，按回车键，绘制六角亭的顶点。第五步连接分界线上点和屋檐上对应的点，完成左面屋顶的绘制，如图1-70所示。图中连接上下两个图形的垂直直线即为辅助垂直线。第六步镜像复制左侧的屋顶部分，完成六角亭屋顶的绘制，如图1-71所示。

（3）填充屋顶的灰瓦：在"填充"图层，按照前述图案填充的方法用图1-72所示的灰瓦图案填充六角亭屋顶，填充比例为"20"。

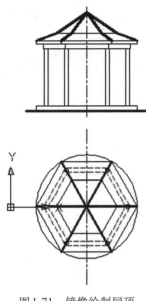

图1-71　镜像绘制屋顶

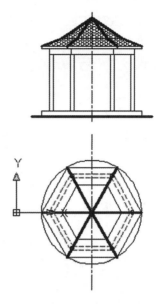

图1-72　灰瓦图案填充屋顶

四、任务拓展

（一）绘制任务一

绘制如图1-73所示的园林花窗立面图

1. 绘制左上角花窗单元　用直线工具按图示尺寸绘制一个花窗单元。

2. 编辑多段线　第一步选择选单"修改"→"对象"→"多段线"命令。第二步任意选择一条直线，按回车键将其转换为多段线。第三步按J键，按回车键。第四步在命令行输入"all"，选择所有的对象，按回车键确认选择的对象。第五步按回车键，所有直线合并在一起形成多段线。

3. 偏移复制对象　激活偏移工具，向内偏移两个绘图单位复制对象。

4. 镜像复制对象　以右侧花窗边线为镜像线镜像复制图形。

（二）绘制任务二

绘制如图1-74所示的园林景观门洞立面图

1. 绘制长度100mm的中心线　将中心线图层置于当前图层，激活直线工具，绘制长度100mm的竖直直线。

2. 绘制地坪线　以中心线下面的端点为相对坐标原点，输入"@－50，20"，按回车键确定地坪直线的端点，再输入"@100，0"，按回车键绘制地坪直线。

3. 绘制左侧两个半径为4mm的圆　第一步激活圆的命令，以地坪直线与中心线交点为相对坐标原点，输入"@－13，10"，按回车键确定圆心。第二步输入"4"，按回车键绘制半径为4mm的圆。第三步绘制与其圆心之间垂直距离为30mm的同心圆。

4. 绘制半径为31mm的圆弧　第一步用"相切、相切、半径"的方式绘制半径为31mm的圆。第二步修剪多余的图线。

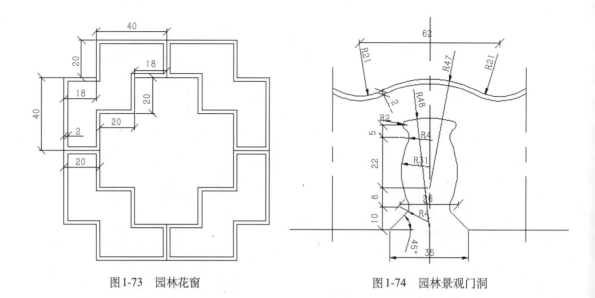

图1-73　园林花窗　　　　　　　　　图1-74　园林景观门洞

5.绘制半径为48mm的圆弧　第一步激活圆的命令，单击半径为4mm圆的圆心，绘制半径为6mm的辅助圆。第二步激活直线命令，绘制与圆心距离为5mm的水平辅助线。第三步激活圆的命令，单击辅助线与辅助圆的右侧交点，绘制半径为2mm的圆。第四步向中心线右侧镜像复制半径为2mm的圆。第五步用"相切、相切、半径"方式绘制半径为48mm的圆，进一步修剪多余的图线。

6.绘制半径为47mm的圆　半径47mm的圆的圆心距离地坪18mm。

7.绘制半径为21mm的圆　绘制半径68mm的辅助圆，偏移中心线31mm交于辅助圆，得到圆心，绘制半径为21mm的圆。

8.打开门洞　第一步向左右各偏移中心线17.5mm。第二步修剪打开门洞，再删除偏移线。第三步激活直线命令，单击端点，输入"@15＜45"，绘制直线交于半径4mm的圆，最后修剪完善。

五、课后测评

（一）填空题

（1）按＿＿＿＿键，再按回车键，可激活圆的绘图命令。

（2）绘制圆的方式有圆心、半径（直径）、＿＿＿＿（按指定直径的两端点画圆）、＿＿＿＿（选择圆周上三点画圆）、＿＿＿＿（先单击两个切点，后给出半径画圆）以及＿＿＿＿（指定三个切点对象画圆）。

（3）按＿＿＿＿键，再按回车键，激活正多边形的命令绘制＿＿＿＿条边到＿＿＿＿条边的正多边形。

（4）同一个正多边形，其内接于圆的半径比外切于圆的半径＿＿＿＿。

（5）通过＿＿＿＿命令绘制有规律排列的对象，其快捷键为＿＿＿＿。

（6）阵列命令有＿＿＿＿阵列和＿＿＿＿阵列两种方式。

（7）在AutoCAD中，用户可以使用＿＿＿＿命令，将对象以镜像线为对称轴对称复制。

（二）绘图题

（1）绘制如图1-75所示的园林六角亭平台平面图。

（2）绘制如图1-76所示的花架廊平面图、立面图。

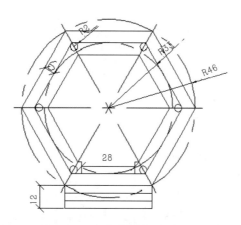

图1-75 六角亭平台平面图

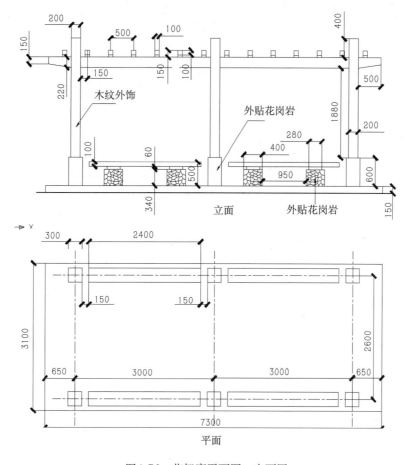

图1-76 花架廊平面图、立面图

任务四 绘制弧形花架的平面图

一、任务分析

绘制如图1-77所示的弧形花架平面图。该图形主要以圆弧为主，通过绘制该图，掌握圆弧的绘制方法、多段线的合并生成及椭圆的绘制方法，巩固前面学习的综合绘图命令。

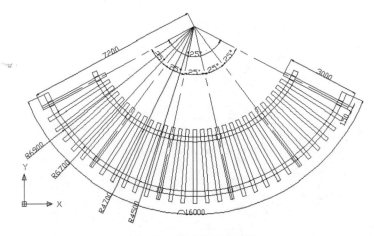

图1-77 弧形花架平面图

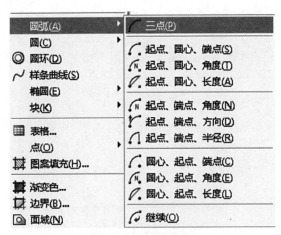

图1-78 圆弧子选单

(1)"三点"选项：系统提示如下：

命令：_arc 指定圆弧的起点或 [圆心(C)]： (指定圆弧的起点1)

指定圆弧的第二个点或 [圆心(C)/端点(E)]： (指定圆弧的第二点2)

指定圆弧的端点： (指定圆弧的端点3)

完成上述操作，即可绘制出如图1-79所示的圆弧图形。

二、知识链接

（一）绘制圆弧

1.执行圆弧命令 主要有以下三种方法：

方法1：选择选单"绘图"→"圆弧"命令。

方法2：单击"绘图"工具栏中的"圆弧"图标 ⌒。

方法3：按A键，再按回车键确定。

2.命令操作方法 "绘图"选单的"圆弧"级联选单中列有11种绘制圆弧的选项，如图1-78所示。

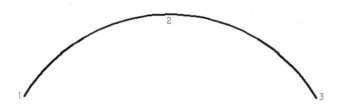

图1-79 用"三点"选项绘制圆弧

(2)"起点、圆心、端点"选项：选择选单"绘图"→"圆弧"→"起点、圆心、端点"命令，系统提示如下：

命令：_arc 指定圆弧的起点或 [圆心(C)]： （指定圆弧起点1）

指定圆弧的第二个点或 [圆心(C)／端点(E)]：_c 指定圆弧的圆心：（指定圆弧圆心2）

指定圆弧的端点或 [角度(A)／弦长(L)]： （指定圆弧端点3）

完成上述操作，该选项以逆时针方向绘制出如图1-80所示的圆弧图形。另外已知圆弧的端点、角度、弦长三者中的任意一个已知条件，就可在命令行输入对应的命令绘制圆弧，其中角度指的是圆弧的圆心角。

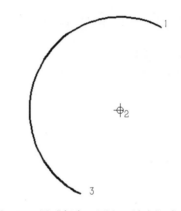

图1-80 用"起点、圆心、端点"选项绘制圆弧

(3)"起点、端点、角度"选项：选择选单"绘图"→"圆弧"→"起点、端点、角度"命令，系统提示如下：

命令：_arc 指定圆弧的起点或 [圆心(C)]：

（指定圆弧的起点1）

指定圆弧的第二个点或 [圆心(C)／端点(E)]：_e 回车确认

指定圆弧的端点： （指定圆弧的端点2）

指定圆弧的圆心或 [角度(A)／方向(D)／半径(R)]：_a 指定包含角：135

完成上述操作，绘制出如图1-81所示的圆弧图形。包含角为正值时，沿逆时针方向绘制圆弧；包含角为负值时，沿顺时针方向绘制圆弧。另外已知圆弧的圆心、角度、方向、半径四者中的任意一个已知条件，就可在命令行输入对应的命令绘制圆弧。

(4)"起点、端点、方向"选项：选择选单"绘图"→"圆弧"→"起点、端点、方向"命令，系统提示如下：

命令：_arc 指定圆弧的起点或 [圆心(C)]： （指定圆弧的起点1）

指定圆弧的第二个点或 [圆心(C)／端点(E)]：_e 回车确认

指定圆弧的端点： （指定圆弧的端点2）

指定圆弧的圆心或 [角度(A)／方向(D)／半径(R)]：_d 指定圆弧的起点切向：200

完成上述操作，绘制出如图1-82所示的圆弧图形，其中方向指的是图中圆弧起点的切线与水平正方向线的夹角，沿逆时针旋转的角度为正值，沿顺时针旋转的角度为负值。

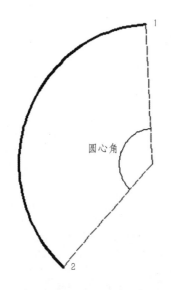

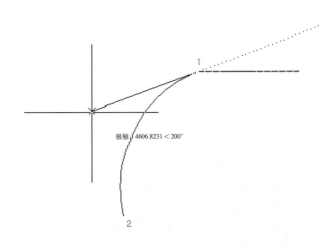

图1-81 用"起点、端点、角度"选项绘制圆弧　　图1-82 用"起点、端点、方向"选项绘制圆弧

（二）绘制椭圆

1.执行椭圆命令　主要有以下三种方法：

方法1：选择选单"绘图"→"椭圆"命令。

方法2：单击"绘图"工具栏中的"椭圆"图标 ◎ 。

方法3：在命令行输入"el"按回车键确定。

2.命令操作方法　执行椭圆命令后，系统提示如下：

命令：_ellipse

指定椭圆的轴端点或 [圆弧(A)/中心点(C)]：　　　　（指定椭圆一条轴的起点1）

指定轴的另一个端点：　　　　　　　　　　　　　　（指定椭圆一条轴的端点2）

指定另一条半轴长度或 [旋转(R)]：　　　　　　　　（指定椭圆另一条轴的端点3）

完成上述操作，绘制完成如图1-83所示的椭圆图形。在命令选择中，中心点指的是椭圆的圆心；圆弧用于绘制椭圆的一部分。

（三）绘制多段线

多段线是一条由连续的直线段、圆弧或者两者组合而成的单一实体。

1.执行多段线命令　主要有以下三种方法：

方法1：选择选单"绘图"→"多段线"命令。

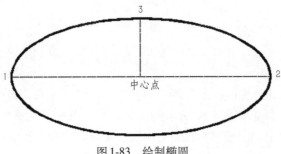

图1-83 绘制椭圆

方法2：单击"绘图"工具栏中的"多段线"图标 。

方法3：在命令行输入"pl"，按回车键确定。

2.命令操作方法 多段线命令激活后，命令行提示如下：

命令：_pline

指定起点：

当前线宽为 0.0000

指定下一个点或［圆弧(A)/半宽(H)/长度(L)/放弃(U)/宽度(W)］：

在以上操作中线宽的大小由"w"命令控制操作；选择"a"或"l"命令确定绘制的是直线段还是圆弧段。

(四)编辑多段线

除了绘制多段线外，系统还提供了编辑多段线的功能，方便用户合成、调整多段线。

1.执行编辑多段线命令 主要有以下两种方法：

方法1：选择选单"修改"→"对象"→"多段线"命令。

方法2：在命令行输入"pe"，按回车键确定。

2.命令操作方法 执行编辑多段线命令，命令行提示如下：

命令：_pedit

选择多段线或［多条(M)］：（选中一条要编辑的多段线）

输入选项［闭合(C)/合并(J)/宽度(W)/编辑顶点(E)/拟合(F)/样条曲线(S)/非曲线化(D)/线型生成(L)/放弃(U)］：

3.选项说明 编辑多段线主要是通过执行下列命令来完成。

(1) 合并：按J键，执行合并命令。以选中的多段线为主，合并其他直线段、圆弧和多段线，使选中对象成为一条单一的多段线。但只有各段首尾相连才能合并。合并命令是园林制图中应用最多的一个命令。

(2) 宽度：按W键，执行宽度命令，可以在绘制前设定起点和终点的宽度，也可以在绘制后修改整条多段线的宽度，使其具有统一的线宽。

(3) 编辑顶点：按E键，执行编辑顶点命令，在多段线起点出现一个标记"×"，它为当前顶点的标记，只要按照命令行操作提示，用户可以完成移动、插入和修改任意两点的宽度等操作。

(4) 拟合：按F键，执行拟合命令，将多段线生成由光滑圆弧连接的圆弧拟合曲线，该曲线经过多段线的各个顶点，如图1-84所示。

图1-84 生成圆弧拟合曲线

A.拟合前 B.拟合后

(5) 样条曲线：按S键，执行样条曲线命令，将多段线以各顶点为控制点生成样条曲线，如图1-85所示。

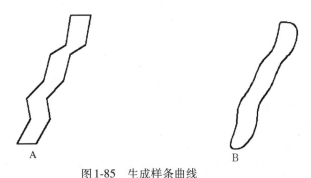

图1-85　生成样条曲线
A.生成前　B.生成后

(6) 非曲线化：按D键，执行非曲线化命令，将生成的多段线中的圆弧由直线段代替。

（五）旋转

旋转命令可以将某一个对象围绕指定基点旋转一定的角度。

1.执行旋转命令　主要有以下三种方法：

方法1：选择选单"修改"→"旋转"命令。

方法2：单击"修改"工具栏中的"旋转"图标 ↻ 。

方法3：在命令行输入"ro"，按回车键确定。

2.命令操作方法　执行旋转命令后，命令行提示如下：

命令：_rotate

UCS 当前的正角方向：ANGDIR=逆时针　ANGBASE=0.00

选择对象：(在绘图窗口选择旋转的图形)

选择对象：(单击回车键确认选择的对象)

指定基点：(指定旋转的固定点)

指定旋转角度，或 [复制(C)/参照(R)]：(默认状态是指定旋转的角度)

3.选择项的含义　除了执行旋转角度外，旋转命令的选择项主要还有以下两个：

(1) 复制：按C键，回车确认后执行复制旋转命令，也就是在旋转的同时复制对象图形。

(2) 参照：按R键，回车确认后按照旋转参照角的角度完成图像的整体旋转。

三、任务实施

（一）设置绘图界限

1.新建图形文件　启动系统后，按Ctrl+N键，在弹出的"选择样板"对话框中选择前面创建的"A3图幅模板.dwt"样板文件。

2.依据图形大小设定图形界限　AutoCAD软件一般按1：1比例绘制图形，因此可按图形的实际尺寸大小设置图形界限。

(1) 选择选单"格式"→"图形界限"命令：激活命令后，确定左下角坐标为"0，0"，右上角的坐标为"10000，10000"。右上角的坐标设定主要依据图形的大小。

（2）选择选单"视图"→"缩放"→"全部"命令：通过全部缩放命令，再结合滚动鼠标中间的滚轴，使设定的图形界限位于绘图窗口中间区域。

（二）绘制中心线

绘制六条长度为7200mm，项目间角度为25°的中心线。

1.确定"中心线"图层为当前图层 单击"图层特性管理器"右边的三角下拉符号，在图层列表中选择"中心线"图层。

2.绘制辅助中心线 第一步激活直线工具。第二步输入绝对坐标"7200，7200"，确定弧形花架的圆心。第三步输入相对极坐标"@7200<−152.5"，绘制一条辅助中心线。

3.环形阵列六条中心线 第一步在命令行输入"ar"，按回车键激活阵列命令。在弹出的"阵列"对话框中选择"环形阵列"阵列形式。第二步单击"拾取中心点"图标，回到绘图窗口，单击上一步绘制的弧形花架的圆心。第三步回到"阵列"对话框，输入项目总数为"6"，填充角度为"125"，如图1-86所示。第四步单击"选择对象"图标，回到绘图窗口，选择前面绘制的辅助中心线，按空格键回到对话框，单击"确定"按钮，绘制六条辅助中心线。

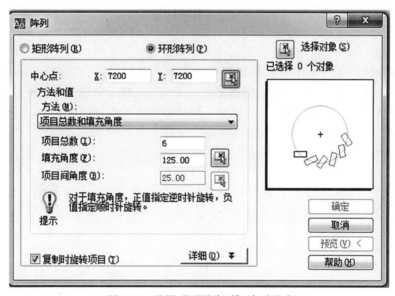

图1-86 设置"环形阵列"阵列形式

（三）绘制圆弧形的花架梁

1.确定"细实线"图层为当前图层 单击"图层特性管理器"右边的三角下拉符号，在图层列表中选择"细实线"图层。

2.绘制包含角125°的圆弧 选择选单"绘图"→"圆弧"→"圆心、起点、角度"命令绘制圆弧。

（1）单击弧形花架的圆心：指定绝对坐标"7200，7200"为圆弧形花架梁的圆心。

（2）确认起点位置：在命令行输入"@6900<-152.5"，按回车键。

（3）完成绘制：在命令行输入包含角"125"，按回车键，如图1-87所示。

3. 拉长圆弧的长度为16 000mm 通过拉长的修改命令编辑圆弧的总长度。

（1）选择选单"修改"→"拉长"命令：激活命令后按T键，按回车键；再输入"16000"，按回车键。

（2）单击圆弧：单击圆弧右侧端点，圆弧总长度拉长为16 000mm，如图1-88所示。

（3）退出命令：按Esc键退出拉长命令。

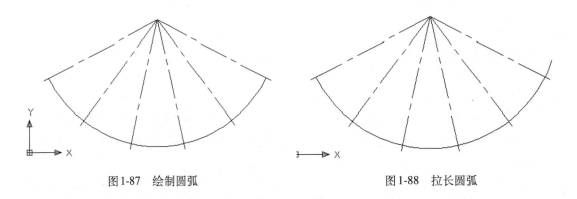

图1-87　绘制圆弧　　　　　　　　　　　　图1-88　拉长圆弧

4. 旋转圆弧 使拉长的圆弧位于中间位置

（1）激活旋转命令：右键单击圆弧，在弹出的快捷选单中选择"旋转"命令。

（2）旋转操作：第一步单击弧形花架的圆心作为旋转基点，如图1-89A所示。第二步按R键，按回车键，选择依据参照角旋转的方式。第三步顺次单击弧形花架的圆心、圆弧的中点，确定参照角，如图1-89B所示。第四步旋转参照角到垂直位置，指定新的角度，如图1-89C所示。旋转圆弧后的效果如图1-90所示。

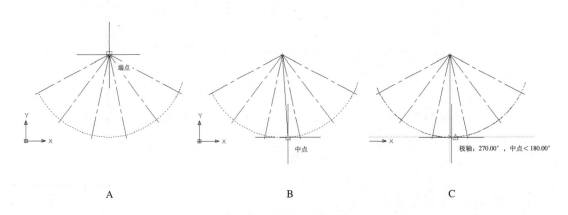

A　　　　　　　　　　　B　　　　　　　　　　　C

图1-89　旋转圆弧的过程
A. 指定旋转的基点　B. 指定参照角　C. 指定新角度

5. 偏移复制圆弧花架梁 操作步骤如下：

①激活偏移命令，依次偏移200mm、2000mm、200mm，得到三条圆弧。

②激活直线命令，分别连接圆弧的端点，形成闭合的圆弧面。弧形花架梁平面图如图1-91所示。

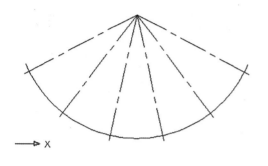

图1-90 旋转圆弧后的效果

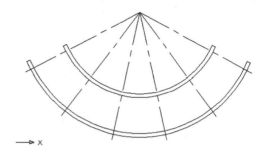

图1-91 弧形花架梁的平面图形

（四）绘制31个150mm×3000mm的矩形花架架条

1.绘制一个150mm×3000mm的矩形花架架条

（1）激活直线命令：按L键，按回车键。

（2）绘制矩形：第一步单击长度7200mm的中心线端点。第二步鼠标指针放在圆心指引方向，不要单击，如图1-92所示。第三步输入"3000"，按回车键，绘制花架架条的中心辅助线，如图1-93所示。第四步激活偏移命令，输入偏移距离"75"，选择刚绘制的辅助线，分别在左侧和右侧各单击一下，绘制花架架条的两条长边。第五步激活直线命令，将花架架条封口。

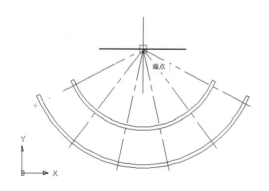

图1-92 鼠标放在圆心，指引方向

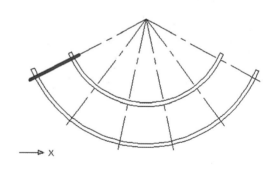

图1-93 花架架条辅助中心线

（3）编辑多段线：第一步选择选单"修改"→"对象"→"多段线"命令。第二步选择花架架条的一条边，如图1-94所示，按回车键将其转换为多段线。第三步按J键，按回车键，执行合并命令。第四步输入"all"，按回车键，执行选择对象命令。第五步按回车键，确定选择。第六步再一次按回车键，合并完成。最后按Esc键退出命令。

2.阵列花架架条 按照前述环形阵列的步骤，以弧形花架的圆心为中心点，在125°的填充角度内阵列31个花架架条。花架架条阵列效果如图1-95所示。

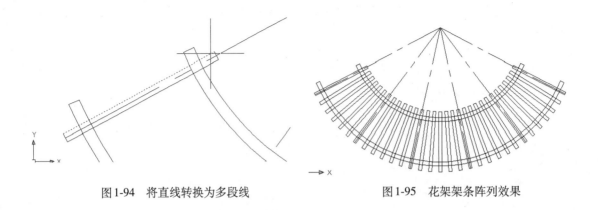

图1-94 将直线转换为多段线　　　　　　图1-95 花架架条阵列效果

（五）绘制六对花架柱的平面图形

1.绘制一对花架柱的平面图形　将最左侧的花架架条向外部偏移25mm，再修剪多余图形，得到一对花架柱的平面图形，如图1-96所示。

2.阵列六对花架柱的平面图形　按照前述环形阵列的步骤，以弧形花架的圆心为中心点，在125°的填充角度内阵列六对花架柱，效果如图1-97所示。

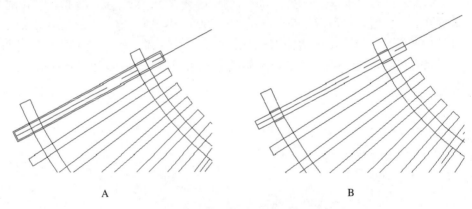

A　　　　　　　　　　　　　　　　　B

图1-96 绘制一对花架柱的平面图形
A.偏移花架架条　B.修剪花架架条

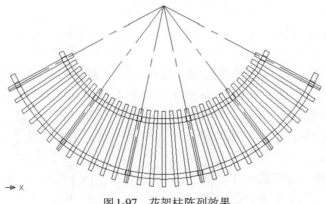

图1-97 花架柱阵列效果

3.修剪花架架条与横梁重叠部分 激活修剪工具，接着按回车键，然后按照图1-98所示修剪花架架条与横梁重叠部分，吻合花架架条在横梁上方的位置关系。

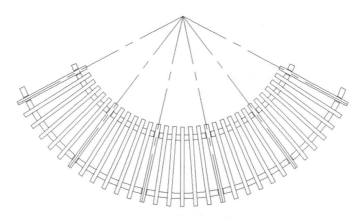

图1-98 修剪花架架条与横梁重叠部分

四、任务拓展

（一）绘制如图1－99所示的圆形花坛平面图形

主要应用图层、圆、圆弧、偏移、阵列等工具绘制圆形花坛，注意圆心的位置、圆弧的起点和端点的位置。

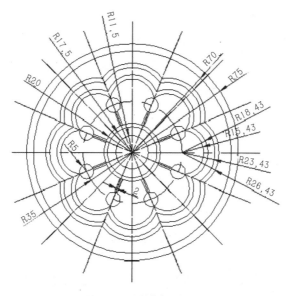

图1-99 圆形花坛平面图

（二）绘制如图1－100所示的景观平台平面和正立面图

注意运用平面图和正立面图的对应关系。

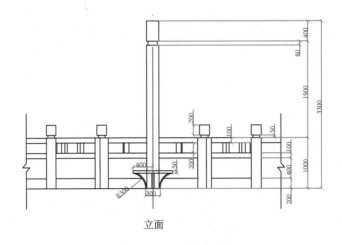

立面

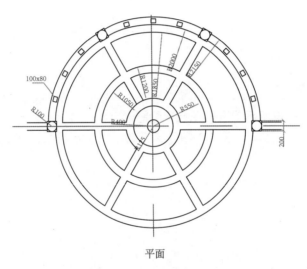

平面

图1-100　观景台平、立面图

五、课后测评

（一）填空题

（1）圆弧命令的快捷键是键盘_____键，默认状态下，系统按_____方向绘制圆弧。

（2）绘制圆弧命令中的角度指的是圆弧的_____角，默认状态下，角度为_____值，圆弧按逆时针方向旋转；角度为_____值，圆弧按顺时针方向旋转。

（3）绘制圆弧命令中的长度指的是圆弧的_____。

（4）绘制圆弧命令中的方向指的是圆弧起点的_____与起点的_____线之间的夹角。

（5）椭圆命令的快捷键是键盘_____键。

（6）多段线是由_____、_____和_____组成的单一实体。

（7）绘制多段线时，其起点和端点的宽度可通过按_____键来设置，它们既可以一致，也可以不同。

（8）绘制多段线时，按_____键，执行绘制直线的命令；按_____键，执行绘制圆弧的命令。

（9）激活编辑多段线命令时，按_____键，执行合并对象的命令，但要求合并的图形必须_____。

（10）旋转命令中的复制指的是_____；参照指的是选定_____后指定一个新的角度旋转。

（二）绘图题

（1）绘制如图 1-101 所示的园林坐凳平面图和正立面图。

（2）绘制如图 1-102 所示的园林花坛平面图。

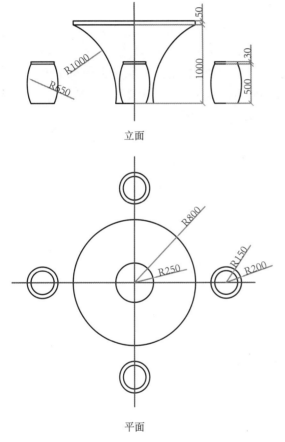

图 1-101　园林坐凳平、立面图

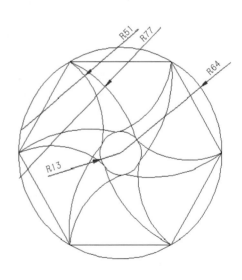

图 1-102　圆形花坛平面图

项目二

绘制园林规划平面设计图图纸

任务一　绘制园林规划平面设计图

一、任务分析

本任务绘制如图2-1所示的某小区广场绿化设计图。该小区广场南北方向长45m，东西方向为54m。广场南北侧各有一幢住宅楼，广场西侧设有一个运动休闲区（篮球场等），南侧包含一个停车场。绘图时，首先设置绘图环境，然后绘制设计区外围的基本环境，再使用直线、多段线、样条曲线、圆弧、偏移、阵列、图案填充等工具绘制广场中心的规划设计，最后使用植物图例完成植物的配置，从而完成本次绘制任务。

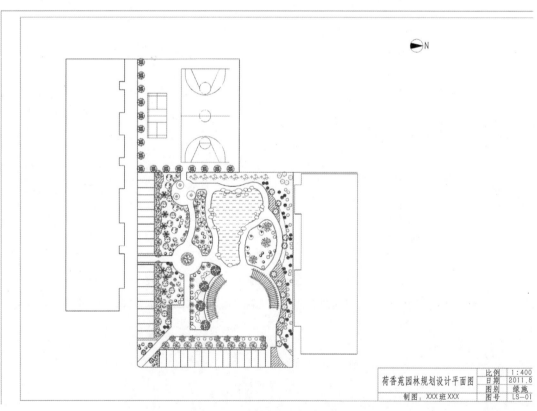

荷香苑园林规划设计平面图		比例	1：400
		日期	2011.8
制图：XXX班XXX		图别	绿施
		图号	LS—01

图2-1　某小区广场绿化设计图

二、知识链接

（一）多段线

多段线是AutoCAD中最常用且功能较强的实体之一，它由一系列首尾相连的直线和圆弧组成，可以具有宽度，并可绘制封闭区域，因此多段线可以替代一些实体，如直线，圆弧，实心体等。多段线与其他实体相比有两方面的优点：一是灵活，它可直可曲，可宽可窄，可以宽度一致，也可以粗细变化；二是整条多段线是一个单一实体，便于编辑。由于多段线命令可以绘制直线和圆弧等两种基本线段，所以，多段线命令的一些提示类似于直线和弧线命令的提示。

1. 执行多段线命令　选择下列任意一种方法可执行多段线命令。

方法1：在命令行输入"pl"，按回车键确认。

方法2：选择选单"绘图"→"多段线"命令。

方法3：单击"绘图"工具栏上的图标 ↩ 。

2. 绘制多段线的命令及提示　绘制命令分为直线方式和圆弧方式两种，初始提示为直线方式。

命令：Pline

指定起点：随意指定一点或者指定（0，0）。

当前线宽为0.0000

指定下一点或[圆弧(A) ／ 半宽(H) ／ 长度(L) ／ 放弃(U) ／ 宽度(W)]

3. 参数的含义

（1）指定下一点：缺省值，直接输入直线端点画直线。

（2）圆弧(A)：选此项，转入绘制圆弧的方式。

（3）半宽(H)：按宽度线的中心轴线到宽度线边界的距离定义线宽。

（4）长度(L)：用于设定新多段线的长度。如果前一段是直线，延长方向和前一段相同；如果前一段是圆弧，延长方向为前一段圆弧的切线方向。

（5）放弃(U)：用于取消上一步绘制的一段多段线，重复输入此项，可逐步往前删除。

（6）宽度(W)：用于设定多段线的线宽，默认值为0。多段线的初始宽度和结束宽度可不同，而且可分段设置，操作灵活。

4. 绘制圆弧方式的各项参数含义

（1）指定圆弧端点：缺省值，指定绘制圆弧的端点。圆弧线段从多段线上一段圆弧端点的切线方向开始绘制。

（2）角度(A)：指定从起点开始的圆弧线段包含的圆心角。

（3）圆心(CE)：指定绘制圆弧的圆心。

（4）闭和(CL)：将多段线首尾相连封闭图形，并退出多段线命令。

（5）方向(D)：指定圆弧线段的起点方向。

（6）半宽(H)：输入多段线宽度值的一半。

（7）直线(L)：切换回直线模式。

（8）半径(R)：指定圆弧半径。

（9）第二点(S)：指定三点圆弧中的第二点，并接着指定圆弧线段的端点。

（10）放弃（U）：取消上一次选项的操作。

（11）宽度（W）：设置下一段圆弧线段的全宽。

5.多段线的绘制步骤 以绘制如图2-2所示的园林门洞为例。

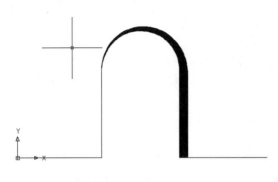

图2-2 园林门洞

（1）激活多段线命令：单击"绘图"工具栏上的"多段线"图标￫。

（2）指定起点：在命令行输入坐标（0，0），按回车键确认。

（3）当前线宽为：默认当前缺省值0。

（4）绘制长度为50mm的水平直线：第一步利用极轴追踪确定水平向右的方向。第二步输入"50"，按回车键确认。

（5）绘制长度为50mm的垂直线段：第一步利用极轴追踪确定垂直向上的方向。第二步输入"50"，按回车键确认。

（6）转换为绘制圆弧的命令：按A键，再按回车键转换为绘制圆弧的命令。

（7）设定圆弧的线宽：第一步按W键，按回车键。第二步按回车键确认圆弧起点的宽度为0mm，接着输入"5"，按回车键确认，设定圆弧的端点宽度为5mm。

（8）绘制弦长为50mm的圆弧：第一步利用极轴追踪确定水平向右的方向。第二步输入"50"，按回车键确认。

（9）绘制长度为50mm，线宽为5mm的垂直线段：第一步按L键，再按回车键切换为绘制直线方式。第二步利用极轴追踪确定垂直向下的方向。第三步输入"50"，按回车键确认。

（10）绘制长度为50mm，线宽为0mm的水平线段：第一步按W键，再按回车键。第二步输入"0"，按回车键指定起点宽度为0mm。第三步输入"0"，按回车键指定端点宽度为0mm。第四步利用极轴追踪确定水平向右的方向。第五步输入"50"，按回车键确认。

（二）样条曲线

样条曲线是通过一系列指定点的光滑曲线。样条曲线可以是2D或3D图形。AutoCAD使用的是一种称为非均匀有理B样条曲线(NURBS)，它是真正的样条，适合表达具有不规则变化曲率半径的曲线，在园林绘图中常用于绘制自由曲线。

1.执行样条曲线命令 选择下列任意一种方法可执行多样条曲线命令。

方法1：在命令行输入"spl"，按回车键确认。

方法2：选择选单"绘图"→"样条曲线"命令。

方法3：单击"绘图"工具栏上的"样条曲线"图标～。

2.绘制样条曲线的命令及提示 样条曲线的绘制命令如下：

命令：spline

指定第一个点或[对象(O)]：

指定下一点：

指定下一点或[闭合(C)／拟合公差(F)]＜起点切向＞：

3.各项参数的含义

（1）第一点：确定样条曲线起始点。

（2）对象(O)：将已存在的拟合样条曲线多段线转换为等价的样条曲线。

（3）下一点：样条曲线指定的一般点。

（4）闭合(C)：样条曲线首尾相连成封闭曲线。

（5）拟合公差（F）：定义拟合公差大小。拟合公差控制样条曲线与指定点之间的偏差程度。值越大，生成的样条曲线越光滑。

（6）起点切向：定义起点处的切线方向。

（7）端点切向：定义终点处的切向方向。AutoCAD提示用户确定始末点的切向，然后结束该命令。

4.样条曲线的绘制步骤　以绘制如图2-3所示的游步路为例。

（1）激活样条曲线命令：单击"绘图"工具栏上的"样条曲线"图标～。

（2）指定第一个点：输入绝对坐标（0，0），按回车键确认。

（3）指定下一点：输入相对坐标"@8000<30"，按回车键确认。

（4）指定下一点：输入相对坐标"@10000< － 20"，按回车键确认。

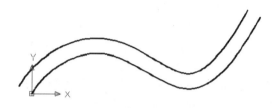

图2-3　游步路

（5）指定下一点：输入相对坐标"@10000<45"，按回车键确认。

（6）确定起点和端点的切向：第一步按回车键。第二步移动鼠标指针指示起点位置的切线方向，接着输入角度值"240"，按回车键确认。第三步移动鼠标指针指示端点位置的切线方向，接着输入角度值"60"，按回车键确认。

（7）绘制宽度为1500mm的游步路：第一步激活偏移命令。第二步输入游步路的宽度值"1500"，按回车键确认。第三步选择样条曲线，然后在样条曲线的上端单击一点，完成绘制。

5.编辑样条曲线

选择选单"修改"→"对象"→"样条曲线"命令，或在"修改Ⅱ"工具栏中单击"编辑样条曲线"按钮，即可编辑选中的样条曲线。样条曲线编辑命令是一个单对象编辑命令，一次只能编辑一个样条曲线对象。执行该命令并选择需要编辑的样条曲线后，在曲线周围将显示控制点，通过改变相关控制点的位置属性编辑样条曲线。

（三）复制命令

在绘图过程中，经常会遇到两个或多个完全相同的图形实体，此时可以先绘制一个，然后利用复制命令进行复制，能够提高绘图效率。

1.执行复制命令　选择下列任意一种方法可执行复制命令。

方法1：在命令行输入"copy"，按回车键确认。

方法2：选择选单"修改"→"复制"命令。

方法3：单击"修改"工具栏上的"复制"图标。

2.操作步骤　以绘制如图2-4所示的植物种植图为例。

（1）激活复制命令：单击"修改"工具栏上的"复制"图标。

（2）选择复制的对象：单击需要复制的植物图例，按回车键确认。

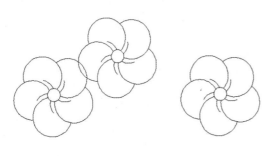

图2-4　植物种植图

（3）指定基点：捕捉植物图例的圆心。

（4）指定第二点：输入"@2000<30"，按回车键确认，复制第1个植物图例。

（5）指定第二点：输入"@4500<0"，按回车键确认，复制第2个植物图例。

（6）退出命令：按Esc键退出复制命令。

（四）缩放命令

在绘制图形的过程中，有时需要将某个图形实体放大或缩小，此时可以使用缩放命令。

1.执行缩放命令　选择下列任意一种方法可执行缩放命令：

方法1：在命令行输入"scale"，按回车键确认。

方法2：选择选单"修改"→"缩放"命令。

方法3：单击"修改"工具栏上的"缩放"图标□。

2．执行缩放功能的命令及提示

命令：scale

选择对象：

选择对象：按回车键确认选择完成。

指定基点：

指定比例因子或[参照（R）]。

3.参数的含义

（1）选择对象：选择要等比例缩放的目标图形。

（2）指定基点：指定图形等比例缩放的基点。

（3）指定比例因子：比例因子大于1，则放大对象；比例因子大于0小于1，则缩小对象。

（4）参照（R）：将指定的参照长度确定为新的长度来缩放图形，如图2-5所示。

（5）复制（C）：缩放图形后，保留原有的图形。

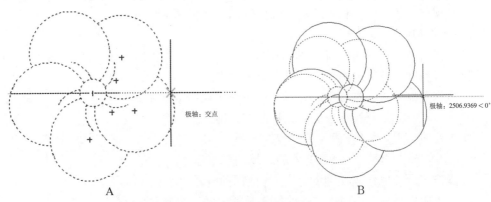

图2-5　按参照长度缩放图形
A.指定参照长度　B.指定新的长度

（五）工具选项板

工具选项板由许多选项板组成，每个选项板里包含若干工具，这些工具可以是"块"，也可以是几何图形（如直线、圆、多段线）、填充、外部参照、光栅图像，甚至可以是命令。用户可以很方便地将这些工具应用于当前正在设计的图纸，如图2-6所示。

1.打开工具选项板　选择下列任意一种方法可以打开工具选项板：

方法1：选择选单"工具"→"选项板"→"工具选项板"命令。

方法2：按Ctrl+3键。

2.创建工具　用户可以从设计中心、已有图纸、光栅图像等途径将"块"图形、几何图形（如直线、圆、多段线）、填充、外部参照、光栅图像以及命令都组织到工具选项板里面创建成工具。在绘制园林设计图纸时用户常从已有图纸将植物图例的"块"图形创建到工具选项板的植物图例选项板中，方便以后绘制园林植物配置图。现举例说明创建植物图例选项板的步骤。

（1）打开已有图纸：打开一张植物平面设计图例。

（2）打开工具选项板：按Ctrl+3键，在绘图窗口的右侧弹出工具选项板，如图2-7所示。

（3）新建选项板：右键单击工具选项板左侧的选项板名称栏，在弹出的快捷选单中选择"新建选项板"命令，在工具选项板左侧就会新建一个选项板，将其命名为"植物图例"，如图2-8所示。

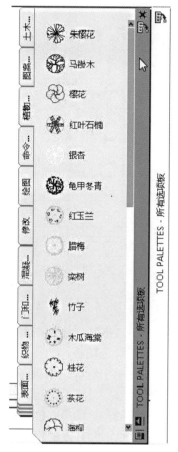

图2-6　工具选项板

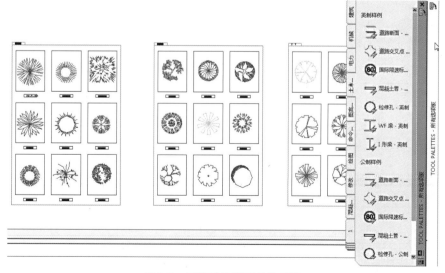

图2-7　系统默认的工具选项板

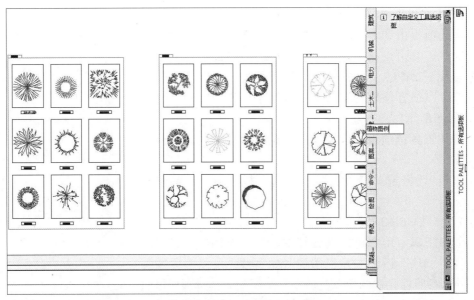

图2-8　新建"植物图例"选项板

（4）拖移"植物图例"的"块"图形：第一步单击目标图形。第二步右键拖移目标图形到工具选项板，如图2-9所示。第三步右键单击工具选项板中的"植物图例"，在弹出的快捷选单中选择"重命名"命令，将"植物图例"命名为特定的植物，为以后的绘图奠定基础。

需要注意的是，创建的工具是以这些源文件的存在为基础的，因此源文件不允许改名、删除，也不允许改变路径。

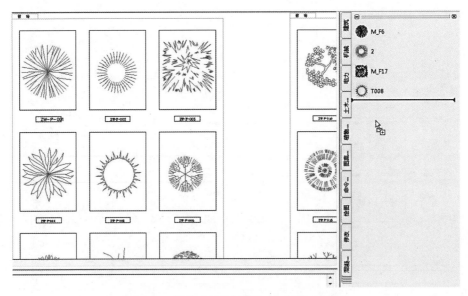

图2-9　拖移"植物图例"的"块"图形

三、任务实施

(一)设置绘图环境

1.设置单位　选择选单"格式"→"单位"命令,打开"图形单位"对话框,如图2-10所示,设置后单击"确定"按钮。

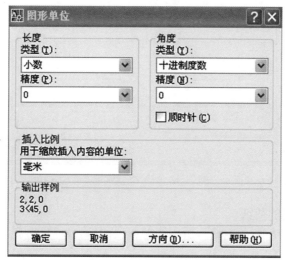

图2-10　"图形单位"对话框

2.设置图形界限　本任务按照1∶400的比例绘制A3图幅的图纸,因此将图形界限设置为420mm×297mm。按以下提示操作:

(1)激活图形界限命令:选择选单"格式"→"图形界限"命令,激活图形界限命令。

(2)重新设置模型空间界限:第一步在命令行输入"0,0",按回车键指定左下角点。第二步在命令行输入"420,297",按回车键指定右上角点。

(3)显示完全的绘图空间:选择选单"视图"→"缩放"→"全部"命令,显示完全的绘图空间。

(二)设置图层

单击"图层特性管理器"图标,弹出"图层特性管理器",按照表2-1所列参数设置绘制图纸的基本图层,如图2-11所示。在绘制过程中根据需要再新建图层。

表2-1　图层特性参数表

图　层	颜色	线　型	线宽/mm
中心线	红色	CENTER	0.25
粗实线	白色	Continuous	0.35
细实线	白色	Continuous	0.25
填充	白色	Continuous	0.25
文字	白色	Continuous	0.25
标注	白色	Continuous	0.25

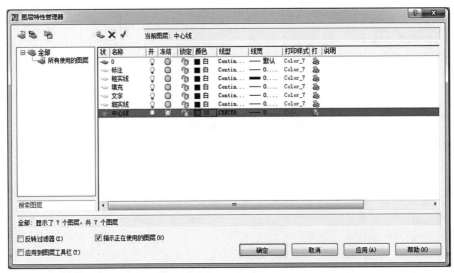

图2-11　图层特性管理器

（三）绘制A3图幅的图纸

1. 绘制420mm×297mm的图幅　第一步单击"图层特性管理器"右边的三角下拉符号，在图层列表中选择"细实线"图层。第二步激活矩形命令。第三步输入绝对坐标"0，0"，按回车键，确定坐标原点为矩形的左下角点。第四步输入绝对坐标"420，297"，按回车键，确定矩形的右上角点。

2. 绘制400mm×287mm的图框　第一步单击"图层特性管理器"右边的三角下拉符号，在图层列表中选择"粗实线"图层。第二步激活矩形命令。第三步输入绝对坐标"15，5"，按回车键，确定矩形的左下角点。第四步输入相对坐标"@400，287"，按回车键，确定矩形的右上角点。

3. 绘制80mm×16mm的标题栏　第一步单击"图层特性管理器"右边的三角下拉符号，在图层列表中选择"细实线"图层。第二步激活直线命令，然后捕捉图框线的右下角点（不要单击），再利用对象追踪引出垂直向上的方向，同时输入"16"，按回车键确认。第三步利用对象追踪引出水平向左的方向，同时输入"80"，按回车键确认。第四步垂直向下捕捉垂足，绘制垂线，然后按Esc键退出直线命令。第五步激活偏移命令，输入偏移距离"50"，按回车键确认。再单击标题栏左侧垂直边线，在图形右侧单击，绘制分隔线。然后按Esc键退出命令。第六步按空格键，重复偏移命令，并输入偏移距离"15"，按回车键确认；再单击上一步绘制的分隔线边线，在图形右侧单击，绘制另一条分隔线。然后按Esc键退出命令。第七步激活阵列命令，选择矩形阵列方式，并设置4行1列，行偏移"－4"，阵列角度"0"等属性，最后选择标题栏上边的水平线，单击"确定"按钮，向下绘制三条长度80mm的水平线。第八步激活修剪命令，再按回车键确认，然后单击不需要的直线部分。最后按Esc键退出命令。设计好的A3图幅的图纸如图2-12所示。

（四）绘制平面设计图形的轮廓线

1. 绘制设计图形的整体轮廓　在中心线图层绘制轮廓线。

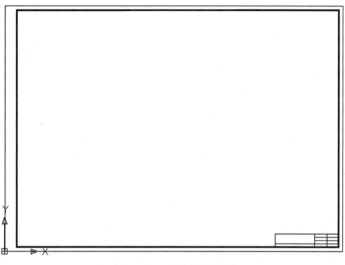

图2-12 A3图幅的图纸

（1）将中心线图层置于当前图层：单击"图层特性管理器"右边的三角下拉符号，在图层列表中选择"中心线"图层。

（2）绘制辅助中心线：第一步激活直线命令，然后输入绝对坐标"50，30"，按回车键确定直线的起点。第二步依次利用极轴追踪引出水平向右的方向，同时输入长度数值"226"，按回车键；利用极轴追踪引出垂直向上的方向，同时输入长度数值"146"，按回车键；利用极轴追踪引出水平向左的方向，同时输入长度数值"91"，按回车键；利用极轴追踪引出垂直向上的方向，同时输入长度数值"85"，按回车键；利用极轴追踪引出水平向左的方向，同时输入长度数值"135"，按回车键；最后捕捉起点，按Esc键退出命令，绘制设计图形的整体轮廓。第三步选择选单"格式"→"线型"命令，弹出"线型管理器"，如图2-13所示。设置全局比例因子为"10.0000"，更突出显示中心线的线型。最后的整体轮廓图形如图2-14所示。

图2-13 线型管理器

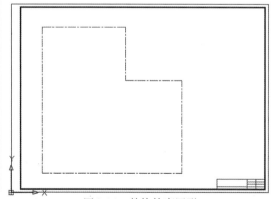

图2-14 整体轮廓图形

2.绘制楼房轮廓线

（1）绘制左侧楼房：第一步激活多段线命令。第二步捕捉整体轮廓线的左下角点（不要单击），利用极轴追踪引出垂直向上的方向，然后输入数值"42"，按回车键，确定多段线的起点。第三步按W键，按回车键，设定起点和端点的宽度同为"0.6"。第四步利用极轴追踪依次绘制水平向右42mm线段、垂直向上17mm线段、水平向右4mm线段、垂直向上26mm线段、水平向左4mm线段、垂直向上6mm线段、水平向右4mm线段、垂直向上17mm线段、水平向左4mm线段、垂直向上26mm线段、水平向右4mm线段、垂直向上17mm线段、水平向左4mm线段、垂直向上6mm线段、水平向右4mm线段、垂直向上17mm线段、水平向左4mm线段、垂直向上17mm线段、水平向右4mm线段、垂直向上17mm线段、水平向左4mm线段、垂直向上6mm线段、水平向右4mm线段、垂直向上17mm线段、水平向左46mm线段。第五步捕捉起点闭合楼房轮廓，如图2-15左侧所示。

（2）绘制右侧楼房：第一步激活多段线命令。第二步捕捉整体轮廓线的右下角点（不要单击），利用极轴追踪引出垂直向上的方向，然后输入数值"10"，按回车键，确定多段线的起点。第三步按W键，再按回车键，设定起点和端点的宽度同为"0.6"。第四步利用极轴追踪依次绘制垂直向上135mm线段、水平向左43mm线段、垂直向下8mm线段、水平向左5mm线段、垂直向下22mm线段、水平向右5mm线段、垂直向下42mm线段、水平向左5mm线段、垂直向下42mm线段、水平向右5mm线段、垂直向下21mm线段，如图2-15右侧所示。

3.绘制墙体轮廓线 第一步激活多段线命令。第二步单击左侧楼房轮廓线的右上角点，作为多段线的起点。第三步按W键，再按回车键，设定起点和端点的宽度同为"0.6"。第四步描绘墙体轮廓线。

4.绘制运动功能区和绿化功能区的轮廓线 第一步激活直线命令，捕捉左侧楼房轮廓线的右上角点（不要单击），利用极轴追踪引出水平向右的方向，输入数值"10"，按回车键，确认起点，然后绘制水平中心线的垂线。第二步依次利用极轴追踪绘制水平向右121mm线段、垂直向上146mm线段。然后按Esc键退出命令。第三步按空格键，重复直线命令。然后单击墙体转角拐点绘制道路轮廓线的垂线。楼房、墙体、运动区与绿化区轮廓如图2-15所示。

（五）绘制运动区场地

1.绘制标准篮球场地 标准篮球场地长28 000mm，宽15 000mm，按1：400比例换算，图纸上的篮球场地长为70mm，宽为37.5mm。

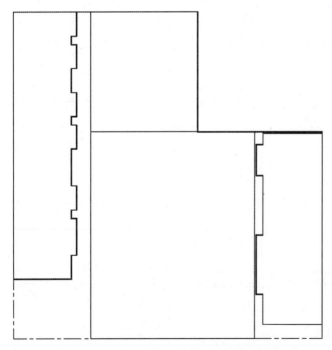

图2-15 楼房、墙体、运动区与绿化区轮廓

（1）绘制篮球场地的边界：第一步激活多段线命令。第二步在命令行输入"from"，按回车键；然后单击墙体右上角点，输入"@－7.5，－7.5"，按回车键确认多段线的起点。第三步按W键，再按回车键，设定起点和端点的线宽都为0.125mm。第四步利用极轴追踪依次绘制垂直向下70mm线段、水平向左37.5mm线段、垂直向上70mm线段，最后按C键，按回车键闭合图形。

（2）绘制篮球场的中线：第一步激活多段线命令。第二步分别单击篮球场左右两侧边线的中点，绘制一条水平直线。第三步单击上一步绘制的水平直线，接着分别单击线段左右两端出现的两个蓝色控制点，此时蓝色转变为红色，再将红色控制点向左右两侧水平拉伸，输入拉伸距离"0.375"，按回车键确认。绘制向两侧边线外各延长150mm的中线，如图2-16所示。

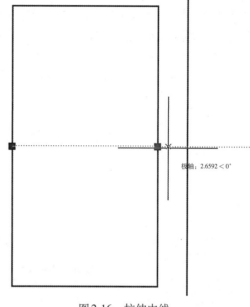

图2-16　拉伸中线

（3）绘制篮球场的中圈：第一步激活多段线命令。第二步捕捉中线的中点（不要单击），接着利用极轴追踪引出水平向左的方向，输入中圈的半径"4.5"，按回车键确认多段线的起点。第三步按A键，按回车键，转换为绘制圆弧方式。第四步在命令行输入"ce"，按回车键；再单击中线的中点，作为中圈的圆心。第五步按A键，按回车键；再输入圆弧的包含角"180"，按回车键确认。第六步在命令行输入"cl"，按回车键，闭合圆弧。用上述步骤绘制线宽为50mm、半径为1800mm的中圈。

（4）绘制三分投篮区：第一步激活多段线命令。第二步捕捉篮球场左下角点（不要单击），接着利用极轴追踪引出水平向右的方向，输入数值"3.125"，按回车键确认多段线的起点。第三步利用极轴追踪引出垂直向上的方向，输入数值"3.9375"，按回车键。第四步按A键，按回车键，转换为绘制圆弧方式。第五步利用极轴追踪引出水平向右的方向，输入数值"31.25"，按回车键。绘制投篮的弧线。第六步按L键，按回车键，转换为绘制直线方式。第七步利用极轴追踪引出垂直向下的方向，输入数值"31.25"，按回车键。第八步激活镜像命令。第九步单击绘制的投篮区多段线，再按回车键确认选择。第十步单击中线上任意两点，确认镜像线，再按回车键完成绘制。

（5）绘制罚球线、罚球区：第一步激活多段线命令。第二步在命令行输入"from"，按回车键，然后单击篮球场端线的中点，输入"@－4.5,14.5"，按回车键确认多段线的起点。第三步利用极轴追踪引出水平向左的方向，输入数值"9"，按回车键。第四步按A键，按回车键，转换为圆弧方式。第五步选择"ce"命令，按回车键，接着分别单击罚球线的中点和另一个端点。第六步按Esc键退出多段线命令。第七步按回车键，重复多段线命令。第八步单击罚球线左侧端点作为多段线的起点，接着按a键，再按回车键，转换为圆弧方式。第九步选择"ce"命令，按回车键，接着分别单击罚球线的中点和另一个端点。第十步按Esc

键退出多段线命令。绘制一条单独的圆弧。第十一步通过线型控制，加载虚线的线型。第十二步选择绘制的单独圆弧。第十三步按Ctrl+1键，弹出"对象特性"窗口，在上面的"基本"特性栏选择加载的虚线线型，调整线型比例为"0.01"。最后关闭"对象特性"窗口。罚球区下半段的虚线圆弧如图2-17所示。

（6）绘制限制区：第一步激活多段线命令。第二步捕捉篮球场左下角点（不要单击），接着利用极轴追踪引出水平向右的方向，输入数值"7.5"，按回车键确认多段线的起点。第三步单击罚球线最左侧端点，然后按Esc键退出命令。绘制限制区左侧边界。按同样步骤绘制限制区右侧边界。

（7）利用镜像命令绘制另一侧的罚球线、罚球区和限制区：标准篮球场平面图形如图2-18所示。

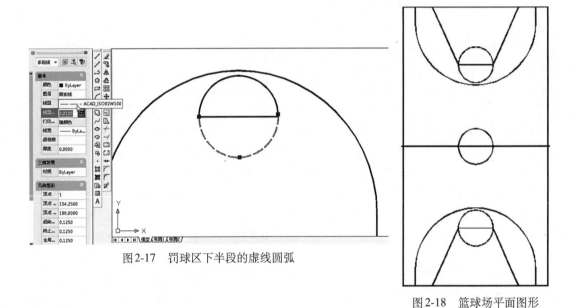

图2-17　罚球区下半段的虚线圆弧

图2-18　篮球场平面图形

2. 绘制标准羽毛球场地　标准羽毛球场地长13 400mm，宽6100mm，按1∶400比例换算，图纸上的篮球场地长为33.5mm，宽为15.25mm。

（1）绘制羽毛球场地的边线：第一步激活多段线命令。第二步在命令行输入"from"，再按回车键，然后单击篮球场的左上角点，输入"@－11.25，－18.25"，按回车键确认多段线的起点。第三步按W键，再按回车键，设定起点和端点的线宽都为0.1mm。第四步利用极轴追踪依次绘制垂直向下33.5mm线段、水平向左15.25mm线段、垂直向上33.5mm线段，最后按C键，按回车键闭合图形。

（2）绘制球网线：第一步激活多段线命令。第二步分别单击羽毛球场地左右两侧边线的中点，绘制一条水平直线。按Esc键退出命令。第三步单击"标准"工具栏的"特性匹配工具"图标 ✎。第四步单击篮球场罚球区的虚线圆弧，接着单击羽毛球场地的水平直线，改变其线型。

（3）绘制前发球线和双打后发球线：第一步激活多段线命令。第二步捕捉羽毛球场地边线的中点（不要单击），接着利用极轴追踪引出垂直向上的方向，输入数值"4.95"，按回车键确认多段线的起点。第三步单击另一侧边线的中点，再按Esc键退出命令。第四步激活偏移命令，输入偏移距离"9.7"，按回车键确认。第五步单击前发球线，然后在图形上方单击一点确定方向，偏移绘制双打后发球线。

（4）绘制单打边线和中线：第一步激活多段线命令。第二步捕捉羽毛球场地的左上角点（不要单击），接着利用极轴追踪引出水平向右的方向，输入数值"1.05"，按回车键确认多段线的起点。第三步捕捉另外一条端线的垂足，绘制一条垂线作为单打边线，并按Esc键退出命令。第四步按照上述步骤绘制另外一侧的单打边线。第五步按回车键重复多段线命令，分别单击前发球线中点和端线中点。

（5）绘制另外一侧的前发球线、双打后发球线和中线：利用镜像命令，绘制另外一侧的前发球线、双打后发球线和中线。羽毛球场地完成图如2-19所示。

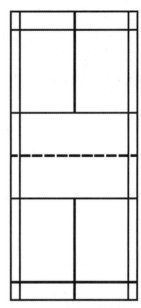

图2-19　羽毛球场地完成图

（六）绘制绿化区

1.绘制园林道路　通过绘制园林道路划分园林绿地空间，形成各具特色的功能区域。

（1）绘制辅助中心线：利用偏移工具，按照图2-20所示的标注尺寸绘制辅助线的中心线，为下一步绘制园林道路定位。

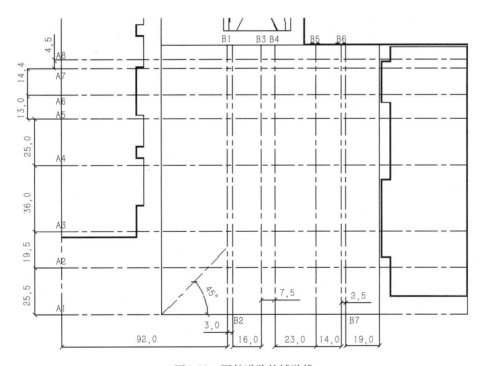

图2-20　园林道路的辅助线

（2）绘制三个圆形广场：在园林绿地的左上角有一个半径4 000mm的伞亭广场，按1 : 400的比例在图纸上绘制半径10mm的圆；伞亭广场下面有一个半径4800mm的花坛坐凳广场，按1 : 400的比例在图纸上绘制半径12mm的圆；在园林绿地右下角有一个半径12 000mm的弧形花架广场，按1 : 400的比例在图纸上绘制半径30mm的圆。

①绘制半径10mm的圆。第一步激活圆的命令。第二步指针捕捉辅助线B1的上方端点（不要单击），然后利用极轴追踪引出垂直向下的方向，如图2-21所示。第三步输入数值"15"，按回车键确认圆心的位置，再输入半径值"10"，按回车键，绘制圆。

②绘制半径12mm的圆。第一步按回车键，重复上一步绘制圆的命令。第二步单击辅助线B2与辅助线A4的交点作为圆心。第三步输入半径值"12"，绘制圆。

③绘制半径30mm的圆。第一步按回车键，重复上一步绘制圆的命令。第二步在命令行输入"from"，按回车键，接着单击园林绿地区右下角点。第三步在命令行输入"@ - 39, 47"，按回车键确定圆心。第四步输入半径值"30"，按回车键，绘制圆。三个圆形广场完成图如图2-22所示。

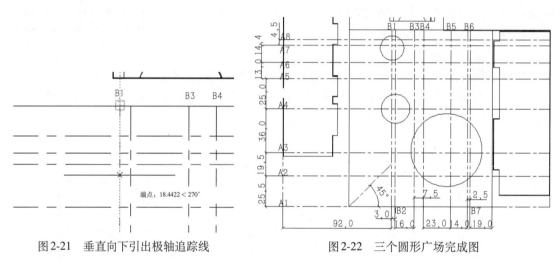

图2-21　垂直向下引出极轴追踪线　　　　图2-22　三个圆形广场完成图

（3）绘制伞亭广场周围的园路：在伞亭广场周围有三条园路，按以下步骤绘制：

①绘制伞亭广场与运动区的连接道路。第一步激活直线工具。第二步指针捕捉辅助线B1的上方端点（不要单击），然后利用极轴追踪引出水平向左的方向。第三步在命令行输入数值"2.25"，按回车键确认直线的端点，然后垂直向下交于圆周，并按Esc键退出命令。第四步激活偏移命令，输入园路的宽度"4.5"，按回车键确认；然后单击上一步绘制的直线，在其右侧单击一点完成园路绘制；最后按Esc键退出命令。

②绘制伞亭广场右侧的道路。第一步激活多段线命令。第二步单击圆周与辅助线A8的交点，然后水平向右交于辅助线B4。第三步按A键，按回车键，执行绘制圆弧命令。第四步按R键，再按回车键，执行输入圆弧半径的方式；接着输入半径值"28"，按回车键；然后单击辅助线A8与辅助线B5的交点。第五步单击辅助线A7与辅助线B6的交点；接着单击辅助线A6与辅助线B7的交点，绘制连续相切的圆弧；最后按Esc键退出命令。第六步激活偏移命令，输入园路的宽度"4.5"，按回车键确认；然后单击上一步绘制的多段线，在其下侧单击一点完成园路绘制。第七步激活修剪命令，按回车键确认，再修剪不需要的图线。

最后按Esc键退出命令。

　　③绘制伞亭广场下侧的弧形园路。第一步激活圆弧命令。第二步单击辅助线B1与半径12mm圆的交点；接着按E键，再按回车键，单击辅助线B2与半径10mm圆的交点；然后按R键，再按回车键，输入半径值"33"，按回车键绘制圆弧。第三步激活偏移命令，输入园路的宽度"4.5"，按回车键确认；然后单击上一步绘制的圆弧，在其右侧单击一点完成园路的偏移。第四步激活延伸命令，按回车键，单击弧线的上面端点，与半径10mm圆相交。第五步激活修剪命令，再按回车键，修剪弧线下端不需要的部分。伞亭广场周围的园路完成图如图2-23所示。

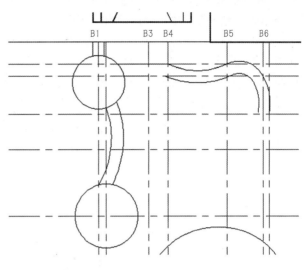

图2-23　伞亭广场周围的园路完成图

　　(4) 绘制花坛坐凳广场周围的园路：在花坛坐凳广场周围有三条园路，按以下步骤绘制：

　　①绘制花坛坐凳广场左侧园路。第一步激活直线工具。第二步指针捕捉辅助线A4与道路的交点（不要单击），然后利用极轴追踪引出垂直向上的方向。第三步输入数值"2.5"，按回车键确认直线的端点，然后水平向右交于圆周，并按Esc键退出命令。第四步激活偏移命令，输入园路的宽度"5"，按回车键确认；然后单击上一步绘制的直线，在其下侧单击一点完成园路绘制；最后按Esc键退出命令。

　　②绘制花坛坐凳广场右侧园路。第一步激活直线工具。第二步指针捕捉左侧园路的交点（不要单击），然后利用极轴追踪引出水平向右的方向，单击与圆周的交点；接着利用极轴追踪引出水平向右的方向，单击与辅助线B3的交点。第三步激活圆弧命令，单击上一步绘制直线的右侧端点；接着按E键，按回车键，单击辅助线A5与辅助线B3的交点；再按R键，按回车键，输入圆弧半径值"17.5"。第四步按回车键，重复圆弧命令。第五步单击辅助线A7与辅助线B3的交点；接着按E键，按回车键，单击辅助线A5与辅助线B3的交点；再按R键，按回车键，输入圆弧半径值"40.5"，按回车键完成绘制。第五步激活偏移命令，输入园路的宽度"5"，按回车键确认；然后单击第二步绘制的直线，在其下侧单击一点完成园路绘制；最后按Esc键退出命令。第六步激活圆的命令，单击上一步绘制直线的右侧端点作为圆心；接着输入半径的值"13"，按回车键绘制一个辅助圆。第七步激活圆弧命令，单击辅助圆与弧形花架广场圆的交点；接着按E键，按回车键，单击直线的端点；再按R键，按回车键，输入圆弧半径的数值"13"，按回车键完成绘制。利用辅助圆绘制的圆弧完成图如图2-24所示。第八步删除辅助圆。

　　③绘制花坛坐凳广场下侧园路。第一步激活偏移命令，输入园路的宽度"2.5"，按回车键确认；然后单击左下角与水平直线成45°角的斜线，在其左右两侧各单击一点完成园路辅助线的绘制。第二步激活直线命令，在命令行输入"from"，按回车键，单击花坛坐凳广场的圆心，然后在命令行输入"@ - 2.5, - 11.7"，按回车键确认直线端点。第三步利用极轴追踪绘制垂直向下23mm的直线、水平向左10mm的直线；然后垂直向下交于辅助线，

再单击辅助线与道路的交点。第四步激活直线命令，在命令行输入"from"，按回车键，单击花坛坐凳广场的圆心，在命令行输入"@2.5，－11.7"，按回车键确认直线端点。第三步利用极轴追踪绘制垂直向下41.2mm的直线，再水平向右交于弧形花架广场。第四步激活偏移命令，输入园路的宽度"5"，按回车键确认；然后单击水平直线，在其下侧单击一点完成偏移。第五步激活延伸命令，按回车键确认，再分别单击直线左右两端，分别延伸直线交于辅助线、弧形花架广场。第六步激活直线命令，沿着辅助线绘制左下侧道路线。花坛坐凳广场下侧园路完成图如图2-25所示。

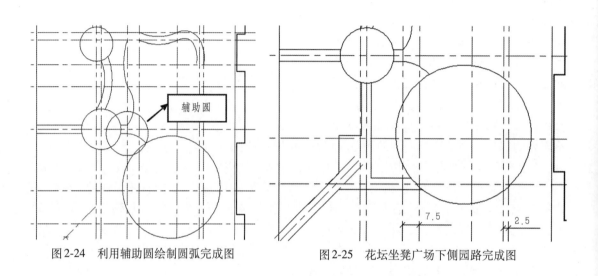

图2-24　利用辅助圆绘制圆弧完成图　　　　图2-25　花坛坐凳广场下侧园路完成图

（5）绘制弧形花架广场周围的园路：在弧形花架广场周围有三条园路，按以下步骤绘制：

①绘制弧形花架广场下侧的园路。第一步利用直线工具，按图2-26所示尺寸绘制园路。第二步利用修剪工具，修剪多余图线，完成图如图2-27所示。

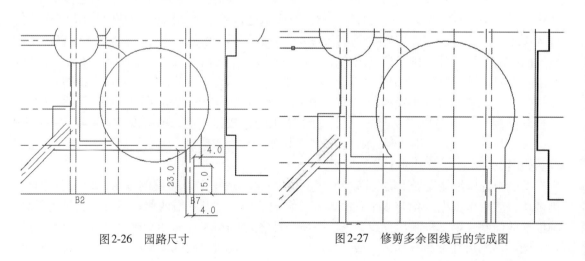

图2-26　园路尺寸　　　　　　　　　　　图2-27　修剪多余图线后的完成图

② 绘制弧形花架广场左上侧的园路。第一步激活偏移命令，输入园路的宽度"4.5"，按回车键确认；然后单击前面绘制的园路图线，在其右侧单击一点完成偏移。第二步激活修剪命令，按回车键确认，修剪多余图线。第三步激活圆角命令按R键，按回车键；接着输入半径的数值"13"，按回车键。第四步单击辅助线A4附近的两条园路，将其圆角，如图2-28所示。

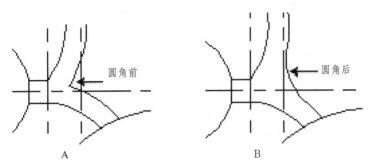

图2-28　圆角弧形花架左上侧园路
A.圆角前的园路　B.圆角后的园路

③ 绘制弧形花架广场右上侧的园路。第一步激活圆弧命令，单击辅助线B7与辅助线A6的交点；接着按E键，按回车键，单击辅助线B7与圆的交点；然后按R键，按回车键，输入半径值"33"，按回车键。第二步激活偏移命令，将上一步绘制的圆弧向左侧偏移4.5mm。第三步激活圆弧命令，在命令行输入"from"，按回车键，单击辅助线B5与辅助线A5的交点；接着在命令行输入"@1.2，－4"，按回车键确认圆弧的起点；再按E键，按回车键，单击辅助线B5与圆的交点；然后按R键，按回车键，输入半径值"30"，按回车键。第四步激活偏移命令，将上一步绘制的圆弧向左侧偏移4.5mm。第五步激活炸开命令，选择上侧的多段线，按回车键，将多段线分解；接着激活延伸命令，按回车键确

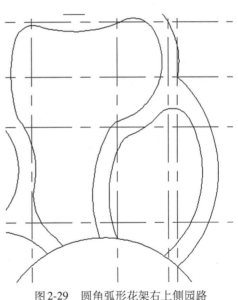

图2-29　圆角弧形花架右上侧园路

认，单击下端的圆弧，将其延伸至辅助线B5。第六步激活偏移命令，将延伸的圆弧向右偏移4.5mm。第七步激活圆角命令，按R键，按回车键；接着输入半径值"5"，按回车键；按图2-29所示圆角处理园路。

（6）绘制园路的圆角：第一步激活修剪命令，按回车键确认。第二步修剪已经绘制的园路路口位置的图线。第三步激活圆角命令，按R键，按回车键；接着输入半径的值"2"，按回车键。第四步分别单击直角路口的两个边线，如图2-30所示。

（7）绘制园路道牙：第一步选择选单"修改"→"对象"→"多段线"命令，单击一

条图线，按回车键，将其转换为多段线。第二步按 J 键，按回车键，执行合并命令。第三步单击目标图线，如图 2-31 所示。第四步按两次回车键，将目标图线转换为一条多段线。第四步激活偏移命令，将园路向着内侧偏移 0.25mm，构成园路的道牙。

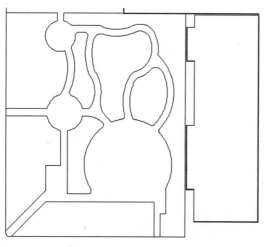

图 2-30　圆角直角路口

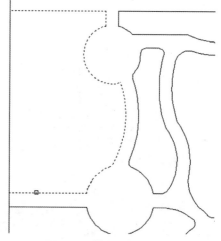

图 2-31　单击目标图线

2. 绘制停车位　在绿化区外围设置了 37 个停车位，每个停车位的长为 5200mm，宽为 2200mm，停车位的线宽为 100mm。按 1 ：400 的比例在图纸上用线宽 0.25mm 的多段线绘制长度为 13mm 的直线，再用矩形阵列工具绘制间距 5.5mm 的停车位。具体操作步骤如下：

（1）绘制一条线宽 0.25mm，长度 13mm 的多段线：第一步激活多段线命令。第二步捕捉绿化区左上角点（不要单击），利用极轴追踪引出垂直向下的方向，再输入停车位间距值"5.5"，按回车键确定多段线的起点。第三步按 W 键，设置起点和端点的线宽均为 0.25mm。第四步利用极轴追踪引出水平向右的方向，输入长度的数值"13"，按回车键确认。最后按 Esc 键退出命令。

（2）阵列 11 个停车位：第一步激活阵列命令。第二步在弹出的"阵列"对话框中，选择"矩形阵列"方式；再设置 11 行 1 列，行偏移"－5.5"，列偏移"1"；然后单击"选择对象"按钮，返回绘图窗口，单击目标图线，按回车键返回"阵列"对话框，最后单击"确定"按钮完成绘制，如图 2-32 所示。

（3）绘制停车位一侧的道牙：第一步激活直线命令。第二步单击最下面停车位图线的端点，再向上做绿化区边界线的垂线。第三步利用偏移命令，将垂

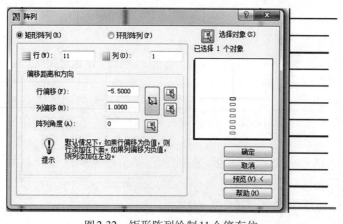

图 2-32　矩形阵列绘制 11 个停车位

线向右侧偏移0.25mm。最后封闭端点。

（4）镜像绘制11个停车位：第一步激活镜像命令。第二步选择上面的11个停车位，并按回车键确认选择。第三步单击花坛坐凳广场的圆心，然后利用极轴追踪引出水平方向，再任意单击一点，作为镜像线，如图2-33所示。第四步按回车键，完成镜像。第五步利用修剪工具，完善图形。

（5）阵列15个停车位：利用矩形阵列命令，设置1行15列，列偏移"－5.5"，行偏移任意设置，如图2-34所示。最后绘制道牙。

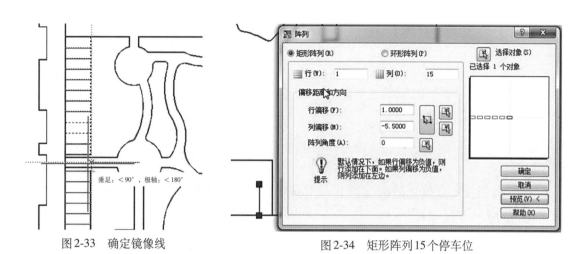

图2-33　确定镜像线　　　　　　　图2-34　矩形阵列15个停车位

3．绘制伞亭　在伞亭广场共有三个大小不一的伞亭，伞顶的半径分别为1000mm、1200mm、1400mm，柱体的半径都为120mm，凳面的半径都为400mm。按1∶400的比例在图纸上绘制伞顶的半径分别为2.5mm、3mm、3.5mm，柱体的半径为0.3mm，凳面的半径都为1mm。具体绘制步骤如下：

（1）绘制伞顶半径为1400mm的伞亭：第一步激活圆命令。第二步在命令行输入"from"，按回车键确认，接着单击伞亭广场的圆心，并输入"@6.25<－20"，按回车键确认圆心。第三步输入半径的值"3.5"，按回车键绘制圆。第四步按回车键，重复绘制圆命令。第五步单击上一步绘制的圆的圆心，再输入半径的值"1"，按回车键确认，绘制凳面的平面图形。第六步单击上一步绘制的圆，然后按Ctrl+1快捷键，弹出对象特性窗口，在上面的"基本"特性栏，选择加载的虚线线型，并调整线型比例为"0.02"。最后关闭对象特性窗口。将表示凳面的圆的线型调整为虚线。第七步激活偏移命令，输入偏移的距离"0.7"，按回车键确认。第八步选择刚绘制的虚线圆，在圆的内部单击一点，偏移绘制柱体。最后按Esc键退出命令。

（2）绘制伞顶半径为1200mm的伞亭：第一步激活圆命令。第二步在命令行输入"from"，按回车键确认，接着单击伞亭广场的圆心，并输入"@6.25<115"，按回车键确认圆心。第三步输入半径的数值"3"，按回车键。第四步激活复制命令。第五步选择表示柱体和凳面的两个虚线圆，按回车键确认选择。第六步单击半径3.5mm的圆的圆心，再单击半径3mm的圆的圆心，复制两个虚线圆，如图2-35所示。最后按Esc键退出命令。

（3）绘制伞顶半径为1000mm的伞亭：第一步激活圆的命令。第二步在命令行输入"from"，按回车键确认，接着单击伞亭广场的圆心，并输入"@6.25< - 150"，按回车键确认圆心。第三步输入半径值"2.5"，按回车键。第四步激活复制命令。第五步选择表示柱体和凳面的两个虚线圆，按回车键确认选择。第六步单击半径3.5mm的圆的圆心，再单击半径2.5mm的圆的圆心。最后按Esc键退出命令。伞亭完成图如2-36所示。

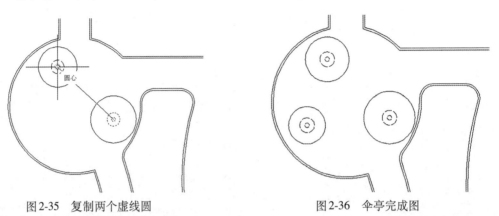

图2-35　复制两个虚线圆　　　　　　　　　　　图2-36　伞亭完成图

4.绘制花坛　在绿化区的左侧有两个花坛，其中一个为半径1600mm的圆形平面花坛，位于花坛坐凳广场中心；另一个为1200mm×4000mm的矩形平面花坛，位于左下角小广场。

（1）绘制半径1600mm的圆形平面花坛：第一步激活圆命令。第二步单击花坛坐凳广场的圆心，接着输入半径值"4"，按回车键。第三步激活偏移命令，输入偏移的距离"0.6"，按回车键；接着单击上一步绘制的圆，单击圆的内部，偏移绘制厚240mm的花坛墙体。第四步激活圆命令，单击花坛坐凳广场的圆心，接着输入半径值"5"，按回车键，绘制表示坐凳的圆。第五步单击"图层特性管理器"右边的三角下拉符号，在图层列表中选择"填充"图层。第六步激活图案填充命令，弹出"图案填充和渐变色"对话框，按照图2-37所示设置图案填充的属性，绘制木质凳面的图案。

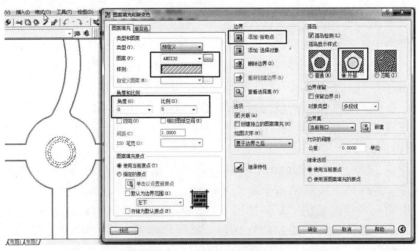

图2-37　设置图案填充属性

（2）绘制1200mm×4000mm的矩形平面花坛：第一步激活矩形命令，接着单击园路的转角点作为矩形的第一个角点。第二步输入"@－3，－10"，按回车键绘制矩形。第三步激活直线命令。第四步单击矩形的右下角点，接着利用极轴追踪绘制水平向右0.75mm的直线、垂直向上10mm的直线，再按Esc键退出命令。第五步单击"图层特性管理器"右边的三角下拉符号，在图层列表中选择"填充"图层。第六步激活图案填充命令，弹出"图案填充和渐变色"对话框，按照图2-38所示设置图案填充的属性，绘制花岗岩凳面的图案。

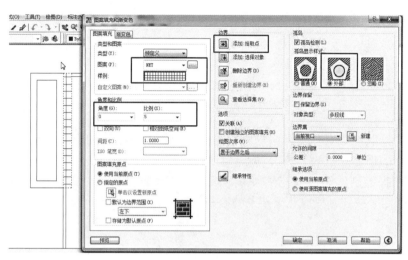

图2-38　利用图案填充绘制花岗岩凳面的图案

5. 绘制弧形花架　在弧形花架广场有两个弧形花架，绘制步骤如下：

（1）绘制弧形的花架横梁：第一步激活圆弧命令。第二步按C键，按回车键，再单击弧形花架广场的圆心；接着输入"@27.5<125"，按回车键，指定圆弧的起点；然后按A键，按回车键，输入包含角的角度"83.34"，按回车键绘制一段圆弧。第二步利用偏移命令，依次向圆的内部偏移0.5mm、5mm、0.5mm，绘制三段圆弧。第三步激活直线命令，分别连接圆弧的端点，封闭圆弧，构成花架的横梁。

（2）绘制一根矩形的花架架条：第一步激活直线命令。第二步单击弧形花架广场的圆心作为直线的起点；接着输入"@28.25<128"，按回车键，指定直线的端点。第三步选择选单"修改"→"拉长"命令，接着按T键，按回车键，执行指定总长度命令，接着输入直线的总长度"7.5"，按回车键。第四步单击直线靠近圆心的部分，确定直线的总长度为7.5mm，如图2-39所示。第五步激活偏移命令，输入偏移的距离"0.1875"，按回车键；接着单击直线，在其左侧和右侧各任意单击一点，得到两条直线。第六步激活直线命令，连接两条直线的端点得到一个7.5mm×0.375mm的矩形花架架条。第七步选择选单"修改"→"对象"→"多段线"命令，选择一条直线，按回车键将其转换为多段线形式；接着按J键，按回车键；再选择"all"命令，按回车键，将矩形的四条边合并成为一个多段线的单独体。

（3）绘制其余的24个矩形花架架条：第一步激活镜像命令，选择花架架条的所有图线，按回车键确认；接着分别单击圆心和弧线的中点，作为镜像线；最后按回车键镜像一根花架架条，如图2-40所示。第二步激活阵列命令，弹出"阵列"对话框，选择"环形阵列"

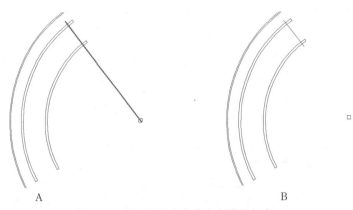

图2-39　利用拉长命令确定直线的长度
A. 选择拉长的直线　B. 拉长后的直线

方式；单击"拾取中心点"图标，返回绘图窗口，单击中轴线的交点，返回"阵列"对话框；设置阵列的项目总数为"25"，填充角度为"77.34"；再单击"选择对象"按钮，返回绘图窗口，选择绘制的第一根花架架条，按回车键返回"阵列"对话框，如图2-41所示；最后单击"确定"按钮，完成花架架条的绘制。

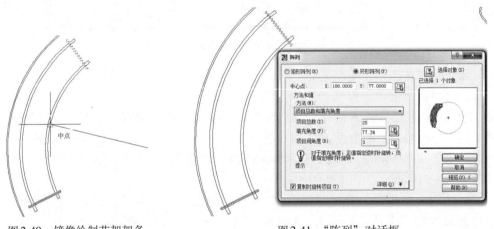

图2-40　镜像绘制花架架条　　　　　　图2-41　"阵列"对话框

（4）绘制花架的柱体：第一步激活偏移命令，输入偏移距离"0.0625"；接着单击绘制的第一根花架架条，在其外部单击一点。第二步激活修剪命令，按回车键确认后开始修剪多余的图线。第三步选择选单"修改"→"拉长"命令，接着按T键，按回车键，执行指定总长度命令；接着输入直线的长度"0.65"，按回车键；再分别单击上一步绘制的四条直线。第四步按回车键重复上一步操作，接着按T键，按回车键，执行指定总长度命令；接着输入直线长度"0.80"，按回车键；再分别单击上一步绘制的四条直线，得到总长度0.80mm的四条直线。第五步激活直线命令，将上述两组直线封闭为矩形。第六步激活阵列命令，弹出"阵列"对话框，选择"环形阵列"方式；单击"拾取中心点"图标，返回绘图窗口，单击圆心，返回"阵列"对话框；设置阵列的项目总数为"5"，填充角度为"77.34"；再单击"选择对象"图标，返回绘图窗口，选择花架柱体图线，按回车键返回"阵列"对话框；单击"确定"按钮，完成花架柱体的绘制，如图2-42所示。最后删除绘制的两条花架架条的中轴线。

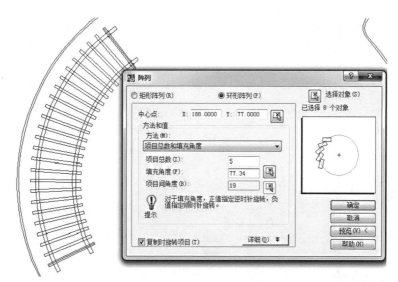

图2-42 绘制环形阵列花架柱体

（5）修剪花架架条、横梁与花架柱体的重叠部分：激活修剪工具，接着按回车键，修剪花架架条、横梁与花架柱体的重叠部分。

（6）镜像绘制另一侧的弧形花架：第一步激活镜像命令。第二步选择绘制的弧形花架的所有图线，按回车键确认。第三步单击弧形花架广场的圆心，再输入"@50<100"，按回车键确认。最后按回车键完成镜像。

6. 绘制人工水池 在弧形花架广场上方设置一个人工水池，其平面形状已绘制完成，需要填充水面，绘制假山置石。操作步骤如下：

（1）绘制假山置石：第一步激活样条曲线命令，按照总长度3～5mm，最高高度2～3mm，绘制大小不一、形状不一的置石，如图2-43所示。第二步激活移动命令，将绘制的置石错落有致地放置在水池的上端，形成假山的平面图形。第三步激活复制命令，从假山上选择置石，散落到水池的池岸线，形成自然的池岸线。第四步激活修剪命令，修剪置石与水池轮廓重叠的部分。假山置石完成图如图2-44所示。

（2）填充水面图案：第一步单击"图层特性管理器"右边的三角下拉符号，在图层列表中选择"填充"图层。第二步激活图案填充命令，弹出

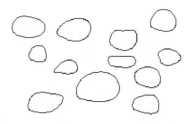

图2-43 利用样条曲线绘制的置石

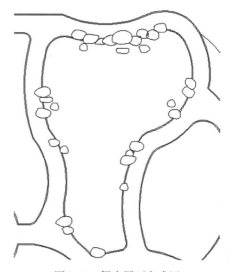

图2-44 假山置石完成图

"图案填充和渐变色"对话框，按照图2-45所示设置图案填充的属性，绘制水面的图案。

图2-45　设置水面图案的填充属性

7.园林植物的配置　一般来讲，通过园路将整个绿化区分割成若干绿化种植区域，每个区域的园林植物配置都要考虑植物种类的选择、树丛的组合、平面和立面的构图、色彩的搭配、季相的变化，反映一定的园林意境，从而实现动观为游，妙在步移景异;静观为赏，奇在风景如画。而游赏相间，动静交替则园之景致尽入眼中。

在绘图时，首先确定每个区域的园林植物种类，再从工具选项板的"植物图例"选项板中选取设定的乔木、灌木、花草的图例，然后按照先配置大乔木、小乔木、大灌木等植物，构成园林景观的骨架，再配置绿篱、色块、地被、小灌木、花草、草坪等植物，丰富平面和立面的构图的原则配置植物。另外绿篱、色块、地被、草坪等植物种类通过图案填充来表现。具体操作步骤以图纸左侧区域的植物配置为例。

（1）列植香樟：在左侧停车场的旁边栽植一行株距为3400mm的香樟，绘制步骤如下：

①确定香樟的图例。第一步按Ctrl+3键，打开工具选项板窗口，单击创建的"植物图例"选项板，显示已经创建的植物图例的"块"图形。第二步拖移"香樟"图例到绘图位置。第三步激活缩放命令，然后选择表示"香樟"植物图例的图形，按回车键确认；接着单击图形的中心，作为缩放图形的基点。第四步按R键，执行参照命令；然后分别单击图形的最左端和最右端（即表示植物的冠幅），作为植物图例缩放的参照长度；接着输入新的长度值"6"，按回车键，如图2-46所示。表示在这幅图纸上香樟的冠幅为6mm，按1：400比例换算，即表示香樟的实际冠幅为2400mm。

②确定第一株香樟的栽植位置。如图2-47所示，第一步激活移动工具，将香樟的图例移动到停车场的右上角。第二步激活移动工具，单击图例的中心点，然后输入"@3，－1"，按回车键确认。

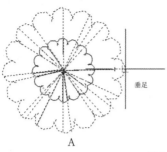

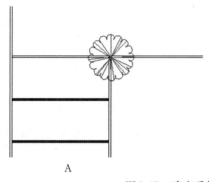

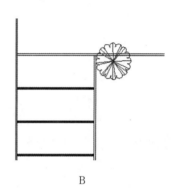

图2-46　缩放香樟图例
A.确定参照的长度　B.确定新的长度

图2-47　确定香樟的栽植位置
A.第一株香樟的参照位置　B.第一株香樟的栽植位置

③矩形阵列绘制15株香樟。如图2-48所示，第一步激活阵列命令，弹出"阵列"对话框。第二步选择"矩形阵列"形式；设置行"15"，列"1"；行偏移"－8.5"，列偏移"1"；阵列角度"0"；然后单击"选择对象"图标，返回绘图窗口，单击香樟图例，又返回"阵列"对话框；最后单击"确定"按钮。

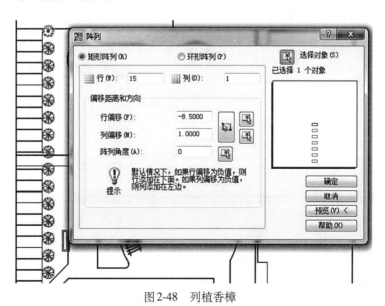

图2-48　列植香樟

（2）丛植石楠：在香樟的右侧呈小丛状栽植10株石楠。绘制时掌握植物图例不在一条直线、呈不等边三角形和疏密相间等原则，可在栽植的范围内灵活掌握距离。具体操作步骤如下：

①确定石楠的图例。石楠的实际树冠确定为2000mm，图纸上确定为5mm，绘制步骤同香樟图例的确定步骤。

②确定第一株石楠的栽植位置。将石楠图例移动到图纸的左下角靠近花坛的位置，如图2-49所示。

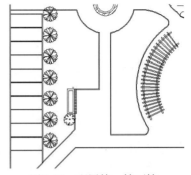

图2-49　配置第一株石楠

③复制石楠图例。用修改工具栏的复制工具，按照图2-50所示丛植石楠。

（3）配置黄杨绿篱：紧邻停车场右侧配置宽560mm的黄杨绿篱，按1：400的比例，图纸上的绿篱宽1.4mm。主要利用图案填充绘制。

①绘制绿篱的封闭平面。利用偏移工具、延伸工具和修剪工具绘制宽1.4mm的绿篱封闭平面。

②填充图案。第一步激活图案填充命令。第二步在弹出的"图案填充和渐变色"对话框中单击"边界"选项栏内的"添加：拾取点"图标，返回绘图窗口，然后单击封闭的绿篱平面（可连续单击属性一致的平面），当边界线变为蚂蚁线后按回车键，返回到"图案填充和渐变色"对话框；接着按照图2-51所示的"图案填充和渐变色"对话框中的图案样例、角度和比例设置填充图案的属性。第三步单击"预览"按钮，返回绘图窗口，主要查看图案填充的疏密程度，如果疏密适宜，按回车键确认；如果疏密不当，按空格键返回"图案填充和渐变色"对话框，重新调整比例，直到图案疏密适宜为止。如图2-52所示。

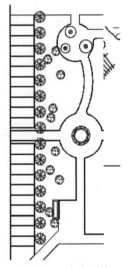

图2-50　丛植石楠

图2-51　设置图案样例、角度、比例等属性

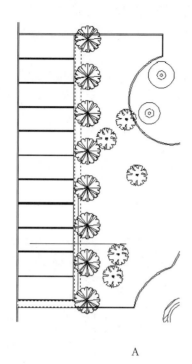

A　　　　　　　　　　　　　　　　　B

图2-52　图案填充绘制黄杨绿篱
A.拾取封闭的填充区域　B.图案填充的效果

（4）配置红檵木色块：紧邻黄杨绿篱配置流线型的红檵木色块，其最宽2000mm，最窄800mm，按1：400的比例，图纸上对应的数据分别为5mm和2mm。绘制的方法步骤同黄杨绿篱的绘制步骤。如图2-53所示。

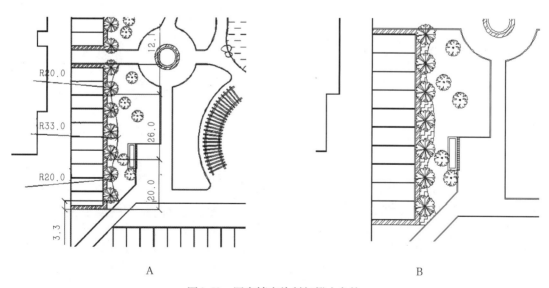

A　　　　　　　　　　　　　　　　　B

图2-53　图案填充绘制红檵木色块
A.绘制弧线的尺寸　B.图案填充的效果

（5）配置其余的灌木：按照先配置枇杷、红叶李、龙爪槐、造型女贞等较大灌木，再配置红梅、海桐球、红叶石楠球、红檵木球、红枫等较小灌木的顺序配置其余的灌木。绘图步骤同丛植石楠的步骤。

（6）配置弧形花架左侧的广玉兰：弧形花架的左侧距离道牙1000mm的位置，呈弧线排列四株广玉兰。主要用环形阵列工具绘制，其主要数据如图2-54所示。另外在两株广玉兰中间栽植一丛月季灌木，共有三丛月季灌木，其填充角度为52°。

（7）其他绿化区域的植物配置：以上举例说明了植物配置常用的绘制方法，其他绿化区域的植物配置可参照绘制。各区域园林植物配置图如图2-55至图2-58所示。

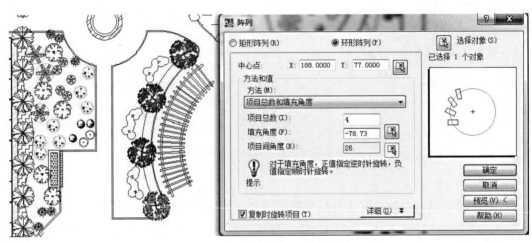

图2-54　环形阵列广玉兰的数据

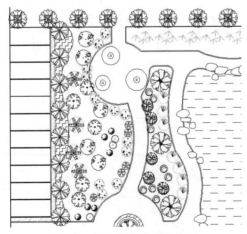

图2-55　园林植物配置图（一）

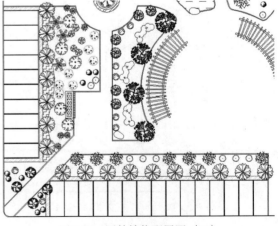

图2-56　园林植物配置图（二）

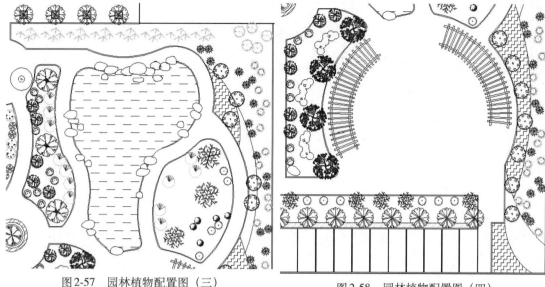

图2-57 园林植物配置图（三）

图2-58 园林植物配置图（四）

四、课后测评

（一）填空题

（1）多段线是AutoCAD中最常用且功能较强的实体之一，它由一系列首尾相连的_____和_____组成，可以具有宽度，并可绘制_____区域。

（2）多段线的绘制命令分为直线方式和圆弧方式两种，按_____键，执行直线方式；按_____键，执行圆弧方式。

（3）样条曲线是通过一系列_____的光滑曲线，样条曲线可以是_____或3D图形。

（4）AutoCAD使用的是一种称为非均匀有理B样条曲线(NURBS)，它是真正的样条，适合表达具有_____的曲线。

（5）执行编辑样条曲线命令并选择需要编辑的样条曲线后，在曲线周围将显示_____，通过改变它的位置属性编辑样条曲线。

（6）在绘图过程中，经常会遇到两个或多个完全相同的图形实体的情况，此时可以先绘制一个，然后利用_____命令再进行绘制，这样能够提高绘图效率。

（7）用户可以从_____、_____、_____等途径将"块"图形、几何图形（如直线、圆、多段线）、填充、外部参照、光栅图像及命令都组织到工具选项板里面创建成工具。

（二）选择题

（1）缩放图形后，按_____键可保留原有的图形。

　　①A　　　　②C　　　　③R　　　　④U

（2）打开工具选项板的快捷键是_____。

　　① Ctrl+3　　　② Ctrl+2　　　③ Ctrl+1　　　④ Ctrl+4

（3）激活缩放命令后，按_____键按指定的参照长度来缩放图形。

　　①A　　　　②C　　　　③R　　　　④U

（4）激活多段线命令并指定起点后，按_____键执行设定多段线的线宽命令。

　　①A　　　　②W　　　　③L　　　　④R

任务二 编制苗木表

一、任务分析

本任务编写如图2-59（或附录）所示的苗木表格和标题栏，主要使用表格命令绘制苗木表表格，使用文字工具进行文字标注，然后使用复制、缩放等工具完成苗木图例的绘制。

二、知识链接

（一）文字

文字对象是AutoCAD图形中很重要的图形元素，是工程制图中不可缺少的组成部分。

1.设置文字样式 在不同的绘图窗口设置特定的文字样式是文字注写的首要任务。

（1）启动命令：任选下列一种方法即可启动文字样式命令。

方法1：选择选单"格式"→"文字样式"命令。

方法2：单击"文字"工具栏的"文字样式"图标 **A**。

方法3：在命令行输入"st"，按回车键确认。

（2）使用方法：启动文字样式命令后弹出如图2-60所示的"文字样式"对话框，按下列方法设置文字样式。

①设置样式名。在"样式名"列表框中默认的文字样式

图2-59 苗木表和标题栏

是"Standard"，它不能被删除。该样式采用的字体为"tst.Shx"。单击"新建"按钮，弹出如图2-61所示的"新建文字样式"对话框，在此输入新建的文字样式名称，然后单击"确定"按钮返回"文字样式"对话框，在"样式名"列表框中显示的是新建文字样式的名称。单击列表框右侧的下拉三角符号可以弹出所有已经建立的文字样式的名称。

②设置字体。将"字体"列表框"使用大字体（u）"复选框前面的钩取消，就会在"字体"下拉列表中罗列系统设置的所有汉字字体，如图2-62所示。对于文字高度的设置一般采用默认值"0"，也可以预先设定图形中输入文字的同一高度，当有变化时再进行个别调整。

③设置文字效果。文字效果有以水平线

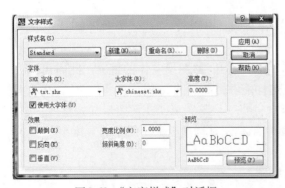

图2-60 "文字样式"对话框

图2-61 "新建文字样式"对话框

为镜像线的垂直颠倒效果；以垂直线为镜像线的反向效果；设定文字的宽和高比例的宽度比例效果；以及正值向右斜，负值向左斜的倾斜角度效果。

④预览文字效果。在"预览"列表框可直观显示设定的文字效果。在文本框可输入想预览的文字内容进行预览，如图2-63所示。

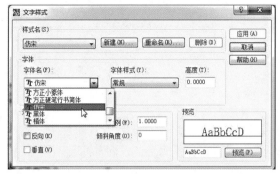

图2-62　显示系统设置的所有汉字字体

图2-63　预览输入的文字内容

2. 创建多行文字　在AutoCAD系统中设置了创建单行文字和多行文字两种标注文字的命令。单行文字输入的文字只能是一行一行地单击单行文字工具进行输入，一行为一个段落，不能回车。多行文字是多行组成的一段，可以回车。单击一次多行文字工具可以输入若干个段落。并且多行文字在输入后的编辑功能较为强大。本教材以应用多行文字为主介绍文字的标注。

（1）激活多行文字的命令：任选下列一种方法即可激活多行文字命令。

方法1：选择选单"绘图"→"文字"→"多行文字"命令。

方法2：在命令行输入"mt"，按回车键。

方法3：单击"绘图"工具栏图标 **A**。

（2）命令操作方法：以在任务一的标题栏输入文字"比例"为例。

①激活多行文字命令。

②确定文字输入框。在输入文字的位置单击左上框角点，然后单击右下框角点，确定文字输入框的大小，并弹出"多行文字编辑器"，如图2-64所示。

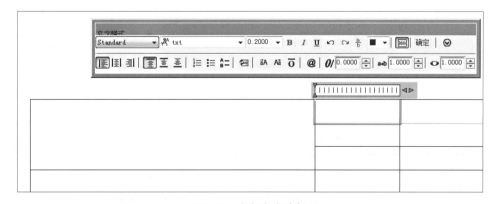

图2-64　多行文字编辑器

③输入文字。第一步在"多行文字编辑器"中选择字体、设置"居中"位置、根据输入框的大小确定相应的文字大小、宽度等参数。第二步输入文字"比例",并在"比例"两个字之间按空格键,分隔字体之间的间距,如图2-65所示。

A   B

图2-65　输入文字
A.设置字体、大小、宽度、居中位置　B.文字输入的效果

另外还可以通过"多行文字编辑器"即时修改文字的内容、字体、大小、颜色、宽度、倾斜度的参数,满足设计需要。

(3)输入特殊符号:单击"多行文字编辑器"上面的"符号"图标@,弹出特殊符号下拉列表,在列表中直接选择要应用的符号即可,如图2-66所示。

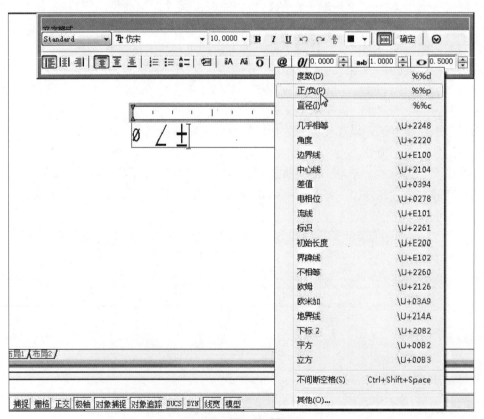

图2-66　输入特殊符号

（4）分数表示法：如果图纸上标注分数，例如1/4，首先在文本框中输入文字"1/4"，然后按回车键，则弹出"自动堆叠特性"对话框，如图2-67所示，再选择输入分数的表现形式为"转换为水平分数形式"，文字变为"$\frac{1}{4}$"。

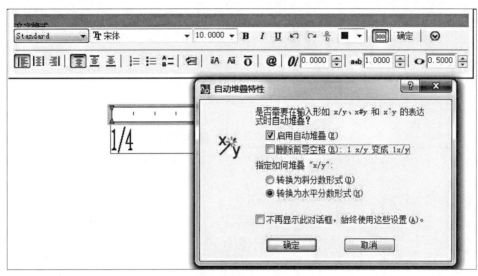

图2-67　"自动堆叠特性"对话框

（二）表格命令

使用表格命令创建表格，可以直接在绘图区域插入表格对象，不用绘制单独的直线组成的表格。在园林制图中可以利用表格命令快速地绘制苗木表。

1. 新建表格样式　在绘制表格之前，要新建一个表格样式控制表格的外观。

（1）激活表格样式命令：任选下列一种方法即可激活表格命令。

方法1：选择选单"格式"→"表格样式"命令。

方法2：在命令行输入"ts"，按回车键确认。

（2）设置表格样式的方法：激活设置表格样式的命令后，弹出"表格样式"对话框。单击其中的"新建"按钮，弹出"创建新的表格样式"对话框，如图2-68所示，输入新样式名如"图例说明"后，再单击"继续"按钮，弹出"新建表格样式：图例说明"对话框，如图2-69所示。该对话框包含"数据"、"列标题"、"标题"三个选项卡，参数设置基本相同，现说明如下：

①单元特性：用来设置文字样式、高度、颜色和对齐方式等特性。

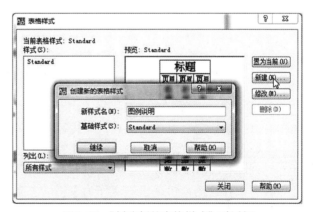

图2-68　"创建新的表格样式"对话框

②边框特性：用来设置表格边框的显示样式、边框线宽和颜色等特性。其中边框的显

图2-69 "新建表格样式:图例说明"对话框

示样式共有五种,分别有相应的图标显示,用户单击图标就可设置相应的边框显示样式。

③表格方向:表格方向分为"上"、"下"两个选项,分别表示"数据"在表格的上面或下面。

④单元边距:用于设置数据中的文字、图块距离单元格的水平、垂直的距离。

2.创建表格 在设置表格样式后接着创建表格。

(1)激活创建表格命令:任选下列一种方法即可激活创建表格命令。

方法1:选择选单"绘图"→"表格"命令。

方法2:在命令行输入"tb",按回车键确认。

方法3:单击"绘图"工具栏的"表格"图标囲。

(2)创建表格的方法:激活表格命令后,弹出"插入表格"对话框,如图2-70所示。

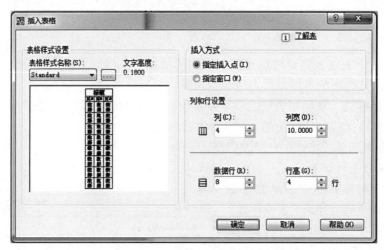

图2-70 "插入表格"对话框

①表格样式设置。在"表格样式名称"下拉列表中可以选择已经设置过的表格样式,单击右边的图标,则弹出"表格样式"对话框,可重新设置新的表格样式。

②插入方式。在绘图窗口插入表格有两种方式:一种是勾选"指定插入点"选项,然后在"列和行设置"参数区中直接设置表格的列数和列宽度、行数和行高度,再单击"确定"按钮,在绘图窗口单击一点作为表格的左上角点,接着拖曳指针至绘图位置,再单击一点作为表格的右下角点。

3.在表格内输入数据 表格内的数据包括文字数据和块数据。

(1)文字数据的输入:双击要输入文字的单元格,弹出文字输入框和"多行文字编辑器"，按照文字输入的方法输入即可，如图2-71所示。

（2）块数据的输入：首先单击要插入图块的单元格；接着单击右键，在弹出的快捷选单中选择"插入块"命令，弹出如图2-72所示的"在表格单元插入块"对话框，在其中的"名称"下拉列表中选择要插入图块的名称；"单元对齐"一般选择"正中"格式；并一定勾选"自动调整"选项，由系统根据表格的大小自动调整图块的大小。

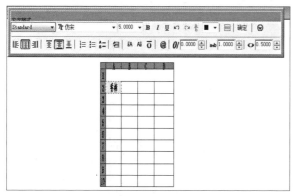

图2-71 输入文字数据　　　　　　图2-72 "在表格单元格插入块"对话框

三、任务实施

（一）编制苗木表

1.设置表格样式　第一步选择选单"格式"→"表格样式"命令，弹出"表格样式"对话框。第二步单击"新建"按钮，在"创建新的表格样式"对话框中输入"苗木表"，然后单击"继续"按钮，弹出"新建表格样式：苗木表"对话框。第三步单击"数据"选项卡，在"单元特性"区单击"文字样式"参数右边的图标，弹出如图2-73所示的"文字样式"对话框，设置"仿宋"字体、高度"2.5"，宽度比例"0.5"，其他参数设置如图2-74所示。"列标题"和"标题"选项卡的参数设置同上。第四步单击"确定"按钮，返回"表格样式"对话框，再单击"置为当前"按钮，最后单击"关闭"按钮将"苗木表"的表格样式置于当前。

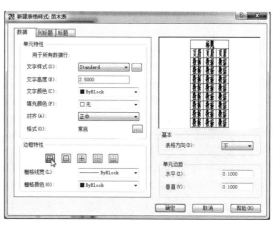

图2-73 "文字样式"对话框　　　　　　图2-74 "数据"选项卡的参数设置

2.创建"苗木表"表格 第一步激活表格命令，弹出"插入表格"对话框。第二步勾选"指定插入点"的插入方式，设置6列22行，列宽"10"，行高"2"，如图2-75所示。第三步在绘图窗口单击一点，确定表格的位置。第四步单击表格，根据每一列输入内容的不同，拖曳拉伸列宽上的夹点位置修改列宽以对应每一列的内容，如图2-76所示。

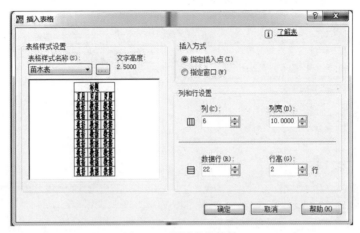

图2-75　设置表格特性

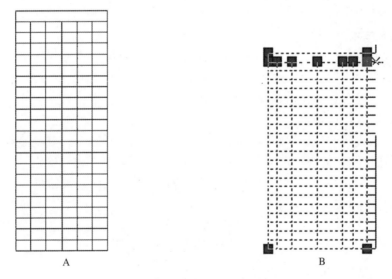

A   B

图2-76　修改表格
A.修改前的表格　B.拖曳夹点表格修改列宽

3.在"苗木表"中输入数据 在"苗木表"中有文字数据和植物图例的块数据两种类别，具体操作步骤如下：

（1）文字数据的输入：第一步单击标题栏，标题栏以蚂蚁线表示；再单击右键，在弹出的快捷选单中选择"单元边框"命令，弹出"单元边框特性"对话框，如图2-77所示；在对话框中单击无边框图标，最后单击"确定"按钮设置标题栏的边框特性。第二步双击标题栏，在弹出的"多行文字编辑器"中设置字体大小为"4"，接着输入"苗木表"的文字，并用空格键调整字符间的间距。最后单击"多行文字编辑器"中的"确定"按钮完成标题栏文字的输入。第三步按下Shift键，同时单击列标题栏，按照上述第一步操作，设置列标题栏的边框为"所有边框"。第四步逐个双击每个列标题栏，按照从左到右的顺序输入"序号"、"植物图例"、"植物名称"、"规格"、"单位"、"数量"等内容。

（2）块数据的输入：植物图例一般以块的属性存入系统，编制"苗木表"时执行插入块命令，快捷地绘制植物图例。下面以绘制香樟图例为例说明操作步骤：

①创建香樟图例的图块。第一步按W键，弹出"写块"对话框，如图2-78所示。第二步在"源"选项区选择"对象"单选项。第三步在"基点"选项区单击"拾取点"前的图标，返回绘图窗口，单击图纸上一个香樟图例的中心，又返回"写块"对话框。第四步在"对象"选项区单击"选择对象"前的图标，返回绘图窗口，选择上一步的香樟图例，然后按回车键返回"写块"对话框。第五步在"目标"选项区将"插入单位"设置为"毫米"；再确定图块的文件名和路径，方便以后的使用。最后单击"确定"按钮完成香樟图块的写入。

②插入香樟图块。第一步单击对应

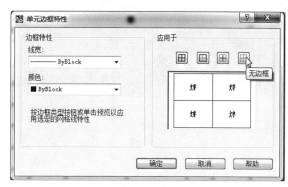

图2-77 "单元边框特性"对话框

图2-78 "写块"对话框

"香樟"植物图例的单元，单元边框以蚂蚁线表示。第二步单击右键，在弹出的快捷选单中选择"插入块"命令，弹出"在表格单元中插入块"对话框，在"名称"选项区后面输入植物名称"香樟"；在"特性"选项区的"单元对齐"参数选择"正中"的格式，"比例"参数勾选"自动调整"复选项；将"旋转角度"设置为"0"角度。如图2-79所示。最后单

苗 木 表					
序号	植物图例	植物名称	规格	单位	数量
1		香樟	胸径10cm	株	41
2		龙爪槐	米径8cm	株	4
3		石楠	干高1.5m,冠幅2m	株	10

图2-79 插入块的设置

苗 木 表					
编号	植物图例	植物名称	规 格	单位	数 量
1		香 樟	胸径10cm	株	41
2		龙爪槐	米径8cm	株	4
3		石 楠	干高1.5m，冠幅2m	株	10
4		枇 杷	胸径5cm	株	5
5		红叶李	地径8cm	株	7
6		红 梅	地径3cm，冠幅150cm	株	19
7		造型女贞	三层造型，高1.2m	株	10
8		海桐球	冠幅100cm	株	20
9		红叶石楠球	冠幅100cm	株	16
10		法国冬青	高2m，冠幅1.5m	株	3
11		石 榴	地径5cm	株	11
12		桂 花	高2m，冠幅1.5m	株	10
13		樱 花	地径5cm	株	12
14		木瓜海棠	地径20cm	株	1
15		红 枫	地径3cm	株	33
16		垛 楼	地径5cm	株	10
17		含 笑	胸径8cm	株	12
18		栀子球	冠幅100cm	株	24
19		刚 竹	竿径3cm	株	100
20		黄杨绿篱	双排宽60cm，高80cm	m	102
21		红花灌木色块	冠幅25cm，高50cm，25株/m²	m²	164
22		金叶女贞色块	冠幅25cm，高50cm，25株/m²	m²	45
23		月 季	二年生	株	150
24		广玉兰	胸径15cm	株	4
25		红檵木球	冠幅100cm	株	16

击"确定"按钮，完成"香樟"图例的绘制。其余的乔灌木植物图例参照上述步骤绘制。

③绘制黄杨绿篱图例。第一步激活矩形命令。第二步描绘"黄杨绿篱"植物图例的单元，绘制一个矩形。第二步激活图案填充命令，在矩形内部填充和图纸上一样的"黄杨绿篱"图案。按照上述步骤绘制其余的色块植物图例。通过以上步骤绘制的苗木表如图2-80（或附录）所示。

（二）书写标题栏

1.书写图纸的名称 第一步激活多行文字命令。第二步分别单击"图纸名称"栏的左上角和右下角，弹出写字框。第三步在弹出的多行文字编辑器中选择"居中"和"中央对齐"的格式，文字大小调整为"5"，然后输入文字"荷香苑园林规划设计平面图"，如图2-81所示。最后单击"确定"按钮。

2.绘制标题栏 按照上述步骤绘制如图2-82所示的标题栏。

图2-80　苗木表

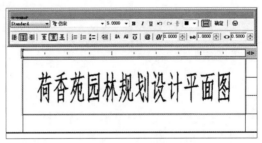

图2-81　书写图纸名称

荷香苑园林规划设计平面图	比 例	1:400
	日 期	2011.8
	图 别	绿 施
制图：×××班×××	图 号	LS-01

图2-82　标题栏

四、任务拓展

（一）绘制任务

绘制如图2-83（或附录）所示的荷香苑园林规划植物种植设计详图。

（二）绘制提示

1. 修改文字　双击"苗木表"，将其修改为"苗木统计表"；用同样办法将"序号"修改为"编号"、"荷香苑园林规划设计平面图"修改为"荷香苑园林规划植物种植设计详图"、"LS-01"修改为"LS-02"。

2. 输入编号　运用文字工具和复制对象工具，对应苗木统计表的编号在植物图例上面书写编号。

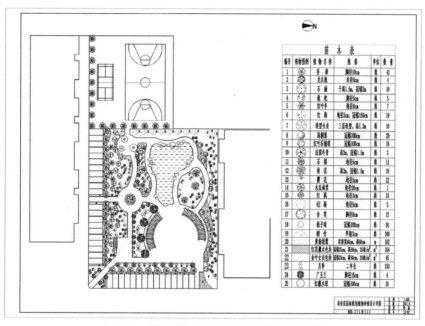

图2-83　荷香苑园林规划植物种植设计详图

五、课后测评

（一）填空题

（1）文字标注包括_____和_____两种标注方法。

（2）文字样式包括文字_____、_____、_____、_____等参数。

（3）"表格样式"对话框包含_____、_____、_____三个选项区。

（4）用鼠标_____要输入文字的单元格，弹出文字输入框和"多行文字编辑器"，按照文字输入的方法输入即可。

（5）表格中块数据的输入需要首先_____单击要插入图块的单元格；接着_____，在弹出的快捷选单中选择"插入块"命令。

（二）选择题

（1）在命令行输入_____，可以激活多行文字命令。

　　① mt　　　② st　　　③ t　　　④ pt

（2）在命令行输入_____，可以激活创建表格命令。

　　① ts　　　② tb　　　③ a　　　④ st

项目三

绘制园林规划施工图图纸

预 备 知 识

园林工程设计周期通常分为方案设计、初步设计、施工图设计三个阶段。施工图设计是根据已批准的初步设计或设计方案编制的可供施工和安装的设计文件。

一、园林施工图的组成

施工图设计内容以图纸为主，包括封面、图纸目录、设计说明、图纸等。设计文件要求齐全、完整，内容、深度应符合规定，文字说明、图纸要准确清晰，整个设计文件应经过严格的校审，经各级设计人员签字后，方能提出。

（一）封面

封面包括工程名称、建设单位、施工单位、时间、工程项目编号等内容。

（二）目录

目录用于说明图纸的名称、图别、图号、图幅、基本内容、张数。图纸编号按照专业分别编排图号，如园施-01或YS-01、水施-01或SS-01等。

对于大、中型项目，应按照园林、建筑、结构、给排水、电气、材料附图等专业进行图纸编号。对于小型项目，可以按照：园林、建筑及结构、给排水、电气等专业进行图纸编号。

每一专业图纸应该对图号加以统一标示，以方便查找，如建筑结构施工可以缩写为"建施(JS)"，给排水施工可以缩写为"水施(SS)"，种植施工图可以缩写为"绿施(LS)"。

（三）说明

针对设计依据及设计要求、设计范围、标高及单位、材料选择及要求、施工要求、经济技术指标等内容专一绘制图纸加以说明。

二、施工总平面图

园林规划施工总平面图是表现总体规划设计布局的图样，用于表明设计区域范围内园林总体规划设计的内容，反映组成园林各部分的长宽尺寸和相互之间的平面关系，是绘制其他图样的依据。

三、总平面索引图

总平面图通常比例较小，无法清楚地表达景点或小品的细节。在施工图中详图往往编排在总图后面。为了能快速查找到相应的细部详图，在总图后需要有一张总平面索引图。

通过类似目录性质的索引图，可快速准确地查找到相应细部的详图。

四、施工总平面定位及放线图

施工总平面定位图的内容包括：道路、广场、园林建筑小品的尺寸及放线基准点坐标。对于不规则形状需要绘制放线网格(以2m×2m ～ 10m×10m为宜)进行放线，并标注坐标原点、坐标轴、主要点的相对坐标。

五、竖向设计施工图

竖向设计施工图又称为地形设计图，属于总体设计的范畴，是造园工程土方调配预算和地形改造施工的主要依据。它主要表达地形地貌、建筑、园林植物和园路系统等各造园要素的坡度与高程等内容，如园路主要折点、交叉点和变坡点的标高和纵坡坡度，各景点的控制标高，建筑室内控制标高，水体、山石、道路及出入口的设计高程，地形现状及设计高程等内容。

六、植物种植设计图

植物种植设计图是表示设计植物的种类、数量和规格，种植位置、类型及要求的平面图样，是组织种植施工、编制预算和养护管理方案的重要依据。

七、园林施工详图

(一) 园路施工详图

园路施工详图包括园路平面图案、尺寸、材料、规格、拼接方式和铺装剖切断面构造，以及铺装材料特殊说明。

(二) 园林建筑设计详图

园林建筑设计详图是表达建筑设计构思和意图的工程图样，必须严格按照制图国家标准详细、准确地表示建筑物的内外形状和大小，以及个部分的结构、构造、装饰、设备的做法和施工要求。

八、施工图的图纸编排

施工图通常依据内容，按先总后分的规则进行编排。较小的项目通常按"总图→详图"的顺序编排。如果是较大型的项目，经常会分成多个片区，编排上则按"总图→分区，分区总图→分区详图"的规则来排序。

任务一 绘制园林规划设计索引图

一、任务分析

本任务在项目二绘制的荷香苑园林规划设计平面图的基础上绘制如图3-1的总平面索引图。主要使用块命令创建定义属性的索引符号，再用引线标注命令绘制引出线后插入索引符号属性块。

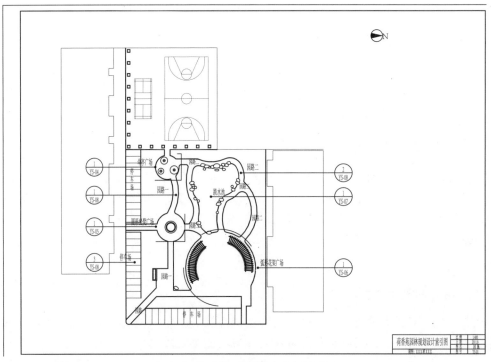

图 3-1　荷香苑园林规划设计索引图

二、知识链接

（一）创建属性块

"属性块"是将数据附着到块上的标签或标记。"属性块"中的数据包括零件编号、价格、注释和物体的名称等。当用户需要创建多个带有不同文本说明的符号时，可将其创建成为"属性块"，在使用时只需插入"属性块"，输入相应属性值即可，这样既可提高绘图效率，又使标注的符号统一、规范。

图 3-2　"属性定义"对话框

1. 激活定义属性命令　有以下两种方法可以激活定义属性命令。

方法 1：选择选单"绘图"→"块"→"定义属性"命令，弹出"属性定义"对话框，如图 3-2 所示，激活定义属性命令。

方法 2：在命令行输入"attdef"，按回车键，弹出"属性定义"对话框。

2. "属性定义"对话框中各项含义　在"属性定义"对话框中包含了"模式"、"属性"、"插入点"、"文字选项" 4 个选项区，各选项区的含义如下：

（1）"模式"选项区：通过复选项

设定属性的模式。

①不可见。设置插入块后是否显示其属性的值。

②固定。设置属性是否为常数。

③验证。设置在插入块时，是否让系统提示用户确认输入的属性值是否正确。

④预置。在插入图块时，是否将此属性设为缺省值。

（2）"属性"选项区："属性"选项区用来设置图块的属性。

①标记。图块属性的标签，该项一般表示图块内容的性质。

②提示。在输入不同数值时提示用户该数值的性质，避免出现错误。

③值。指定属性的缺省值。

（3）"插入点"选项区："插入点"选项区用来设置属性的插入点。

①在屏幕上指定。在绘图窗口点取某点作为插入点。

②X、Y、Z文本框。设定插入点的坐标值作为插入点。

（4）"文字选项"选项区："文字选项"选项区用来控制属性文字的特性。

①对正。设置属性文字相对于插入点的对正方式，可通过单击右边的下拉三角符号，选择其中设定的对正形式。

②文字样式。指定属性文字的文字样式。

③高度。和在文字样式中设定的文字高度一致。如果在文字样式中高度值为"0"，在此处设定文字高度，也可单击 高度(E) < 按钮，在绘图区点取两点来确定文字的高度。

④旋转。指定属性文字的旋转角度，也可单击 旋转(R) < 按钮，在绘图区点取两点来定义旋转角度。

（5）在上一个属性定义下对齐：选中该复选框，表示当前属性采用上一个属性的文字样式、文字高度以及旋转角度，且另起一行按上一个属性的对正方式排列。此时"插入点"与"文字选项"两个属性不能设置。

（6）锁定块中的位置：固定文字在块中的位置。

3.激活创建块命令　有以下三种方法可以激活该命令：

方法1：选择选单"绘图"→"块"→"创建"命令，弹出"块定义"对话框，如图3-3所示，激活创建块命令。

方法2：在命令行输入"block"，按回车键，弹出"块定义"对话框。

方法3：单击"绘图"工具栏"创建块"图标 。

4."块定义"对话框各选项区含义　在"块定义"对话框中，可以对块的名称、基点、图形对象等参数进行设定。

（1）名称：设置定义块的名称。在AutoCAD中所有的图块都有唯一指定的名称。

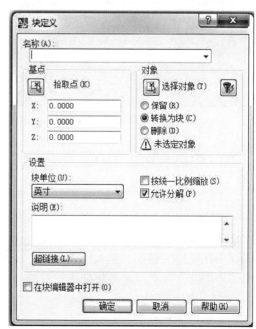

图3-3　"块定义"对话框

单击右边的下拉三角符号可以查看当前系统中的所有图块名称。

（2）"对象"选项区：设定图块源对象的选择方式。

①选择对象。指定图块中包含的对象。单击"选择对象"左边的图标后，在绘图区选择屏幕上的图形作为块的源对象。另外单击"选择对象"右边的"快速选择"图标，将用快速选择的方式指定图块的源对象。

②保留。创建块后在绘图区保留创建块的源对象。

③转换为块。将创建块的源对象保留下来并将其转换为块。

④删除。创建块后在绘图区中不保留创建块的源对象。

（3）"基点"选项区：主要指定在绘图时插入图纸的基准点。通过单击"拾取点"左边的图标在绘图区用左键指定图块的基点。

（二）图块的插入

图块创建以后，可以用插入命令将图块插入到图形中快捷地使用。

1．激活创建块命令　有以下三种方法可以激活该命令：

方法1：选择选单"插入"→"块"命令。

方法2：按I键，按回车键。

方法3：单击"绘图"工具栏"插入块"图标 。

2．常用参数　执行创建块命令后，弹出如图3-4所示的"插入"对话框，其中的常用参数如下：

图3-4　"插入"对话框

（1）名称：图块的名称。可以直接输入名称，也可以单击右边的"浏览"按钮选择插入的图块。

（2）"插入点"选项区：设置图块的插入点。

①在屏幕上指定。在绘图窗口点取某点作为图块的插入点。

②"X"、"Y"、"Z"文本框。设定图块插入点的坐标值作为插入点。

（3）"缩放比例"选项区：设置图块的大小。

①在屏幕上指定。插入图块以后在命令行输入X轴向和Y轴向的缩放数值控制图块的大小。

②"X"、"Y"、"Z"文本框。预先指定X轴向、Y轴向、Z轴向的缩放数值。

③统一比例。锁定三个轴向的比例均相同。

（4）"旋转"选项区：设定图块的角度。

①在屏幕上指定。插入图块以后在命令行输入图块的旋转角度。

②角度。预先设定图块插入时旋转的角度值。

（三）引线标注

在图形中经常需要绘制引线标注对一些部分进行注释。引线一般由箭头、引线和文字组成。

1.激活引线命令 有以下三种方法可以激活该命令。

方法1：选择选单"标注"→"引线"命令。

方法2：在命令行输入"qleader"，按回车键。

方法3：单击"标注"工具栏"引线"图标 。

2.命令及提示 激活引线命令后，命令行提示如下：

（1）指定第一条引线点：指定引线的起始点，即箭头端。

（2）设置（S）：在指定第一点之前，输入"s"，按回车键，弹出如图3-5所示的"引线设置"对话框，在其中可对注释类型、引线和箭头等一些参数进行设置。

（3）指定下一点：定义引线的下一点。下一点的数目由"引线设置"对话框中的"引线和箭头"选项卡中的"点数"来设定。

（4）指定文字的宽度：定义多行文字的总宽度。

（5）输入注释文字的第一行：输入注释文字后，按回车键结束命令。

（6）多行文字（M）：利用"多行文字编辑器"输入文字。欲选此项，应按回车键回应，不能输入"m"。

图3-5 "引线设置"对话框

三、任务实施

（一）创建荷香苑园林规划设计索引图图纸

1.另存一张荷香苑园林规划设计索引图文件 第一步打开项目二绘制的荷香苑园林规划设计平面图文件。第二步选择选单"文件"→"另存为"命令，弹出"图形另存为"对话框，选择路径，输入文件名为"荷香苑园林规划设计索引图"，并单击"保存"按钮完成另存任务。

2.将"标注"图层置于当前图层 第一步关闭"苗木表"、"绿化植物"、"填充"等图层，隐藏这些图层包含的对象。第二步选择"标注"图层，将其设置为当前图层。

3.编辑标题栏 第一步单击标题栏内图纸的名称"荷香苑园林规划设计平面图"，接着单击右键，在弹出的快捷选单中选择"编辑多行文字"命令，弹出"多行文字编辑器"。第二步将"荷香苑园林规划设计平面图"

荷香苑园林规划设计索引图	比 例	1:400
	日 期	2011.8
	图 别	园 施
制图：ＸＸＸ班ＸＸＸ	图 号	YS-01

图3-6 编辑标题栏的图名、图号、图别

的图名编辑为"荷香苑园林规划设计索引图"。按照上述步骤编辑标题栏，如图3-6所示。

（二）创建索引符号的图块

1.绘制索引符号的图形 第一步激活圆的命令，接着在图纸上单击任意一点作为圆心，再输入圆的半径"7.5"，按回车键确认绘制半径为7.5mm的圆。第二步激活直线命令，单击

93

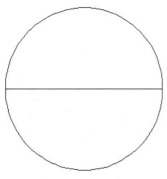

图3-7　绘制索引符号图形

圆的左右两个水平象限点，绘制水平的直径。如图3-7所示。

2.创建带属性定义的索引符号图块　在绘制索引符号的图形后主要通过先定义属性再创建图块的顺序创建带属性定义的索引符号图块。

（1）定义属性：第一步选择选单"绘图"→"块"→"定义属性"命令，弹出"属性定义"对话框。第二步在"属性"选项区下面的"标记"文本框输入"编号"，在"提示"文本框输入"详图编号"，"值"文本框中输入"1"；在"文字选项"选项区下面的"对正"框中选择"正中"，文字高度输入"4.5"复选项，如图3-8所示。第三步在"插入点"选项区勾选"在屏幕上指定"复选项，然后单击"确定"按钮，回到绘图窗口。第四步在圆的上半部分中间的位置单击一点，就会在圆的上半部分正中间位置出现"编号"字样。第五步选择选单"绘图"→"块"→"定义属性"命令，弹出"属性定义"对话框。第六步在"属性"选项区下面的"标记"文本框输入"图纸"，在"提示"文本框输入"所属图纸编号"，"值"文本框中输入"YS-01"；在"文字选项"选项区下面的"对正"框中选择"正中"，文字高度输入"4.5"，如图3-9所示。第七步在"插入点"选项区勾选"在屏幕上指定"选

图3-8　定义"编号"属性

图3-9　定义"图纸"属性

图3-10　定义属性的索引符号

项，然后单击"确定"按钮，回到绘图窗口。第八步在圆的下半部分中间的位置单击一点，就会在圆的下半部分正中间位置出现"图纸"字样，如图3-10所示。

（2）创建块：第一步按B键，按回车键，弹出"块定义"对话框。第二步在"名称"选项区下输入"索引符号"，如图3-11所示。第三步单击"基点"选项区下的"拾取点"图标，回到绘图窗口，单击圆的右边象限点，又返回到"块定义"对话框。第四步单击"对象"选项区下的"选择对象"图标，回到绘图窗口，选择索引符号图形以及相关内容，然后按回车键回到"块定义"对话框，再单击"确定"

按钮，弹出"编辑属性"对话框，在其中不做修改，单击对话框中的"确定"按钮，完成如图3-12所示的索引符号图块。

图3-11　"块定义"对话框

图3-12　索引符号图块

（三）标注索引符号

1. 划分标注的区域　用宽度0.5mm的虚线多段线划分伞亭广场、圆形坐凳广场和弧形花架广场的标注区域。园路和水景不用划分。

2. 引出标注索引符号　第一步激活引线标注命令。第二步按S键，按回车键弹出"引线设置"对话框，如图3-13所示。单击"注释"选项卡，在其中的"注释类型"选项区选择"块参照"选项；接着单击"引线和箭头"选项卡，在其中的"引线"选项区选择"直线"选项，"箭头"选项区选择"点"选项，"点数"选项区选择"2"选项，"角度约束"选项区

图3-13　"引线设置"对话框

选择"第一段为水平"选项，设置完成单击"确定"按钮，返回绘图窗口。第三步单击伞亭广场虚线多段线的左侧中点，向左拉出水平线，输入长度数值"45"，按回车键确认。第四步输入块名"索引符号"，按回车键。第五步在绘图窗口指定引出线最左端为插入点。第六步输入X轴向比例为"1"，按回车键，接着输入Y轴向的比例为"1"，按回车键确认。第七步输入所属图纸编号为"YS-04"，按回车键；输入详图编号为"1"，按回车键完成伞亭广场的详图符号标注。第八步利用文字工具在靠近引出箭头的位置书写"伞亭广场"，增强图纸的清晰度。完成图如图3-14所示。

按照上述步骤标注其余的索引符号，如图3-15所示。

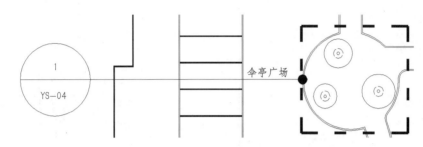

图3-14　引出索引符号

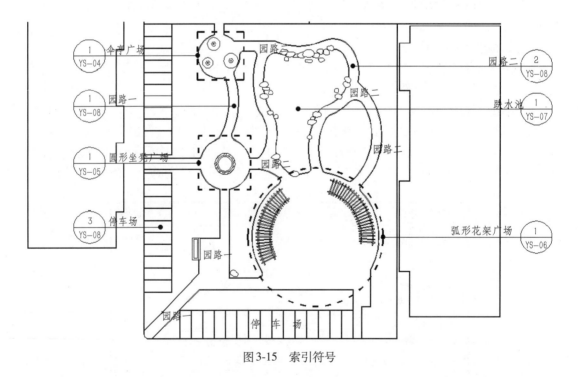

图3-15　索引符号

四、任务拓展

（一）绘制任务

绘制如图3-16所示的荷香苑园林规划平面放线图。

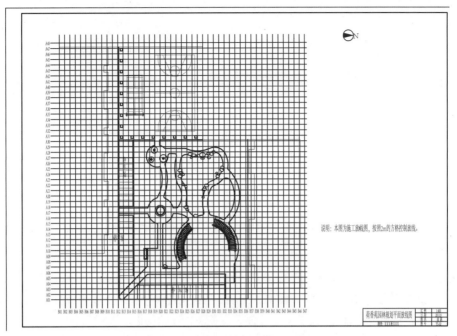

图3-16　荷香苑园林规划平面放线图

（二）绘图提示

1. 另存一张荷香苑园林规划平面放线图　第一步在荷香苑园林规划设计平面图的基础上另存一张荷香苑园林规划平面放线图。第二步编辑标题栏的图名为“荷香苑园林规划平面放线图”，图号为“YS-02”，如图3-17所示。

荷香苑园林规划平面放线图	比　例	1:400
	日　期	2011.8
	图　名	园　施
制图：XXX班XXX	图　号	YS-02

图3-17　荷香苑园林规划平面放线图标题栏

2. 绘制5mm×5mm的网格放线图　第一步利用直线工具绘制直角坐标系。注意坐标原点应参照建筑物、道路等固定物。第二步利用矩形阵列工具，分别设置5mm的行偏移距离阵列48行水平直线和5mm的列偏移距离阵列47列竖直直线。

3. 创建带有属性定义的编号块　第一步选择选单“绘图”→“块”→“定义属性”命令，弹出“属性定义”对话框。第二步在“属性”选项区下面的“标记”文本框输入“编号”，在“提示”文本框输入“网格线编号”；在“文字选项”选项区下面的“对正”框中选择“正中”，文字高度输入“3.5”。第三步在“插入点”选项区勾选“在屏幕上指定”选项，然后单击“确定”按钮，回到绘图窗口。这时将鼠标放在第一条水平线左侧端点（不要单击），然后向左侧引出水平追踪线，再输入“3”，按回车键确认插入点的位置，如图3-18A所示。第四步选择选单“绘图”→“块”→“创建”命令，定义“网格编号”图块，其插入基点为图块的中间位置。单击“确定”按钮后弹出“编辑属性”对话框，输入“A01”后，单击“确定”按钮，结果如图3-18B所示。

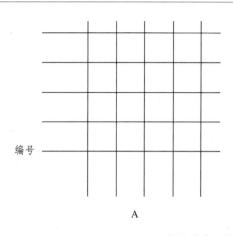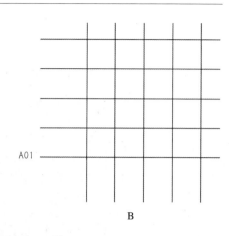

图3-18　插入带有属性定义的网格线编号图块
A.属性定义　B.创建网格编号图块

4.插入"网格编号"图块　第一步选择选单"插入"→"块"命令,弹出"插入"对话框。第二步在对话框的"名称"选项区选择"网格编号"图块,"缩放比例"选项区的X轴向参数和Y轴向参数都设置为"1","旋转"选项区的角度参数设置为"0"。第三步单击"确定"按钮,回到绘图窗口,确定好插入点后,输入网格线编号"A02",按回车键确认。按照上述步骤完成荷香苑园林规划平面放线图。

5.书写说明文字　用多行文字输入"本图为施工放线图,按照2m×2m的方格控制放线"。

五、课后测评

(一)填空题

(1)"属性块"是将数据附着到_____的标签或标记。

(2)在"属性定义"对话框中包含了_____、_____、_____、_____四个选项区。

(3)创建块的快捷键是_____。

(4)在AutoCAD中所有的图块都有指定的_____名称。单击右边的下拉三角符号可以查看当前系统中的所有图块的名称。

(5)插入块的快捷键是_____。

(6)引线一般由_____、_____和_____组成。

(二)选择题

(1)"引线设置"对话框中的"引线和箭头"选项卡中的"点数"的最小值是_____。
　　①1　　　　②2　　　③3　　　　④4

(2)在引线标注命令提示中,选择利用"多行文字编辑器"输入文字时,应选择_____。
　　①按回车键回应　　②按M键　　③按S键　　④按空格键

(3)在"属性定义"对话框的"属性"区中_____参数不能空缺。
　　①标记　　　②提示　　　③值　　　④指定基点

(4)引线注释的类型是_____。
　　①只有多行文字　　②只有图块　　③任意一种类型　　④预先设置的类型

任务二 绘制园林规划设计平面定位图

一、任务分析

本任务绘制如图3-19所示的荷香苑园林规划设计平面定位图，主要使用尺寸标注命令向图形中添加测量注释，反映图形中各个对象的真实大小和相互位置。绘图时，首先将标注图层置于当前图层，接着设定尺寸标注样式，再使用不同的尺寸标注命令添加测量注释。通过本任务的绘制，使读者熟练掌握尺寸标注工具。

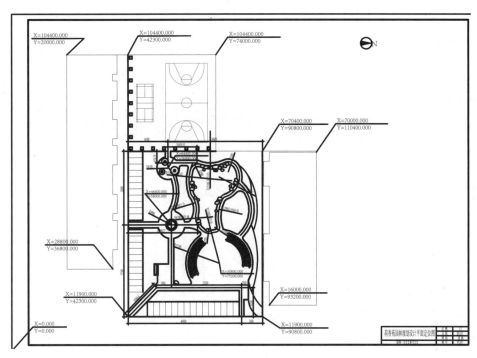

图3-19 荷香苑园林规划设计平面定位图

二、知识链接

（一）尺寸标注的组成

一个完整的尺寸标注由尺寸线、尺寸界线、箭头和标注文字四个元素组成，如图3-20所示。使用"修改"工具栏的"分解"命令可对其进行分解。分解后，尺寸线、尺寸界线、箭头和标注文字成为各自独立的元素。

（二）创建标注样式

在AutoCAD中，使用"标注样式"可以控制标注的格式，建立强制执行的绘图标准，并有利于对标注格式及用途进行修改。

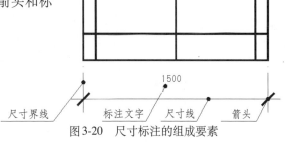

图3-20 尺寸标注的组成要素

1. 执行标注样式命令　任选下列一种方法即可启动标注样式命令。

方法1：选择选单"格式"→"标注样式"命令。

方法2：按D键，按回车键确认。

方法3：单击"标注"工具栏的图标 ◢。

2. 创建新样式名　执行标注样式命令后，弹出如图3-21所示的"标注样式管理器"。单击对话框右侧的"新建"按钮，弹出如图3-22所示的"创建新标注样式"对话框，并进行如下参数设置：

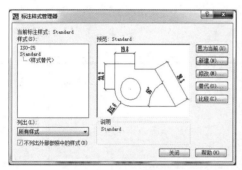

图3-21　标注样式管理器

图3-22　"创建新标注样式"对话框

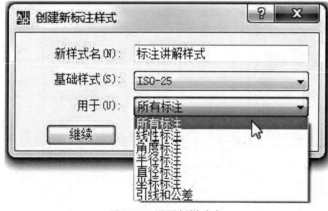

图3-23　设置新样式名

（1）设置新样式名：在"新样式名"文本框中输入新创建的样式名称。

（2）选择基础样式：单击右侧的下拉三角符号，在下拉列表中选择一种已有的样式作为新创建样式的基础样式。

（3）选择适用的标注类型：单击右侧的下拉三角符号，在下拉列表中选择新样式所适用于的标注类型，如图3-23所示。

3. 设置新标注样式的格式　完成以上设置，单击"创建新标注样式"对话框下面的"继续"按钮，弹出"新建标注样式：标注讲解样式"对话框。

（1）"直线"选项卡："直线"选项卡包含"尺寸线"和"尺寸界线"两个选项区。

① "尺寸线"选项区。包含"颜色"、"线型"、"线宽"、"超出标记基线间距"、"隐藏"等参数。其中超出标记表示用倾斜和建筑标记作为箭头时尺寸线超出尺寸界线的长短，如图3-24所示。基线间距是指在基线标注方式下尺寸线之间的间距，如图3-25所示。隐藏是指通过勾选"尺寸线1"和"尺寸线2"两个复选框来选择是否隐藏尺寸线1或尺寸线2，或两者都隐藏，如图3-26所示。

② "尺寸界线"选项区。除了"颜色"、"线型"、"线宽"、"隐藏"等参数外，"超出尺寸线"是用于设定尺寸界线超出尺寸线部分的长度。"起点偏移量"用于设定尺寸界线与标

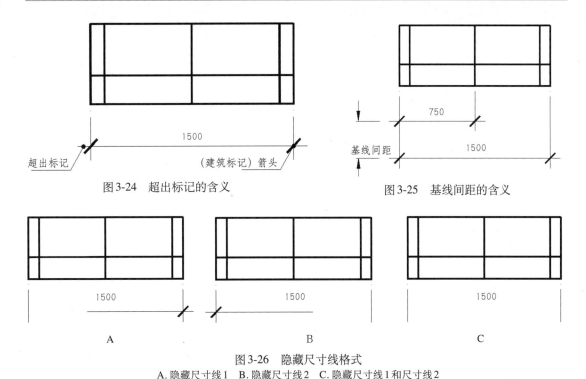

图3-24　超出标记的含义

图3-25　基线间距的含义

图3-26　隐藏尺寸线格式

A.隐藏尺寸线1　B.隐藏尺寸线2　C.隐藏尺寸线1和尺寸线2

注尺寸的对象之间的距离，如图3-27所示。

（2）"符号"和"箭头"选项卡：包含"箭头"、"圆心标记"、"弧长符号"、"半径标注折弯"四个选项区。

①箭头。在AutoCAD中共有20种不同的箭头效果可供选择，在园林设计图中一般选用"建筑标记"或"倾斜"两种箭头效果，但在标注半径、直径、角度、弧长等元素时选用"实心闭合"箭头效果。另外需要说明的是，设置第一项箭头效果后，第二个

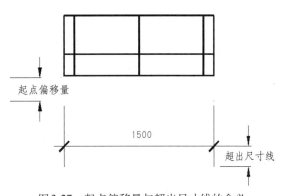

图3-27　起点偏移量与超出尺寸线的含义

箭头会自动切换成一致的箭头效果。但设置第二个箭头效果后，第一项箭头还保留自身设置，不会切换成一致的箭头效果。

②圆心标记。此项有"无"、"标记"、"直线"三个选项，用来控制圆心标记的显示类型，如图3-28所示。另外"大小"用来控制圆心标记的大小。

③弧长符号。用于设置弧长符号的标注位置，如图3-29所示。

④半径标注折弯。用于设置带有折弯角度的半径标注，如图3-30所示。

（3）"文字"选项卡：它包含"文字外观"、"文字位置"、"文字对齐"三个选项区。

①文字外观。主要设定标注文字的格式，其中文字样式可通过下拉列表选择已经设置的文字样式；还可以单击右侧的◰图标，打开"文字样式"对话框重新设置用于标注的文字样式。文字高度一般不小于3.5mm。

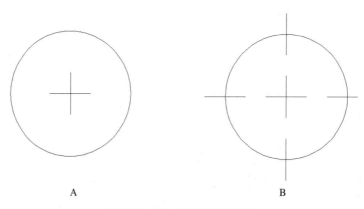

图3-28　圆心标记的显示类型
A.标记　B.直线

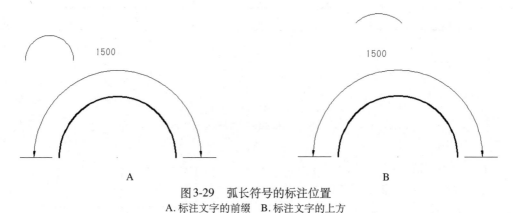

图3-29　弧长符号的标注位置
A.标注文字的前缀　B.标注文字的上方

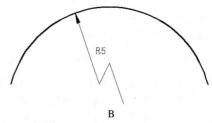

图3-30　半径标注折弯角度
A.折弯角度为90°　B.折弯角度为45°

②文字位置。其中的"垂直"参数用于设置标注文字在尺寸线上垂直方向的位置，可以选择"置中"、"上方"、"外部"或"JIS"等位置，如图3-31所示。"水平"参数用于设置标注文字在尺寸线上水平方向的位置，可以选择"置中"、"第一条尺寸界线"、"第二条尺寸界线"、"第一条尺寸界线上方"、"第二条尺寸界线上方"等位置，如图3-32所示。"尺寸线偏移"参数用于设定标注文字和尺寸线之间的距离。

③文字对齐。其中的"水平"参数表示标注文字一律水平放置。"与尺寸线对齐"参数表示标注文字一律与尺寸线平行放置。"ISO标准"参数表示当标注文字在尺寸界线内时，

标注文字与尺寸线对齐；当标注文字在尺寸线外时，标注文字水平放置，如图3-33所示。

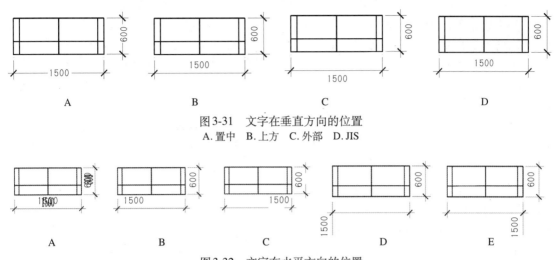

图3-31　文字在垂直方向的位置
A.置中　B.上方　C.外部　D.JIS

图3-32　文字在水平方向的位置
A.置中　B.第一条尺寸界线　C.第二条尺寸界线　D.第一条尺寸界线上方　E.第二条尺寸界线上方

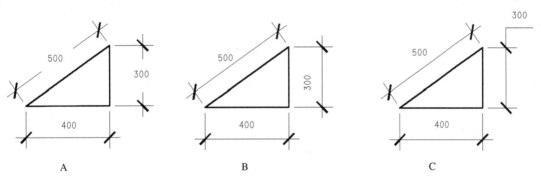

图3-33　文字与尺寸线对齐方向的位置
A.文字水平对齐　B.文字与尺寸线对齐　C.ISO标准

　　（4）"调整"选项卡：它包含"调整选项"、"文字位置"、"标注特征比例"和"优化"四个选项区。

　　①调整选项。当标注文字太长时，利用该项设置文字与箭头的调整方式，共有六种调整的方式，一般选择"文字或箭头（最佳效果）"的调整方式。

　　②文字位置。当文字不能放置在尺寸界线之间时，利用该项可以设置文字在尺寸界线之外的位置放置。

　　③标注特征比例。勾选"使用全局比例"复选项，用于设置尺寸标注元素的比例因子，使之与当前图形的比例因子相符。例如标注文字的高度为3.5mm，全局比例为10，当前图形中标注文字的高度为35mm。勾选"将标注缩放到布局"复选项，可根据图纸空间视口大小调整标注元素的比例因子。

　　④优化。勾选"手动放置文字"复选项，可以手动控制文字的放置位置。勾选"在尺寸界线之间绘制尺寸线"复选项，不论尺寸界线之间的空间如何，尺寸线始终在尺寸界线

之间。以上两项可以同时勾选。

（5）"主单位"选项卡：它包含"线性标注"、"角度标注"两个选项区。

①线性标注。其中的"单位格式"参数用于设置除角度以外标注类型的单位格式，通过下拉列表可以选择"科学"、"小数"、"工程"、"建筑"、"分数"、"Window 桌面"等格式，在园林图纸中一般选择"小数"格式。"精度"参数用于设置标注尺寸的精度位数。"分数格式"参数在单位格式选择为"分数或建筑"时才有效，并可通过下拉列表选择分数的格式为"水平"、"对角"以及"非堆叠"样式。"前缀"和"后缀"参数用于设置在尺寸标注文字前面或后面添加字符。"测量单位比例"参数用于设置尺寸标注的测量比例，并可控制该比例是否仅应用到布局标注中。"消零"参数用于设置将尺寸标注数字前端或后续无效的零隐藏。

②角度标注。其中的"单位格式"参数用于设置角度的单位格式，通过下拉列表可以选择角度的单位格式为"十进制度数"、"度/分/秒"、"百分度"以及"弧度"等格式。"精度"参数用于设置角度标注的精度位数。

（6）"换算单位"选项卡：用于在标注尺寸时提供不同的测量单位的标注方式，适合同时使用公制和英制的用户。它包含"换算单位"、"消零"和"位置"3个选项区。

（7）"公差"选项卡：尺寸公差是指最大极限尺寸减最小极限尺寸差的绝对值，或上偏差减下偏差之差。它是容许尺寸的变动量。它包含"公差格式"和"换算单位公差"两个选项区。

①公差格式。其中的"方式"参数用于设定公差标注方式，通过下拉列表可以选择"无"、"对称"、"极限偏差"、"极限尺寸"、"基本尺寸"等标注方式。"精度"参数用于设置公差的精度位数。"上偏差"参数用于设定公差的上限值（正值）的大小。"下偏差"参数用于设定公差的下限值（负值）的大小。对于对称公差，则无下偏差设置。"高度比例"参数用于设置公差值相对于尺寸标注的高度设置。"垂直位置"用于设定公差在垂直位置上和尺寸标注的对齐方式。如图3-34所示。

②换算单位公差。用于设置换算单位公差的精度与消零设置。

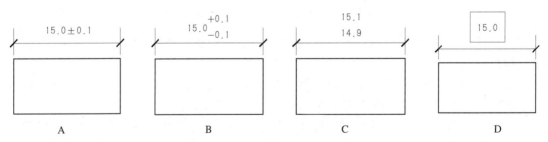

图3-34　公差标注方式

A.对称，上偏差=0.1　B.极限偏差，上、下偏差0.1　C.极限尺寸　D.基本尺寸

（三）尺寸标注命令

1.线性标注　线性标注用于水平或垂直距离的标注。

（1）执行线性标注命令：任选下列一种方法即可启动线性标注命令。

方法1：选择选单"标注"→"线性"命令。

方法2：在命令行输入"dli"，按回车键确认。

方法3：单击"标注"工具栏图标 ⊢⊣。

（2）选择两点线性标注尺寸的命令操作方法：按照如下步骤绘制线性标注：

①激活线性标注命令。

②选择两点标注尺寸。第一步分别单击一条直线的两个端点，作为两条尺寸界线的原点。第二步拖动鼠标指针至合适位置。第三步单击完成尺寸标注。如果需要重新编写尺寸标注文字，在完成第一步后，按M键（多行文字）或T键（单行文字），按回车键，重新输入尺寸标注文字，按回车键后再拖动鼠标指针至合适位置，单击完成尺寸标注。

（3）选择对象线性标注尺寸的命令操作方法：按照如下步骤绘制线性标注：

①激活线性标注命令。

②选择对象标注尺寸。第一步按回车键。第二步单击标注尺寸的直线。第三步拖动鼠标指针至合适位置。第四步单击完成尺寸标注。如果需要重新编写尺寸标注文字，在完成第一步后，按M键（多行文字）或T键（单行文字），按回车键，重新输入尺寸标注文字，按回车键后再拖动鼠标指针至合适位置，单击完成尺寸标注。

（4）其他选项功能：在命令提示中还有一些特殊格式功能，分别为：

①角度（A）。设置尺寸文字的写入角度。

②水平（H）。标注水平方向的距离。

③垂直（V）。标注垂直方向的距离。

④旋转（R）。标注设定方向的距离。

2.对齐标注　对齐标注主要用于斜向距离的标注。

（1）执行对齐标注命令：任选下列一种方法即可启动对齐标注命令。

方法1：选择选单"标注"→"对齐"命令。

方法2：在命令行输入"dal"，按回车键确认。

方法3：单击"标注"工具栏图标 ⬉。

（2）对齐标注的命令操作方法：对齐标注实际上是在线性标注的基础上增添了斜向方向距离的标注，所以对齐标注命令操作方法与线性标注的命令操作方法相同。

3.弧长标注　弧长标注用于弧线段和多段线中弧线段的弧长标注。

（1）执行弧长标注命令：任选下列一种方法即可启动弧长标注命令。

方法1：选择选单"标注"→"弧长"命令。

方法2：在命令行输入"dar"，按回车键确认。

方法3：单击"标注"工具栏图标 ⌒。

（2）命令操作方法：按照如下步骤绘制弧长标注：

①激活弧长标注命令。

②选择弧线段标注尺寸。第一步单击一段弧线段或多段线中的一段弧线段。第二步拖动鼠标指针至合适位置。第三步单击完成尺寸标注。如果需要重新编写尺寸标注文字，在完成第一步后，按M键（多行文字）或T键（单行文字），按回车键，重新输入尺寸标注文字，按回车键后再拖动鼠标指针至合适位置，单击完成弧长标注。

（3）其他选项功能：在命令提示中还有一些特殊格式功能，分别为：

①部分（P）。标注已选择弧线段中的一部分弧长，而不是全部弧线段弧长。

②角度（A）。设置尺寸文字的写入角度。

③引线（L）。在尺寸线与弧线段之间标注一条引线。

4．坐标标注　坐标标注用于标注点的X坐标或Y坐标。

（1）执行坐标标注命令：任选下列一种方法即可启动坐标标注命令。

方法1：选择选单"标注"→"坐标"命令。

方法2：在命令行输入"dor"，按回车键确认。

方法3：单击"标注"工具栏图标 。

（2）命令操作方法：按照如下步骤绘制坐标标注：

①激活坐标标注命令。

②分别标注点的X坐标和Y坐标。第一步单击标注点。第二步沿着大于45°的方向拖动鼠标指针至合适位置后单击，标注出点的X坐标值。第三步按回车键，重新启动坐标标注命令。第四步单击标注点。第五步沿着小于45°的方向拖动鼠标指针至合适位置后单击，标注出点的Y坐标值。如果需要重新编写尺寸标注文字，在完成拖动方向后，按M键（多行文字）或T键（单行文字），按回车键，重新输入尺寸标注文字，再按回车键后拖动鼠标指针至合适位置，单击完成坐标标注。

（3）其他选项功能：在命令提示中还有一些特殊格式功能，分别为：

① X基准（X）。无论如何拖动鼠标的方向都标注点的X坐标值。

②Y基准（Y）。无论如何拖动鼠标的方向都标注点的Y坐标值。

③角度（A）。设置尺寸文字的写入角度。

（4）同时标注点的X坐标和Y坐标：按照上述步骤只能分别标注点的X坐标和Y坐标，在实际定位图中需要同时标注X坐标和Y坐标。用户需要通过网络下载一个"坐标标注外挂工具"插件，然后按照使用说明安装到系统中。标注点的坐标时输入命令"zbbz"，按回车键，再单击点，即可同时标注点的X坐标和Y坐标。

5．半径标注　半径标注用于标注圆或圆弧的半径。

（1）执行半径标注命令：任选下列一种方法即可启动半径标注命令。

方法1：选择选单"标注"→"半径"命令。

方法2：在命令行输入"dra"，按回车键确认。

方法3：单击"标注"工具栏图标 。

（2）命令操作方法：按照如下步骤绘制半径标注：

①激活半径标注命令。

②选择圆或圆弧标注半径。第一步单击圆或圆弧。第二步向圆外拖动鼠标指针至合适位置后单击，标注出圆或圆弧的半径值。如果需要重新编写尺寸标注文字，在完成第一步后，按M键（多行文字）或T键（单行文字），按回车键，重新输入尺寸标注文字（注意加前缀"R"），再按回车键后拖动鼠标指针至合适位置，单击完成半径标注。

6．直径标注　直径标注用于标注圆或圆弧的直径。

（1）执行直径标注命令：任选下列一种方法即可启动直径标注命令。

方法1：选择选单"标注"→"直径"命令。

方法2：在命令行输入"doi"，按回车键确认。

方法3：单击"标注"工具栏图标 。

（2）命令操作方法：直径标注的操作方法与半径标注的操作方法相同。

7.角度标注　角度标注用于标注角或圆弧的角度。

（1）执行角度标注命令：任选下列一种方法即可启动角度标注命令。

方法1：选择选单"标注"→"角度"命令。

方法2：在命令行输入"dan"，按回车键确认。

方法3：单击"标注"工具栏图标 △ 。

（2）选择圆弧、圆、直线标注角度：一般适用于小于180°的角度标注。

①激活角度标注命令。

②单击圆弧、圆、直线标注角度。第一步单击一段圆弧或者圆周上的两个端点或者角的两条边。第二步向着圆弧的圆心角方向或者角的内角方向拖动鼠标，至合适位置后单击，标注相应的角度值。如果需要重新编写标注角度值，在拖动鼠标后，按M键（多行文字）或T键（单行文字），按回车键，重新输入角度值（注意加后缀"%%d"），再按回车键后单击完成角度标注。

③标注角的内角、对顶角与补角。根据鼠标拖动的位置不同，可以分别标注出该角的对顶角和补角的角度，如图3-35所示。

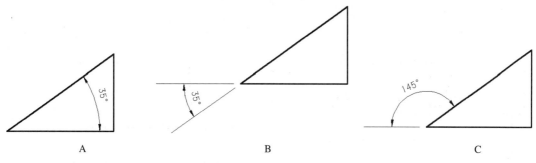

图3-35　角度标注
A.内角标注　B.对顶角标注　C.补角标注

（3）选择角的三个顶点标注角度：一般适用于大于180°的角度标注。

①激活角度标注命令。

②单击角的三个顶点。第一步按回车键。第二步分别单击角的顶点、两个端点。第三步拖动鼠标指针至合适位置后单击，标注相应的角度值。如果需要重新编写标注角度值，在拖动鼠标后，按M键（多行文字）或T键（单行文字），按回车键，重新输入角度值（注意加后缀"%%d"），再按回车键后单击完成角度标注，如图3-36所示。

8.基线标注　基线标注用于创建自相同基线测量的一系列线性标注、坐标标注或角度标注。

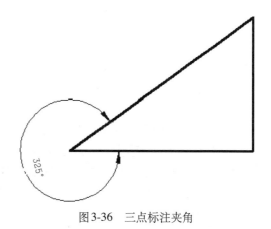

图3-36　三点标注夹角

（1）执行基线标注命令：任选下列一种方法即可启动基线标注命令。

方法1：选择选单"标注"→"基线"命令。

方法2：在命令行输入"dba"，按回车键确认。

方法3：单击"标注"工具栏图标囗。

（2）命令操作方法：以绘制图3-37所示基线标注为例。

①线性标注AB线段长度。第一步激活线性标注命令。第二步分别单击点A和点B。第三步向下拖动鼠标指针至合适位置，单击完成标注。

②基线标注AC线段的长度。第一步激活基线标注命令。第二步单击C点，标注AC线段的长度。

③基线标注CD线段和CE线段的长度。第一步按回车键。第二步单击C点的尺寸界线。第三步单击D点，标注CD线段的长度。第三步单击E点，标注CE线段的长度。

9.连续标注　连续标注用于创建从上一个标注或选定标注的第二条尺寸界线处创建一系列线性标注、坐标标注或角度标注。

（1）执行连续标注命令：任选下列一种方法即可启动连续标注命令。

方法1：选择选单"标注"→"连续"命令。

方法2：在命令行输入"dco"，按回车键确认。

方法3：单击"标注"工具栏图标岀。

（2）命令操作方法：以绘制图3-38所示的连续标注为例。

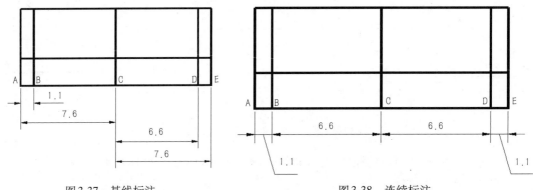

图3-37　基线标注　　　　　　　　　　　图3-38　连续标注

①线性标注AB线段长度。第一步激活线性标注命令。第二步分别单击点A和点B。第三步向下拖动鼠标指针至合适位置，单击完成标注。

②连续标注BC线段、CD线段和DE线段的长度。第一步激活连续标注命令。第二步分别单击C点、D点和E点，快速标注BC线段、CD线段和DE线段的长度。

三、任务实施

（一）创建荷香苑园林规划设计平面定位图图纸

1.另存一张荷香苑园林规划设计平面定位图文件　第一步打开项目二绘制的荷香苑园林规划设计平面图文件。第二步将文件缩放到"1∶1"的绘图比例。第三步选择选单"文件"→"另存为"命令，弹出"图形另存为"对话框，选择路径，输入文件的名称"荷香苑园林规划设计平面定位图",并单击"保存"按钮完成另存任务。

2.将"标注"图层置于当前图层 第一步关闭"苗木表"、"绿化植物"、"填充"等图层,隐藏这些图层包含的对象。第二步选择"标注"图层,将其设置为当前图层。

3.编辑标题栏 第一步单击标题栏内图纸的名称"荷香苑园林规划设计平面图",接着单击右键,在弹出的快捷选单中选择"编辑多行文字"命令,弹出"多行文字编辑器"。第二步将荷香苑园林规划设计平面图的图名编辑为"荷香苑园林规划设计平面定位图"。按照上述步骤编辑标题栏,如图3-39所示。

图3-39 编辑标题栏的图名、图号、图别

(二)创建标注样式

1.创建"尺寸"的标注样式 第一步激活标注样式命令,弹出"标注样式管理器"。第二步单击"新建"按钮,弹出"创建新标注样式"对话框。第三步在"新样式名"文本框输入"尺寸";在"基础样式"选项区选择"ISO-25";"用于"选项区选择"所有标注",如图3-40所示。然后单击"继续"按钮,弹出"新建标注样式:尺寸"对话框。第四步在"符号和箭头"选项卡分别设置箭头类型为"建筑标记",引线为"点",箭头大小为"500",如图3-41所示。第五步在"直线"选项卡分别设置超出标记"500",基线间距"500",超出尺寸线"500",起点偏移量"500",如图3-42所示。第六步在"文字"选项卡的"文字外观"选项区首先单击文字样式右侧的按钮,弹出"文字样式"对话框,设置字体名为"仿宋",高度为"0",宽度比例为"0.5",如图3-43所示。再设置文字高度为"1200"。另在"文字位置"选项区分别设置垂直位置为"上方",水平位置为"置中",从尺寸线偏移"200"等格式;在"文

图3-40 创建尺寸标注样式

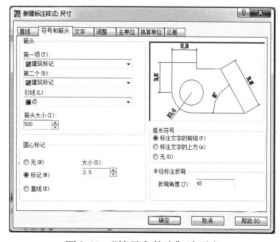

图3-41 "符号和箭头"选项卡

字对齐"选项区设置"与尺寸线对齐"格式,如图3-44所示。第七步在"调整"选项卡分别设置"文字或箭头(最佳效果)"、"尺寸线上方,带引线"、"使用全局比例为1"等属性,

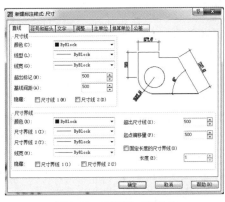

图3-42 "直线"选项卡

图3-43 "文字样式"对话框

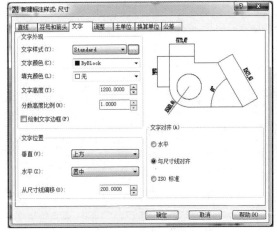

图3-44 "文字"选项卡

图3-45 "调整"选项卡

如图3-45所示。第八步在"主单位"选项卡分别设置线性标注单位格式为"小数",精度为"0.00",小数分隔符为"句点";角度标注单位格式为"十进制度数",精度为"0"等属性,如图3-46所示。最后单击"确定"按钮。

2.创建"角度"标注样式 第一步激活标注样式命令,弹出"标注样式管理器"。第二步单击"新建"按钮,弹出"创建新标注样式"对话框。第三步分别在"新样式名"文本框输入"角度"字样;"基础样式"选项框选择"尺寸"的样式;"用于"选项框选择"所有标注",如图3-47所示。然后单击"继续"按钮,弹出"新建标注样式:角度"对话框。第四步在"符号和箭头"选

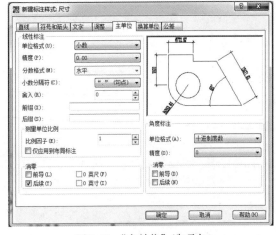

图3-46 "主单位"选项卡

项卡分别设置箭头类型为"箭头";圆心标记点选"标记",并设置大小为"200",如图3-48所示。最后单击"确定"按钮。其他的标注样式都与"尺寸"的基础样式一样,不用修改。

（三）标注控制点的坐标

1.下载点的X坐标和Y坐标同时标注的插件 AutoCAD软件自身的坐标标注设置中X坐标和Y坐标是分开标注的,不能同时标注,但在绘图时往往要求同时标注X坐标和Y坐标,这时就需要下载二次开发的一个坐标标注插件。

（1）下载坐标标注的插件文件:通过互联网下载二次开发的一个坐标标注插件的压缩文件"CADzuobiaobiaozhuwaiguachajian. exe"。

（2）安装坐标标注外挂工具:第一步解压压缩文件,将文件夹内的两个文件复制到AutoCAD的安装目录Support文件夹内。第二步打开AutoCAD软件,输入"ap",将会弹出"加载/卸载应用程序"对话框,单击"启动组"下面的"公文包"图标(或"内容"),弹出"启动组"对话框。第三步单击"启动组"对话框下面的"添加..."按钮,在AutoCAD的安装目录Support文件夹中选择"zbbz. vlx"文件,再单击"加载"按钮,最后单击"关闭"按钮安装成功。以后每次启动软件,都可使用命令"zbbz"实现XY同时标注。

图3-47　创建角度标注样式

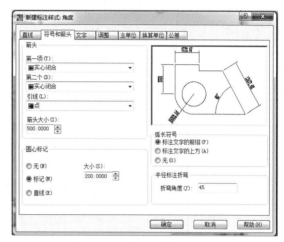

图3-48　"符号和箭头"选项卡

图3-49　单击"启动组"的"公文包"图标

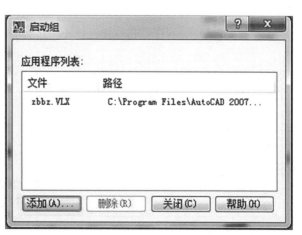

图3-50　添加"zbbz.vlx"应用程序

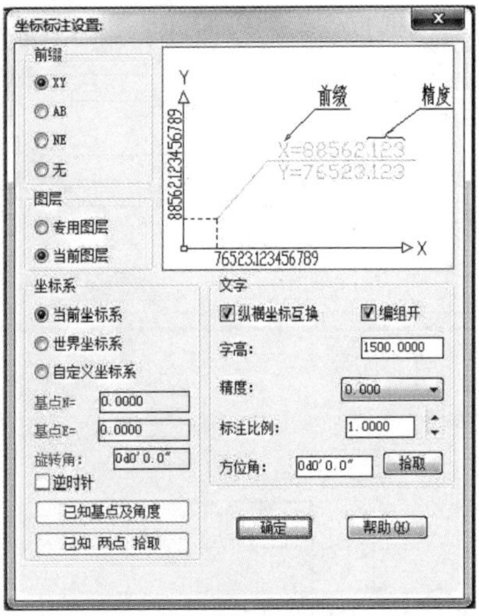

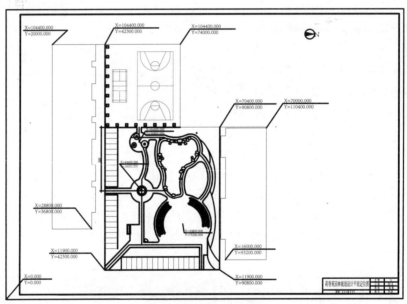

图3-51 "坐标标注设置"对话框

2. 标注控制点坐标 第一步在命令行输入"zbbz"，按回车键。第二步按O键，按回车键，弹出"坐标标注设置"对话框，如图3-51所示，设置坐标标注的各种属性。第三步分别单击如图3-52所示的坐标原点及各控制角点，标注其坐标，标明地形轮廓。

（四）绿化空间功能区域划分的尺寸标注

主要标注各级园路中线的位置、长度、半径和弧长等要素，从而定位各级园路，划分绿化空间。至于各级园路的宽度、平面设计等其他要素在园路的施工详图中反映。

1. 绘制园路的中线 第一步激活偏移命令，依据园路的宽度，分别输入偏移距离"1000"、"900"、"800"，

图3-52 标注控制点坐标

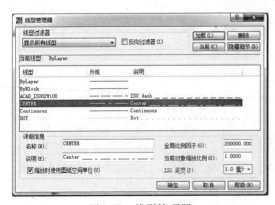

图3-53 线型管理器

偏移得到各级园路的中线。第二步激活分解命令，单击多段线属性的园路中线，按回车键后将多段线整体分解开。第三步运用删除、修剪、延伸等命令修改园路中线。第四步单击选择一条园路中线，再单击"特性"工具栏中"线型控制"的下拉三角符号，选择"CENTER"线型，然后按Esc键退出命令。第五步选择选单"格式"→"线型"命令，弹出"线型管理器"，如图3-53所示，将全局比例因子调整为"200000"。第六步激活特性

匹配命令，先单击选择调整为中心线线型的一条园路中线，再单击选择其他的园路中线，将园路中线都调整为中心线线型。

2.标注园路出入口位置（以右下角的园路为例） 第一步选择选单"格式"→"标注样式"命令，弹出"标注样式管理器"。第二步先单击"名称"为"尺寸"的标注样式，再单击"置为当前"按钮，将当前样式设定为"尺寸"，然后单击"关闭"按钮，如图3-54所示。第三步选择选单"标注"→"对

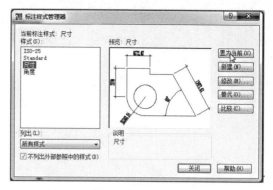

图3-54 "标注样式管理器"对话框

齐"命令，激活对齐标注命令，标注任意方向的直线距离。第四步分别单击标注对象的起点和端点，然后偏移标注对象，再单击，标注直线距离，如图3-55所示。按照上述方法标注其他园路出入口位置。

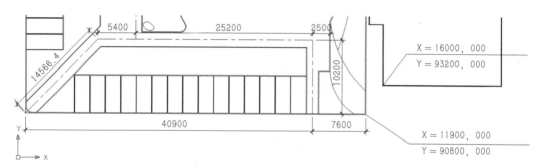

图3-55 右下方园路出入口位置标注

3.标注弧形园路中线的半径与弧长（以环绕水池的园路为例） 第一步选择选单"格式"→"点样式"命令，弹出"点样式"对话框，按照图3-56所示设置点的样式。第二步激活点命令，然后单击每段弧线的起点和端点，标示每段圆弧。第三步选择选单"格式"→"标注样式"命令，弹出"标注样式管理器"。第四步先单击"名称"为"角度"的标注样式，再单击"置为当前"按钮，将当前标注样式设定为"角度"，然后单击"关闭"按钮。第五步选择选单"标注"→"弧长"命令，单击选择一段圆弧，标注这段圆弧的弧长，如图3-57A所示。第六步选择选单"标注"→"半径"命令，再单击选择这段圆弧；然后按T键，按回车键；接着输入文字"R12900L10104.59"，按回车键确认，如图3-57B所示。第七步删除弧长的标注，如图3-57C所示。

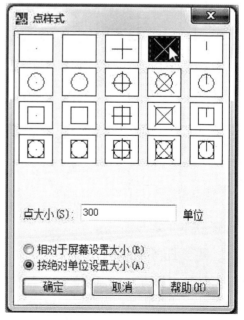

图3-56 "点样式"对话框

113

按照上述方法依次标注其他圆弧的半径和弧长。在两端圆弧圆角的位置只用标注圆角的半径即可。环绕水池的园路中线标注如图3-58所示。

按照上述方法标注其他位置弧形园路中线的半径与弧长。

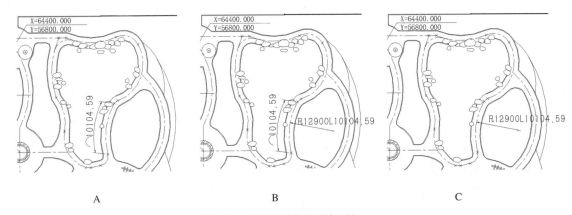

| A | B | C |

图3-57　标注圆弧的半径与弧长

A.标注圆弧的弧长　B.输入圆弧的半径与弧长的数据　C.删除圆弧弧长的标注

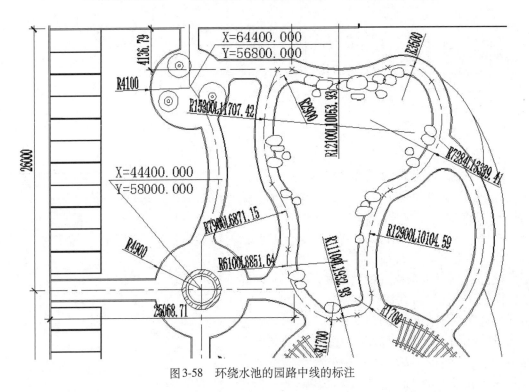

图3-58　环绕水池的园路中线的标注

四、任务拓展

1.绘制如图3-59所示的荷香苑园路铺装详图　绘制园路铺装详图主要是绘制园路的平面铺装样式图和结构做法图。依据荷香苑园林规划设计索引图，荷香苑园路铺装详图的图号为"YS-08"，其标题栏如图3-60所示。

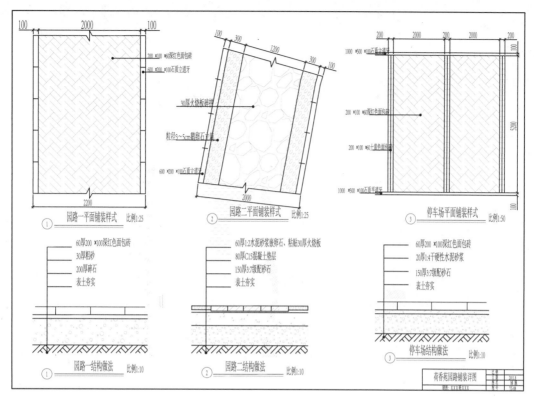

图 3-59 荷香苑园路铺装详图

荷香苑园路铺装详图	比 例	
	日 期	2011.8
	图 名	园 施
制图：XXX班 XXX	图 号	YS-08

图 3-60 荷香苑园路铺装详图标题栏

2.绘制提示 荷香苑园路铺装详图包含了园路一、园路二和停车场等三种园路铺装的详图，其绘制提示如下：

（1）绘制园路一的详图：第一步按照1：25的绘图比例，用直线、偏移、填充等工具绘制园路一的局部平面铺装样式。其实际总宽度为2200mm，两侧各有600mm×200mm×100mm的石质道牙，面层为200mm×100mm×60mm的深红色面包砖呈"人字纹"平铺。第二步在平面铺装样式图的正下方按照1：10的绘图比例用直线、偏移、填充等工具绘制园路一的结构做法图。从下向上依次包括素土夯实、200mm厚碎石、30mm厚粗砂和60mm厚面包砖。第三步运用文字工具书写"园路一平面铺装样式"和"园路一结构做法"等名称，并用多段线绘制名称下面的下划线。第四步创建详图符号的属性块，标明园路一的详图符号。第五步新建尺寸的标注样式，主要的"直线"、"符号和箭头"、"文

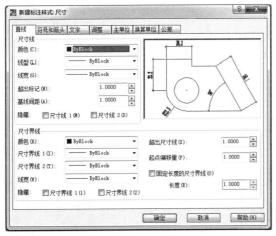

图3-61 "直线"选项卡

字"等内容设置如图3-61至图3-63所示。
第六步激活线性标注命令，单击标注对象的起点和端点；再按T键，按回车键；然后输入园路各部分的实际尺寸，按回车键确认；最后偏移标注对象，单击确认标注的位置。
第七步激活引线标注命令，按S键，按回车键，弹出"引线设置"对话框，设置注释类型为"多行文字"、箭头为"点"等属性。
第八步单击注释的图案，拉出引线，输入相应的注释。完成图如图3-64所示。

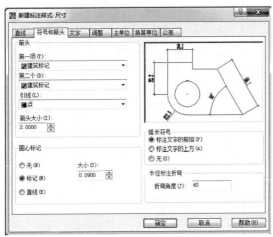

图3-62 "符号和箭头"选项卡　　　　　图3-63 "文字"选项卡

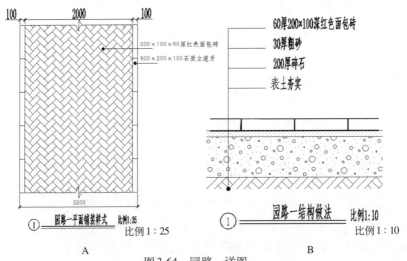

图3-64 园路一详图
A.园路一平面铺装样式　B.园路一结构做法

（2）绘制园路二的详图：首先从索引图中复制一段园路二的平面轮廓图形，粘贴到园路铺装详图中；再按1∶25的绘图比例缩放图形。这样绘制的目的是为了与园路二多为圆弧形状的平面样式吻合。余下的绘图与标注步骤同园路一的绘制步骤。完成图形如图3-65所示。

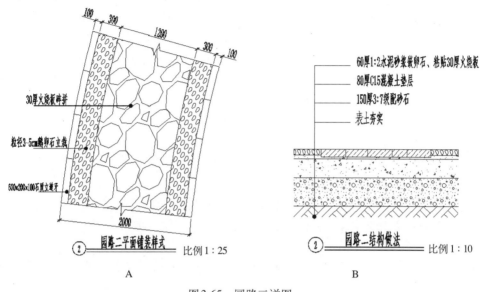

图3-65 园路二详图
A.园路二平面铺装样式 B.园路二结构做法

（3）绘制停车场铺装详图：停车场的面层为200mm×100mm×60mm的深红色面包砖呈"人字纹"平铺，200mm×100mm×60mm的土黄色面包砖镶边平铺。绘制方法同园路一的绘制步骤，如图3-66所示。

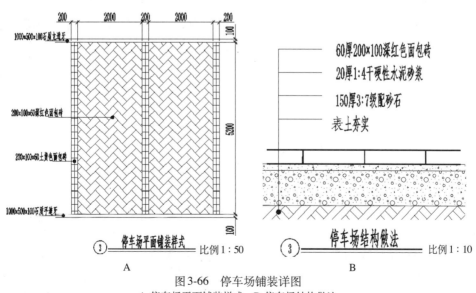

图3-66 停车场铺装详图
A.停车场平面铺装样式 B.停车场结构做法

五、课后测评

（一）填空题

（1）一个完整的尺寸标注由_____、_____、_____和_____四个元素组成一个整体。

（2）在 AutoCAD 中，使用_____可以控制标注的格式，建立强制执行的绘图标准。

（3）尺寸线超出标记表示用_____和_____作为箭头时尺寸线超出尺寸界线的长短。

（4）尺寸线的基线间距是指在_____方式下尺寸线之间的间距。

（5）文字对齐的"水平"参数表示标注文字一律_____放置。"与尺寸线对齐"参数表示标注文字一律_____放置。"ISO标准"参数表示当标注文字在尺寸界线内时，标注文字与_____对齐；当标注文字在尺寸线外时，标注文字_____放置。

（6）线性标注用于_____距离的标注；对齐标注用于_____距离的标注。

（7）同时标注对象的 X 坐标和 Y 坐标，需要通过对系统进行_____来实现。

（二）选择题

（1）标注公差为 20.0±0.1，表示_____。

①对称，上偏差 =0.1　②极限偏差，上下偏差 0.1　③极限尺寸　④基本尺寸

（2）如果需要重新编写尺寸标注文字，按_____键，输入单行文字。

① M　② D　③ T　④ A

（3）按照 1∶100 的比例绘制半径为 1000mm 的圆，在标注该圆的半径时，需要输入尺寸标注文字为_____。

① 1000　② 10　③ R10　④ R1000

任务三　绘制弧形花架广场详图

一、任务分析

本任务绘制如图 3-67 所示的荷香苑弧形花架广场做法图。绘图时，首先将荷香苑园林规划设计索引图上的弧形花架广场部分复制到新的图纸上，按 1∶200 的比例缩放后绘制弧形花架广场平面索引图，然后依次绘制地面铺装详图和弧形花架详图。

二、任务实施

（一）绘制弧形花架广场平面索引图

1.复制弧形花架广场平面图形　第一步打开荷香苑园林规划设计索引图，选取弧形花架广场平面图形，然后按 Ctrl+C 键。第二步打开一张 A3 图幅的空白图纸，然后按 Ctrl+V键。第三步激活"修改"工具栏的打断工具、删除工具，修改复制的弧形花架广场图形。第四步按照 1∶200 的比例缩放弧形花架广场图形。第五步将弧形花架广场图形移动到图纸的左上角。

2.标注弧形花架广场的平面索引　第一步按 D 键，按回车键，弹出"引线设置"对话框，新建"引线"标注样式，并在"符号和箭头"选项卡设置引线为"点"格式，箭头大小为"1"。设置完成后将"引线"标注样式置为当前。第二步将标注图层置于当前图层。

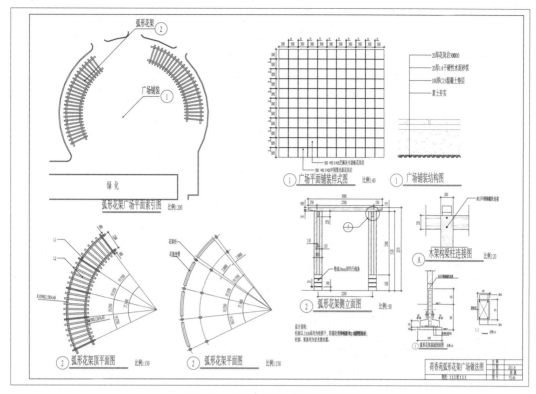

图3-67 荷香苑弧形花架广场详图

第三步选择选单"标注"→"引线"命令,接着按S键,弹出"引线设置"对话框。第四步在"注释"选项卡选择"块参照"属性;在"引线和箭头"选项卡按照图3-68所示设置属性。第五步分别单击广场地面铺装和弧形花架,拉出引线,输入图块的名称"详图符号",按回车键后插入详图符号①和②。第六步激活文字命令,在水平引线上方分别输入"弧形花架"和"广场铺装";在整个图形下面输入"弧形花架广场平面索引图",如图3-69所示。

图3-68 设置引线和箭头属性

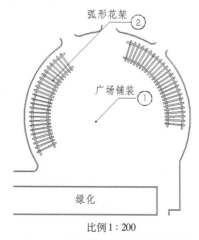

比例1:200

图3-69 弧形花架广场平面索引图

（二）绘制广场铺装详图

广场铺装的面层为300mm×300mm×20mm的芝麻灰火烧板花岗岩和300mm×300mm×20mm的中国黑光面花岗岩呈"十字缝"平铺。其绘制步骤如下：

1.绘制广场铺装平面样式图 第一步确定绘图比例为1：40。第二步新建"广场铺装"图层并置为当前。主要的颜色特性为白色，线型特性为实线，线宽特性为默认线宽。第三步激活矩形工具，绘制7.5mm×7.5mm的矩形。第四步激活图案填充命令，按照两倍比例填充预定义图案库中的"AR-SAND"图案。第五步激活阵列命令，选择矩形阵列方式，然后按照11行和11列，列偏移距离和行偏移距离均为7.75mm的属性阵列填充图案的矩形。第六步删除上下均为第三行矩形和左右均为第三列矩形中填充的图案。第七步修改"引线"标注样式中的直线和文字选项，按照图3-70A所示标注尺寸。

2.绘制广场铺装结构图 第一步使用多段线工具、偏移工具，绘制长度为50mm，线宽为0.1mm的四条直线。从下往上四条直线之间的距离分别为20mm、4mm、4mm。第二步使用直线工具、图案填充工具绘制混凝土垫层材料、水泥砂浆结合层材料和花岗岩面层材料。第三步使用引线标注工具、文字工具完成结构注释。如图3-70B所示。

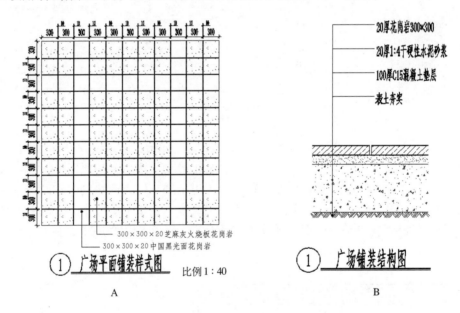

图3-70　广场铺装详图
A.广场铺装平面样式图　B.广场铺装结构图

（三）绘制弧形花架详图

1.绘制弧形花架顶平面图 主要绘制弧形花架顶面上构筑物，如花架架条、横梁等的平面图形及位置标注。其绘制步骤如下：

（1）绘制弧形花架顶平面图形：第一步复制一个弧形花架图形，并按1：150比例缩放。第二步将"中心线"图层置于当前图层。第三步选择选单"格式"→"线型"命令，弹出"线型管理器"，将全局比例因子调整为"500"。第四步激活直线命令，绘制每组柱子上方花架架条的中轴线，共绘制五条中轴线，如图3-71A所示。第五步激活圆弧命令，运用"起点、圆心、端点"绘图组合，绘制弧形横梁的中轴线，如图3-71B所示。

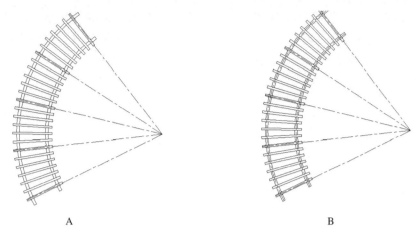

图 3-71 弧形花架顶平面图形
A.绘制五条花架架条的中轴线 B.绘制弧形花架横梁的中轴线

（2）标注弧形花架顶平面图：第一步将标注图层置于当前图层。第二步选择选单"格式"→"标注样式"命令，基于"引线"标注样式下新建"角度"标注样式，并在"符号和箭头"选项卡选择"实心闭合"箭头，"主单位"选项卡设置角度标注的精度为"0.000"。第三步将"角度"标注样式置于当前，选择选单"标注"→"角度标注"命令，直接标注花架架条中轴线之间的角度；接着选择选单"标注"→"半径标注"命令，单击弧形横梁的中轴线，按T键后，输入标注文字"R10900L15854.68"，再按回车键确认。另外一条弧线横梁的中轴线标注为"R8700L12654.65"。第四步将"引线"标注样式置于当前，选择选单"标注"→"对齐"命令，标注花架架条的尺寸；接着选择选单"标注"→"引线"命令，拉出引线注释花架顶的构筑物，按照图3-72所示。

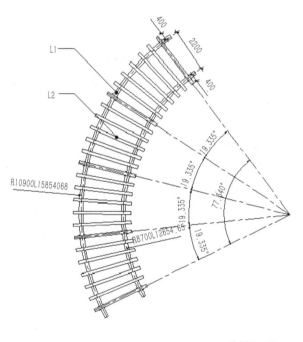

比例1：150

图 3-72 弧形花架顶平面图

2. 绘制弧形花架平面图 主要绘制弧形花架地平面上构筑物，如柱子、坐凳等的平面图形及位置标注。其绘制步骤如下：

（1）绘制弧形花架平面图形：第一步复制一个弧形花架顶平面图。第二步保留图形上的中心线、柱子的平面图形以及角度标注，其余图形及标注全部删除。第三步将柱子的平面图形绘制为完整的矩形。第四步将细实线图层置于当前，然后激活圆弧命令，运用"起点、圆心、端点"绘图组合，绘制两个柱子之间的坐凳弧线。第五步激活旋转命令，如图3-73A所示，将中心线各旋转2°。第六步运用修剪工具和直线工具，绘制坐凳平面，如图3-73B所示。第七步激活阵列工具，按照图3-74所示设置阵列特性。

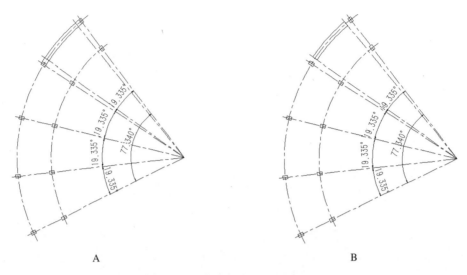

图3-73　弧形花架坐凳平面图形
A.旋转中心线2°　B.封闭坐凳平面

（2）标注弧形花架平面图：首先将标注图层置于当前，然后分别选择"角度"、"引线"标注样式，按照图3-75所示完成弧形花架平面图标注。

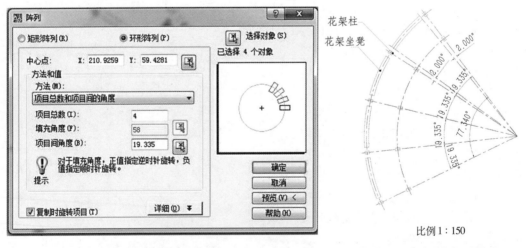

图3-74　设置阵列特性　　　　图3-75　弧形花架平面图

3.绘制弧形花架侧立面图　主要绘制弧形花架的一组柱子、花架架条和横梁的侧视立面图，展示柱子和花架架条的外观样式，标注各部分的高度及厚度。

（1）绘制弧形花架侧立面图：在确定绘图比例为1∶50，并将细实线图层置于当前后，按下列步骤绘制弧形花架侧立面的各部分：

①绘制一个花架柱体的基座。第一步激活矩形命令，在图纸适当位置单击第一点，接着输入"@6.4，2.8"，按回车键，绘制长度320mm，宽度140mm的矩形。第二步激活直线命令，将鼠标指针放在矩形左上角点（不要单击），然后拖移出水平向右方向，输入"0.2"，按回车键确定直线的起点；接着拖移垂直向上的方向，输入"0.4"，按回车键绘制长度为20mm的直线。同样方法绘制右侧长度20mm的直线。第三步激活阵列命令，选择矩形阵列方式，设置四行一列，行偏移距离3.2mm，阵列绘制花架柱的基座。第四步删除最上端的两条垂直线段，修改完善花架柱的基座图形。

②绘制一个花架柱的木质构件。第一步激活矩形命令，单击柱体基座的左上角，然后输入"@2.2，50"，按回车键绘制长度为110mm，宽度为2500mm的矩形。第二步激活图案填充命令，赋予矩形表面为木纹面的图案。第三步激活复制命令，在柱体右侧复制同样的矩形。

③绘制一个弧形花架横梁的侧立面图。第一步激活直线命令，连接上一步绘制矩形的顶端端点。第二步激活偏移命令，输入偏移距离"4.4"，按回车键后将直线向下偏移220mm的距离。第三步激活图案填充命令，赋予矩形表面为木纹面的图案。

④复制绘制另一侧的花架柱和横梁侧立面图形。激活复制命令，单击绘制的花架柱基座中点，然后拖移向右的水平方向，输入移动距离"44"，按回车键复制另一侧的花架柱和横梁侧立面图形，最后按Esc键退出命令。

⑤绘制花架架条的侧立面图形。第一步激活多段线命令，单击花架横梁的右上角作为起点，接着按W键，按回车键后将多段线的宽度调整为"0.00"。第二步输入"@7.0，1"，按回车键确认；拖移垂直向上的方向，输入"2"，按回车键确认；接着拖移水平向左的方向，输入"60"，按回车键确认；拖移垂直向下的方向，输入"2"，按回车键确认；输入"@7.0，−1"，按回车键确认；按C键，按回车键闭合图形，绘制花架架条梯形的侧立面。第三步激活图案填充命令，赋予梯形表面木纹面的图案。

⑥绘制地平面。第一步激活多段线命令，将鼠标指针放在柱体基座的左下角点（不要单击），然后拖移出水平向左方向，输入"10"，按回车键确认多段线的起点。第二步按W键，再按回车键后将多段线的宽度调整为"0.2"。第三步拖移水平向右的方向，输入"70.4"，按回车键绘制长度为3520mm的多段线。最后按Esc键退出命令。

（2）标注弧形花架侧立面图：第一步将标注图层置于当前。第二步将"引线"标注样式置于当前。第三步分别用线性标注工具、引线标注工具按照图3-76所示标注弧形花架侧立面图。

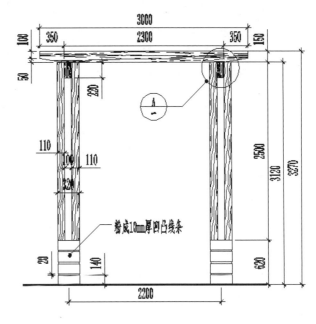

比例1∶50

图3-76 标准弧形花架侧立面图

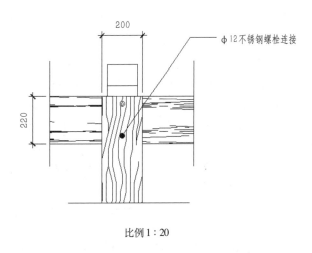

200

φ12不锈钢螺栓连接

220

比例1：20

图3-77　标准木架构梁柱连接详图

4. 绘制木架构梁柱连接图 根据弧形花架侧视图木架构梁柱连接处的索引，在弧形花架侧立面图右侧绘制木架构梁柱连接的详图。

（1）绘制木架构梁柱连接详图：第一步激活直线工具，按照1：20的比例，绘制一段花架柱、花架梁和横梁上的花架架条的正立面图形。第二步激活图案填充工具，为花架柱、花架梁填充木纹面的图案。图案的填充比例为1：20。

（2）标注木架构梁柱连接详图：第一步将标注图层置于当前。第二步将"引线"标注样式置于当前。第三步分别用线性标注工具、引线标注工具，按照图3-77所示标注木架构梁柱连接详图。

5. 绘制弧形花架基础剖面图 主要绘制柱体的结构做法。

（1）绘制花架柱体基础剖面图：在确定1：50的绘图比例，并将细实线图层置于当前后按下列步骤绘制基础剖面图：

①绘制地平线。第一步激活多段线命令，在图纸适当位置单击一点作为起点。第二步按W键，再按回车键后将多段线的宽度调整为"0.2"。第三步拖移水平向右的方向，输入"20"，按回车键绘制长度为1000mm的多段线作为地平线。最后按Esc键退出命令。

②绘制混凝土垫层。第一步激活矩形命令，将鼠标指针放在多段线的左侧端点（不要单击），垂直向下拖移方向，输入"20"，按回车键，确定矩形的第一个角点。第二步输入"@20，2"，按回车键绘制长度1000mm，宽度100mm的矩形。第三步激活图案填充命令，在矩形内填充混凝土的图案。

③绘制柱体基础轮廓。第一步激活直线命令，将鼠标指针放在矩形的左上角点（不要单击），拖移水平向右方向，输入"2"，按回车键确定直线的起点。第二步拖移垂直向上的方向，输入"5"，按回车键。第三步输入"@5.0，1.0"，按回车键。第四步拖移水平向右的方向，输入"1"，按回车键。第五步拖移垂直向上的方向，输入"24.4"，按回车键。第六步拖移水平向右的方向，输入"4"，按回车键。第七步激活镜像命令，将左侧图形镜像绘制到右侧。第八步激活修剪命令，剪切地平线的中间部分。

④绘制基础的钢筋网立面图。第一步激活多段线命令，在命令行输入"from"，按回车键；接着单击柱体基础轮廓的左下角，作为参照的偏移位置；然后输入"@1.0，0.6"，按回车键确认多段线的起点。第二步按W键，再按回车键，指定多段线的宽度为0.1mm。第三步拖移水平向右的方向，输入"14"，按回车键；输入"@1<135"，按回车键；顺序单击刚绘制的端点返回到多段线的起点；输入"@1<45"，按回车键。第四步激活圆，在命令行输入"from"，按回车键；接着单击多段线的左侧端点，作为参照的偏移位置；然后输入"@1.0，0.1"，按回车键确认圆心位置；再输入"0.1"，按回车键，绘制半径为5mm的圆，代表直径为10mm的钢筋的正立面图。第五步激活阵列命令，选择矩形阵列方式，按照1行

5列，列偏移3mm的属性绘制五个圆，代表五根钢筋。如图3-78所示。

　　⑤绘制柱体的钢筋网立面图。第一步激活多段线命令，在命令行输入"from"，按回车键；接着单击柱体基础轮廓的左上角，作为参照的偏移位置；然后输入"@1.0，－1.0"，按回车键确认多段线的起点。第二步依次拖移垂直向下的方向，输入"28.4"，按回车键；拖移水平向左的方向，输入"3.0"，按回车键；输入"@0.5<－45"，按回车键。第三步单击刚绘制的多段线的端点，返回到多段线的起点，然后输入"@0.5<－45"，按回车键，绘制一根钢筋。第四步激活镜像命令，在右侧镜像绘制一根钢筋。第五步激活多段线命令，将鼠标指针放在左侧钢筋的上方端点（不要单击），拖移垂直向下的方向，输入"0.6"，按回车键确认多段线的起点。第六步利用对象捕捉绘制右侧多段线的垂线，然后按Esc键退出命令。第七步激活阵列命令，选择矩形阵列方式，按照10行1列，行偏移距离"－3.0mm"的属性绘制10根箍筋的立面图。绘制的柱体钢筋网立面图如图3-79所示。

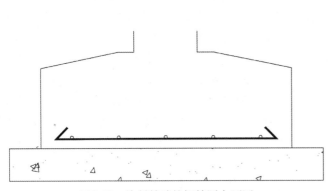

图3-78　绘制基础的钢筋网立面图

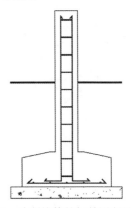

图3-79　绘制柱体的钢筋网立面图

　　⑥绘制柱体的木质构件。第一步激活正多边形命令，接着输入边的数目"4"，按回车键；按E键，按回车键确认；然后分别单击柱体基础轮廓的左上角和右上角，以这条直线为边绘制正方形。第二步激活圆命令，命令行输入"from"，按回车键，单击正方形的左上角点，再输入"@2.0，－1"，按回车键确定圆心。第三步输入"0.15"，按回车键，绘制半径为7.5mm的圆。第四步激活直线命令，分别单击正方形的左上角点和右上角点，拖移垂直向上的方向，再输入"10"，按回车键绘制柱体木质构件的边线。第五步绘制折断线，表示绘制的是木质构件的一部分。第六步激活图案填充命令，在木质构件图形内填充剖面线。

　　（2）标注弧形花架基础剖面图：将标注图层置于当前，按照图3-80所示标注以下四个方面的内容：

　　①尺寸标注。将引线标注样式置于当前，运用线性标注工具，标注柱体基础剖面图各部位的尺寸。

　　②引线注释标注。将引线标注样式置于当前，运用引线标注工具，标注多行文字"φ15螺栓连接"和"φ10@150双向"。

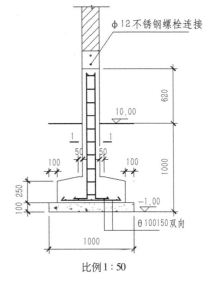

比例1∶50

图3-80　标注弧形花架基础剖面图

③标注标高。第一步激活直线命令，先在图纸适当位置单击一点作为起点，然后输入"@1.5＜－135"，按回车键；输入"@1.5＜135"，按回车键；拖移水平向右的方向，输入"3"，按回车键。绘制标高的符号。第二步创建带有定义属性的标高图块。第三步分别插入标注"±0.00"、"－1.00"的标高符号。

④绘制断面剖切符号。运用多段线和文字工具，绘制花架柱体的断面剖切符号。

6.绘制花架柱体的断面图

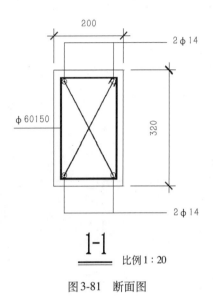

图3-81　断面图

第一步激活多段线命令，在图纸适当位置单击一点作为起点；接着按W键，按回车键，设置线宽为"0"。第二步拖移水平向右方向，输入"10"，按回车键；拖移垂直向下的方向，输入"16"，按回车键；拖移水平向左方向，输入"10"，按回车键；按C键，按回车键，闭合图形。第三步激活偏移命令，输入偏移距离"0.5"，按回车键，单击选择多段线后，向内单击，偏移绘制一段多段线。第四步选择内侧的多段线，单击右键，在弹出的快捷选单中选择"编辑多段线"命令；接着按W键，按回车键后输入新的线宽"0.2"，再按回车键确认。第五步激活圆命令，输入"from"，按回车键后单击内侧多段线的左上角点，作为参照起点；然后输入"@0.5，－0.5"，按回车键确认圆心；再输入半径"0.35"，按回车键。第六步利用镜像工具，在多段线的其余3个角的位置绘制半径为0.35mm的圆。第七步激活多段线命令，连接对角的圆心。第八步按照图3-81所示标注断面图。

三、任务拓展

（1）绘制如图3-82所示的荷香苑伞亭广场详图。

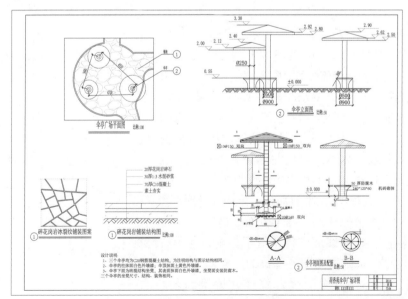

图3-82　荷香苑伞亭广场详图

（2）绘制如图3-83所示的荷香苑圆形花坛坐凳广场详图。

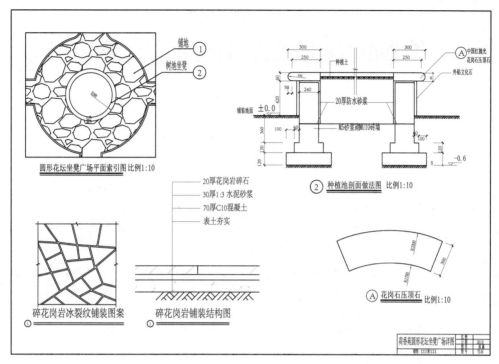

图3-83 荷香苑圆形花坛坐凳广场详图

项目四

绘制园林规划设计平面效果图

预 备 知 识

Adobe Photoshop是由美国Adobe公司开发的优秀图形图像处理软件。其特点是用户界面易懂，性能稳定，具有强大的图像合成、处理功能。在园林设计绘图中，主要使用Photoshop软件结合AutoCAD、3DMax或Sketchup等绘图软件对园林平面图、园林效果图进行后期处理、修饰。

本项目以Photoshop CS2中文版为例，结合园林行业的实际需要，在介绍Photoshop基本命令和操作的基础上，重点讲解绘制园林平面效果图过程中的常用命令和操作方法。

一、Photoshop CS2的启动

双击桌面上的"Adobe Photoshop CS2"图标启动Photoshop软件；或者单击桌面左下角"开始"按钮，选择"程序"→"Adobe Photoshop CS2"，启动Photoshop软件。

二、Photoshop CS2工作界面

Photoshop CS2启动后的工作界面如图4-1所示。Photoshop CS2的工作界面和其他的图

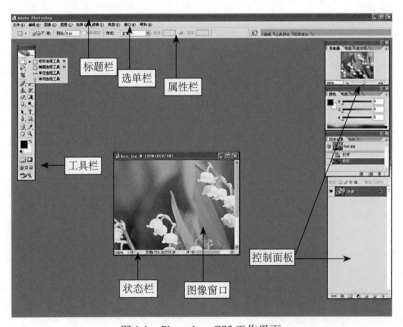

图4-1　Photoshop CS2工作界面

形处理软件的工作界面基本相同，由标题栏、选单栏、属性栏、工具箱、图像窗口、状态栏以及各类浮动面板等部分组成。

（一）标题栏

标题栏位于窗口的最顶端，该栏列出了软件的名称、版本号、当前所操作文件的名称等信息。单击最右侧的 ▭▢✕ 三个按钮，可以对软件进行"最小化、最大化（向下还原）、关闭"等项操作。

（二）选单栏

选单栏位于标题栏下面。Photoshop CS2根据图像处理的各种要求，将所有的功能命令分类后，分别放在9个选单中，在其中几乎可以实现Photoshop的全部功能。

单击选菜单的某一项，会显示相应的下拉选单。下拉选单有如下特点：

（1）选单项后面有黑色的小三角时，表示该选单还有次级的子选单。

（2）选单项后面对应的英文字母是该命令的快捷键。

（3）有时选单项为浅灰色，表示在当前条件下，这些命令不能使用。

（三）选项栏

在默认状态下，Photoshop CS2软件的工具选项栏位于选单栏的下方，在其中可详细设置所选工具的各种属性。选择不同的工具或者进行不同的操作时，其选项栏中的内容会随之变化。

（四）工具箱

在默认状态下，Photoshop CS2软件的工具箱位于窗口的最左侧，它是Photoshop CS2中各种工具的集合，其中每个图标对应着一个Photoshop工具，包含了选择、移动、绘图、设置颜色以及调整视图等50多种工具，如图4-2所示。用户可以根据需要把它拖动到任何地方，也可选择选单"窗口"→"工具"命令，将其打开或者关闭。

将鼠标指针置于一个图标上几秒钟，其工具名称会显示在鼠标指针的右下角，单击该图标可以启动这个工具。

工具箱中的许多工具并没有直接显示出来，而是以成组的形式隐藏在右下角带有小三角的图标中。在工具箱中选择隐藏工具的方法主要有以下三种。

方法1：在带有隐藏工具的图标上右键单击或按住左键1s，即可显示该组的所有工具。

方法2：按下Alt键的同时反复单击隐藏工具所在的图形，就会循环出现各个隐藏的工具。

方法3：按下Shift键的同时反复按工具的快捷键，也可以循环出现其隐藏的工具项。

（五）图像窗口

在Photoshop CS2中，图像窗口也叫工作区，是工作界面中打开的图像文件窗口。图像窗口的上方是标题栏，标题栏中可以显示当前文件的名称、格式、显示比例、色彩模式、所属通道和图层状态。若该文件未被保存过，则标题栏以"未命名"并加上连续的数字作为文件的名称。对图像的各种编辑操作都是在此区域中进行的。

图4-2　工具箱

（六）状态栏

Photoshop CS2中的状态栏和以前的版本有所不同，它位于打开图像文件窗口的最底部，为用户提供了与操作内容及当前图像文件有关的信息。单击状态栏中的小三角按钮，可打开选项选单来设置状态栏中的提示信息。

（七）控制面板

Photoshop提供的控制面板共有16个之多，均可通过选择选单"窗口"中相应的命令来打开或关闭。通过控制面板可以对Photoshop图像的图层、通道、路径、历史记录、颜色、样式等进行操作和控制。

控制面板通常是浮动在图像上方，而不会被图像所覆盖，拖动控制面板的标题栏可以将其置于屏幕的任意位置。

控制面板可以根据需要显示或隐藏，也可以方便地进行拆分或组合。对于经常使用的控制面板，可以将其组合在一起，以节省屏幕空间，也可以拖动面板标签将其拆分以单独显示，如图4-3所示。

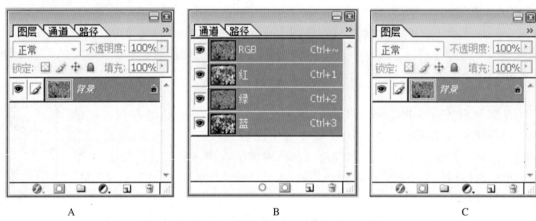

图4-3　控制面板的组合与拆分
A.控制面板的组合　B.控制面板的拆分　C.单独显示图层控制面板

选择选单"窗口"→"工作区"→"复位调板位置"命令可复位所有控制面板的位置。另外，若要隐藏或显示所有打开的面板和工具箱，可以通过按Tab键来实现。

三、数字图像基础

用数字方式记录、处理和存储的图像是数字图像。计算机能够加工和处理的图像都是数字图像。

（一）位图与矢量图

一般而言，数字图像主要分为两大类，即位图图像和矢量图像。

1.位图图像　位图图像又称为点阵图像。位于位图上的每一个图形对象，不管是直线还是圆形，都是由许许多多的方格点组成的，这些方格点称为像素。当把图像放大到一定程度时，在屏幕上就可以看到一个个小色块，如图4-4所示，这些色块就是组成图像的像素。

每个像素都有一个明确的颜色，位图正是利用许多颜色以及颜色之间的差异来表现图像的，因而它可以表现出图像的阴影和色彩的细微变化，使图像看起来非常逼真。

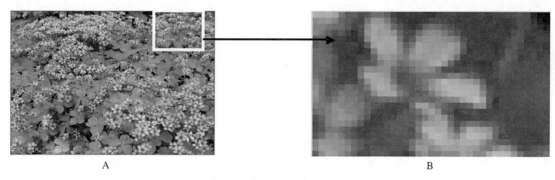

图4-4　位图图像放大显示
A.100%显示　B.放大至1600%显示

位图图像与分辨率相关，分辨率越高，图像单位面积内包含的像素越多，图像也就越清晰。反之，如果分辨率太低，或者将图像显示的比例放得过大，图像就会出现锯齿状边缘，使图像变得模糊。

从数码相机、扫描仪中得到的图像格式都是位图格式。Photoshop是制作和处理位图图像的软件。

2.矢量图形　矢量图形又称为向量图形，其内容由点、线或者文字组成，其中每一个对象都是独立的个体，它们都有各自独立的色彩、形状、尺寸和位置坐标等属性。矢量图形与图形分辨率无关，能以任意大小输出，不会遗漏细节或降低清晰度，更不会出现锯齿状的边缘现象，如图4-5所示。

图4-5　矢量图形
A.原图　B.局部放大显示

在计算机上绘制的图形一般都是矢量图形。AutoCAD是制作和处理矢量图形的软件。3DX Max和Sketchup也是矢量图形处理软件，但它们渲染输出的效果图是位图图像。

（二）分辨率

分辨率主要包括图像分辨率和打印分辨率，对于图像处理与打印非常重要。

1.图像分辨率　图像在一个单位长度内所包含像素的个数称为图像分辨率，一般用像素/in（非法定计量单位，1 in = 2.54cm）（ppi）表示。常用的图像的分辨率是72 ppi，它表示在 1 in×1 in 的图像中共有 5184 个像素（72 像素长 ×72 像素宽）。

对于图幅尺寸相同的图像，高图像分辨率意味着单位面积内的像素个数比较多，每个像素的面积更小，图像清晰度更高。但并不是所有的图像分辨率越高就越好，分辨率越高图像的文件越大，所需的磁盘存储空间越多，图像的编辑和打印速度就越慢。通常情况下，图像用于制作网页和喷绘打印时，图像分辨率设置为 72ppi 或 96ppi；印刷输出时，图像分辨率设置为 300ppi。

2. 打印分辨率　打印分辨率是指激光打印机（包括照排机）等输出设备产生的每英寸的油墨点数，一般用点/in（dpi）表示。大多数激光打印机的分辨率为 300 ~ 600dpi，而照排机的分辨率可以达到 1200 dpi 或更高。喷墨打印机产生的是喷射状油墨点，而不是真正的点。但大多数的喷墨打印机的分辨率大约为 300 ~ 600dpi，在打印高达 150ppi 的图像时，打印效果很好。

（三）图像大小

图像大小可以表示为图像中水平方向上的像素数与垂直方向上的像素数的乘积形式。如 640 像素 ×480 像素，表示该图像水平方向包含 640 个像素，垂直方向包含 480 个像素，乘积结果就是图像所包含的像素总个数，是图形中存储的信息量。这种分辨率有多种衡量方法，典型的是以每英寸的像素数（ppi）来衡量。

图形分辨率和图形尺寸的值一起决定文件的大小及输出质量，该值越大图形文件所占用的磁盘空间也就越多。图形分辨率以比例关系影响着文件的大小，即文件大小与其图形分辨率的平方成正比。如果保持图形尺寸不变，将其图形分辨率提高一倍，则其文件大小增大为原来的四倍。例如标准 A3 图幅的图纸尺寸为 420mm×297mm，分辨率设置为 72ppi 时，图形大小为 2.87M；分辨率设置为 144ppi 时，图形大小为 11.5M。图形分辨率也影响图形在屏幕上的显示大小。如果在一台分辨率为 72dpi 的显示器上将图形分辨率从 72ppi 增大到 144ppi（保持图形尺寸不变），那么该图形将以原图形实际尺寸的两倍显示在屏幕上。

（四）颜色模式的设定

图像的颜色模式决定了显示和打印图像的颜色模型，Photoshop 能够根据图像的颜色模式建立用于描述和产生颜色的模型。此外颜色模式还影响通道数及文件的大小。

1. RGB 模式　RGB 模式是显示器所采用的模式，也是 Photoshop 软件最常使用的一种色彩模式。RGB 模式的图像文件比 CMYK 模式的图像文件要小得多，可以节省内存和空间，RGB 模式使用红色（R）、绿色（G）、蓝色（B）三原色按不同比例的强度来混合，生成其他各种颜色。它是 24（8×3）位/像素的三通道图像模式。

2. CMYK 模式　CMYK 模式是一种基于印刷处理的颜色模式。由于印刷机采用青色(cyan)、洋红色(magenta)、黄色(yellow)、黑色（black）4 种油墨来组合出一幅彩色图像，因此 CMYK 模式就由这 4 种用于打印分色的颜色组成。它是 32（8×4）位/像素的四通道图像模式。

在一般的图像处理过程中，应首先在 RGB 模式下完全处理后，再转换为 CMYK 模式进行打印输出。

3. 位图模式　位图模式的图像的一个像素只用 1 位表示，占用空间很少。但是，在该模式下不能制作出色调丰富的图像，只能制作出一些黑白两色的图像。当要将一幅彩色图像转换成黑白位图图像时，必须先将图像转换成灰度模式的图像，然后再将它转换成只有黑白两色的位图图像。

4．灰度模式 灰度图像由 8 位／像素的信息组成，并使用 256 级的灰色来模拟颜色的层次。在灰度模式中，每一个像素都是介于黑色和白色间的256种灰度值的一种。当制作黑白图时，必须从单色模式转换为灰度模式；当我们从彩色模式转换为单色模式时，也需要首先将它转换成灰度模式，然后再从灰度模式转换到单色模式。

5．Lab模式 Lab模式是Photoshop内部的色彩模式，例如要将RGB模式的图像转换成CMYK模式的图像，Photoshop会先将RGB模式转换成Lab模式，然后再由Lab模式转换成CMYK模式，只不过这个过程是在内部自动进行的。因此，Lab模式是目前所有模式中包含彩色范围最为广泛的模式，它能毫无偏差地在不同系统之间进行转换。

（五）图像的格式

图像文件的存储格式多种多样，常见的图像文件格式有如下几种：

1．Photoshop 格式（*.psd、*.pdd） Photoshop格式体现了Photoshop独特的功能和对功能的优化，例如：PSD格式可以比其他格式更快速地打开和保存图像，很好的保存层、蒙版，压缩方案不会导致数据丢失等。但是，很少有应用程序能够支持这种格式，仅有像CorelPhoto－pain和Adobe After Effects一类软件支持PSD，并且可以处理每一层图像。有的图像处理软件仅限制在处理平面化的Photoshop文件，如ACDSee 3.0等软件，而其他大多数软件不能够支持Photoshop这种固有格式。

2．TIFF（*.tif） TIFF（Tag Image File Format，有标签的图像文件格式）是Aldus在Mac初期开发的，其目的是使扫描图像标准化。它是跨越Mac（Macintosh，苹果电脑）与PC（personal computer，个人计算机）平台最广泛的图像打印格式。TIFF使用LZW无损压缩，大大减少文件所占磁盘空间。另外，TIFF可以保存通道，这对于处理图像是非常有好处的。

3．JPEG格式（*.jpg） JPEG格式是一个最有效、最基本的有损压缩格式，被大多数图形处理软件所支持。JPEG格式的图像还广泛用于网页的制作。如果对图像质量要求不高，但又要求存储大量图片，使用JPEG格式无疑是一个好办法。

4．PhotoshopEPS格式（*.eps） PhotoshopEPS格式是最广泛地被矢量绘图软件和排版软件所接受的格式。如果用户要将图像置入Adobe Illustrator、CorelDRAW等软件，最好的选择是EPS格式。其最大特点就是能以低分辨率预览，以高分辨率输出。

任务一 创建园林规划设计平面效果图的底图文件

一、任务分析

本任务绘制如图4-6所示的A3图幅PSD格式的荷香苑园林规划设计平面效果图底图文件。首先将在AutoCAD中绘制的DWG格式的"荷香苑园林规划设计图"转化为JPG格式文件；然后在Photoshop CS2中打开此文件，调整为A3图幅大小、RGB模式、图像分辨率为120ppi的文件，最后保存为PSD格式的"荷香苑园林规划设计图"文件，作为后期制作荷香苑园林规划设计平面效果图的底图图像文件。

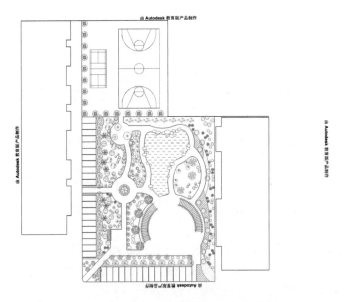

图4-6　A3图幅的PDF格式文件

二、知识链接

（一）AutoCAD至Photoshop的图形传输方法

为了更直接地表达园林规划设计图的设计内容，设计者一般将AutoCAD绘制的图形文件传输到Photoshop中进行后期处理，将其绘制成更加逼真的园林设计效果图。

将AutoCAD中的图形文件传输到Photoshop可以采用的方法主要有三种，即屏幕复制法、文件选单输出法、虚拟打印法。

1．屏幕复制法　利用屏幕复制法输出的图像文件分辨率都比较低，仅适用于输出小图的需要，不能用于制作分辨率较高的彩色效果图。其方法主要有两种：

（1）Windows键盘复制法：在AutoCAD中打开要输出的图形文件，关闭不需要的图层，然后单击键盘上的PrintScreen键，将当前屏幕显示的内容以图像的形式存入剪贴板中，再将此图形文件粘贴到Photoshop文件中。

（2）软件截图法：利用一些屏幕抓图软件，如QQ、HyperSnap等软件，可以直接截取屏幕上需要的图像内容，然后粘贴到Photoshop文件中。

2．文件选单输出法　选择AutoCAD选单"文件"→"输出"命令，可将图形文件输出为BMP、EPS等格式的图像文件。

（1）输出BMP位图法：在AutoCAD中打开要输出的图形文件，选择选单"文件"→"输出"命令，在保存类型中选择"位图(*.bmp)"格式，单击"保存"按钮后，返回到作图区，框选要输出的图形对象后，按回车键，即将所选择的图形以BMP格式保存为一个图像文件，最后在Photoshop中直接打开刚才所保存的位图文件即可。

（2）输出EPS格式图法：在AutoCAD中打开要输出的图形文件，选择选单"文件"→"输出"命令，在保存类型中选择"封装ps(*.eps)"格式，单击"保存"按钮后，即将所选择的图形以EPS的格式保存为一个图像文件。接着打开Photoshop软件系统，新建一个满足设计要求的文件，再选择选单"文件"→"置入"命令，将输出的文件(*.eps)置入新建文件中。置入的文件周围含有一个变换框，按住 Shift 键，同时拖动变换框的控制点，可对图像文件进行等比例缩放，如图 4-7 所示。输出 EPS 格式文件具有较大的灵活性和易编辑性，可以满足不同分辨率的出图要求，但是如果图中曲线较多时，会出现曲线移位现象。

3. 虚拟打印法 通过设置虚拟的打印机，并设置打印的尺寸，可以自由地控制输出的图像达到设计者所需要的精度和大小。

在 AutoCAD 中选择选单 "文件" → "打印" 命令，弹出 "打印—模型" 对话框，并进行如下设置：

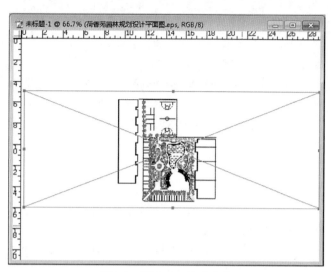

图 4-7 置入 EPS 格式文件

（1）页面设置：在 "页面设置" 选项卡中，通过选择选单 "文件" → "页面设置管理器" 命令建立需要的页面设置，参数设置参见项目三相关内容。

（2）设置打印设备：在 "打印机/绘图仪" 选项卡中选择的打印设备 ⊖ PublishToWeb JPG.pc3 。

（3）设置图纸尺寸：在 "图纸尺寸" 下拉列表中选择自定义的图纸尺寸。

（4）保存：预览无误后单击 "确定" 按钮，将文件打印输出到指定的硬盘位置。

（5）打开文件：打开 Photoshop 软件，选择选单 "文件" → "打开" 命令，直接打开上述输出的 JPG 格式的图形文件。

（二）图像文件操作

1. 新建图像文件 选择选单 "文件" → "新建" 命令（快捷键：Ctrl+N），系统弹出如图 4-8 所示的 "新建" 对话框。设计者可通过该对话框设置所要创建的新图像文件的尺寸、分辨率、模式和背景颜色等。其中最重要的是文件的尺寸与分辨率的搭配。一般来讲，文件尺寸设置比设计需要大的时候，分辨率设定为 72 ppi；文件尺寸设置与设计需要相等的时候，分辨率设定为 120 ppi 左右；文件尺寸设置比设计需要小的时候，分辨率设定为 300 ppi。

2. 打开图像文件 选择选单 "文件" → "打开" 命令（快捷键：Ctrl+O），系统会弹出 "打开" 对话框，从中选择需要打开的图像文件即可。

图 4-8 "新建" 对话框

3. 保存图像文件　选择选单"文件"→"存储"命令（快捷键：Ctrl+S），系统会弹出"存储为"对话框。在该对话框，设计者可设置文件保存的地址、名称、文件格式等。"存储选项"区域中各参数的意义如下：

（1）作为副本：在不影响原文件的情况下，为文件保存一份副本。以复制方式保存图像文件后，设计者仍可继续编辑原文件。

（2）注释：决定是否对当前图像文件的注释文字或声音进行保存。如果图像中没有注释，该项将以灰色显示，处于不可用状态。

（3）Alpha通道：决定是否在保存图像的同时保存Alpha通道。如果图像中没有Alpha通道，该项将以灰色显示，处于不可用状态。

（4）专色：决定是否在保存图像的同时保存专色通道。如果图像中没有专色通道，该项将以灰色显示，处于不可用状态。

（5）图层：决定是否对图像进行分层保存。不选中该项，在对话框的底部将显示警告信息，将所有的层合并后进行保存。

（6）使用校样设置：处理CMYK模式的文件时决定是否使用检测CMYK图像溢色功能。仅当选定PDF格式文件时，该设置项有效。

（7）ICC配置文件：设置是否保存ICC配置文件信息，以使图像在不同显示器中显示相同的颜色。不过，该设置仅当图像以PSD格式、PDF格式、JPEG格式、TIFF格式、AI格式等进行保存时才有效。

对于保存过的图像文件选择选单"文件"→"存储为"命令（快捷键：Ctrl+Shift+S），可以将该文件以另外的文件名或文件格式保存。

（三）调整图像尺寸与分辨率

1. 调整图像的尺寸与分辨率　选择选单"图像"→"图像大小"命令，或在图像的标题栏上右键单击，在弹出的快捷选单中选择"图像大小"命令，系统弹出如图4-9所示的"图像大小"对话框。在其中主要调整"文档大小"选项区中的宽度、高度和分辨率，达到设计需要。

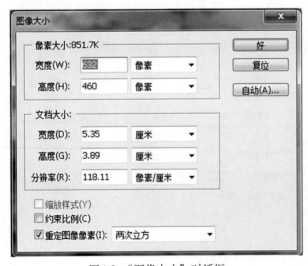

图4-9　"图像大小"对话框

在"图像大小"对话框中，若选中"约束比例"复选框，则在更改图像的宽度或高度时，系统将按比例调整其高度或宽度，以使图像保持高宽比例不变。

若选中"重定图像像素"复选框，则在改变图像显示尺寸时，系统将自动调整打印尺寸；反之，若改变图像的打印尺寸，则图像的显示尺寸也随着改变，而此时图像的分辨率将保持不变。

若取消选择"重定图像像素"复选框，则图像的显示尺寸将不能改变。若此时改变图像的分辨率，则图像的打印尺寸将相应改变；反之，若改变图像的打印尺寸，则图像的分辨率也将随着改变。

2.修改画布尺寸　编辑图像时，有时不需要改变图像的显示或打印尺寸，而需要对图像进行裁剪或增加空白区。此时选择选单"图像"→"画布大小"命令，系统弹出如图4-10所示的"画布大小"对话框。

图4-10　"画布大小"对话框

若需设置的图像尺寸小于图像原尺寸，则按所设宽度（对应左右侧）和高度（沿上下方向）沿着图像四周裁剪图像；反之，则在图像四周增加空白区。

此外，利用"定位"选项区可设置图像裁剪或延伸方向。缺省情况下，是以图像中心为中心，画布向图像四周裁剪或扩展。但也可以选择四周任意一个锚点为图像裁剪或扩展的中心，此时画布向着图像的反方向扩展，向着图像所在方向裁剪，如图4-11所示。

A

B

图4-11　选择四周锚点为中心改变画布大小
A.向着图像方向剪裁画布　B.向着图像反方向剪裁画布

三、任务实施

（一）将DWG格式的图形传输为JPEG格式的图形

1.打开荷香苑园林规划设计图　运行AutoCAD2007，选择选单"文件"→"打开"命

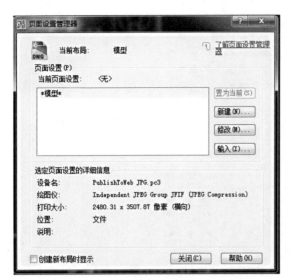

图4-12　页面设置管理器

令，打开"荷香苑园林规划设计图"，关闭不需要的文字、图框线、标注等图层。

2.设置打印参数　按下面操作步骤设置相应的参数：

（1）新建页面设置：第一步选择选单"文件"→"页面设置管理器"命令，弹出如图4-12所示的"页面设置管理器"。第二步在对话框中单击"新建"按钮，弹出如图4-13所示的"新建页面设置"对话框。创建"设置1"的新页面设置，单击"确定"按钮，弹出如图4-14所示的"页面设置—模型"对话框。

图4-13　"新建页面设置"对话框

图4-14　"页面设置—模型"对话框

（2）设置打印参数：依次完成在"打印机/绘图仪"选项区中的"名称"下拉列表中选择"PublishToWeb JPG pc3"选项；"打印样式表"选项区中选择"acad ctb"样式；"图纸尺寸"设定为"2400.31×3507像素"；"着色视口"选项区选择"按显示"着色打印和"最大"质量特性；"打印选项"选项区勾选"按样式打印"选项；"图纸方向"选项区选择"横向"选项；"打印比例"选项区勾选"布满图纸"选项；在"打印范围"选项区中选择"窗口"选项，再单击右边的"窗口"按钮返回到绘图空间，框选打印范围等打印参数的设置。最后单击"确定"按钮，完成页面设置。

3.虚拟打印荷香苑园林规划设计图　第一步选择选单"文件"→"打印"命令，弹出如图4-15所示的"打印—模型"对话框。第二步在"页面设置"选项区的"名称"下拉列表中选择"设置1"选项，然后单击"确定"按钮，弹出如图4-16所示的"浏览打印文件"对话框，在其中设置保存的地址，命名文件名为"荷香苑园林规划设计平面图-Model"，文件类型为JPEG格式。完成将DWG格式的图形传输至JPEG格式的图形的操作。

图4-15 "打印—模型"对话框　　　　　　　　图4-16 "浏览打印文件"对话框

（二）将JPEG格式的园林规划设计平面图形

存储为标准A3图幅、PSD格式的园林规划设计平面图

1. 打开"荷香苑园林规划设计平面图—Model.JPG"图像文件　第一步运行Photoshop
CS2软件，选择选单"文件"→"打开"命令，查找到存储的"荷香苑园林规划设计平面
图-Model.JPG"图像文件，单击"打开"按钮，打开如图4-17所示的图像文件。第二步
选择选单"图像"→"旋转画布"→"90度（逆时针）"命令，得到如图4-18所示的图像
文件。

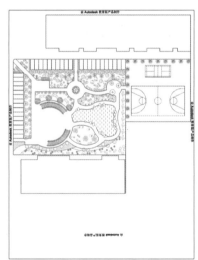

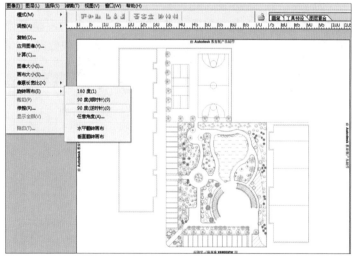

图4-17 原始图像文件　　　　　　　　图4-18 逆时针旋转90度后的图像文件

2. 调整图像大小和分辨率　第一步选择选单"图像"→"图像大小"命令，弹出如图
4-19所示的"图像大小"对话框。第二步在"文档大小"选项区中调整宽度为"42cm"，勾
选"约束比例"选项，分辨率调整为"120像素/英寸"，按比例调整图像的大小。第三步选
择选单"图像"→"画布大小"命令，在"新大小"选项区中调整画布的宽度为"42cm"，高

度为"29.7cm",图像位于画布中心。单击"好"按钮得到需要的A3图幅的图像尺寸与适当的分辨率,既保证一定的清晰度和图像大小,又不过多占用电脑磁盘空间,提高图像的编辑速度。通过上述操作得到的图像比例不发生变化,而图纸大小按设计要求设置。如图4-20所示。

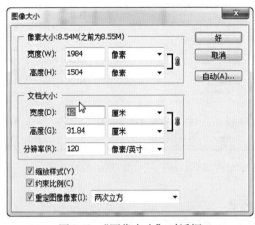 

图4-19 "图像大小"对话框   图4-20 调整画布大小

3.存储为PSD格式文件 选择选单"文件"→"存储为"命令,在弹出的"存储为"对话框中将文件命名为"荷香苑园林规划设计底图",并在"格式"下拉列表中选择"PhotoShop(*.psd;*.pdd)"格式,在选择好存储的地址后单击"保存"按钮完成任务。

四、任务拓展

为了以后处理方便,用同样的方法将一张关闭了绿化图层和石头图层的DWG格式图形文件传输为JPG格式文件,然后在Photoshop中调整并命名为A3图幅、分辨率为120ppi、PSD格式的"荷香苑园林规划设计平面图底图(未绿化)"图像文件,如图4-21所示。

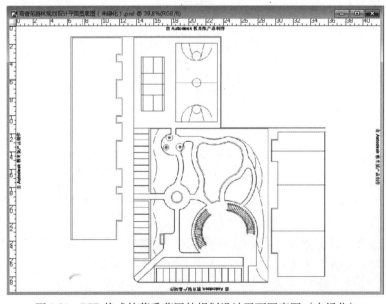

图4-21 PSD格式的荷香苑园林规划设计平面图底图(未绿化)

五、课后测评

（一）填空题

（1）选择选单"文件"→_____命令，建立一幅新图像。

（2）图像大小可以表示为图像中_____方向上的像素数与_____方向上的像素数的形式。

（3）_____指图像中每单位长度含有的像素个数，其单位通常为"像素/英寸（ppi）"。

（4）_____模式是显示器所采用的模式，也是Photoshop中最常使用的一种色彩模式。

（5）32（8×4）位／像素的四通道图像模式是_____模式。

（6）灰度图像由8位／像素的信息组成，并使用_____级的灰色来模拟颜色的层次。

（7）将RGB模式的图像转换成CMYK模式的图像，Photoshop会先将RGB模式转换成_____模式，然后再由_____模式转换成CMYK模式。

（8）灰度图像由_____位／像素的信息组成，并使用256级的灰色来模拟颜色的层次。在灰度模式中，每一个像素都是介于_____和_____间的256种灰度值中的一种。

（9）数字图像主要分为两大类，即_____图像和_____图像。

（10）通过设置_____的打印机，并设置打印的尺寸，可以自由地控制AutoCAD至Photoshop的图形传输，使输出的图像达到设计者所需要的精度和大小。

（二）选择题

（1）如果保持图形尺寸不变，将其图形分辨率提高一倍，则其文件大小增大为原来的_____倍。

①2   ②4   ③6   ④8

（2）RGB模式使用_____三原色按不同比例的强度来混合，生成其他各种颜色。

①红色、绿色、蓝色   ②红色、黄色、蓝色
③红色、绿色、黄色   ④黄色、绿色、蓝色

（3）常用的图像的分辨率是72 ppi，它表示在1 in×1 in的图像中共有_____个像素。

①10000   ②72   ③5184   ④144

（4）_____格式的图像文件能体现Photoshop独特的功能和对功能的优化。

①PSD   ②TIFF   ③JPEG   ④PhotoshopEPS

（5）在Photoshop软件中新建文件的快捷键是_____。

①Ctrl+S   ②Ctrl+N   ③Ctrl+0   ④Ctrl+Shift+N

（三）绘图题

利用Photoshop软件新建一个A2图幅、分辨率为100ppi、背景为白色的RGB模式文件，并将文件保存为PSD格式。

任务二 绘制园林道路及广场的平面效果图

一、任务分析

本任务绘制如图4-22所示的荷香苑园林道路及广场平面效果图。首先运用选框工具、

魔棒工具、套索工具、钢笔工具等图像选取工具建立园路及广场的选区，再运用定义图案、填充图案、图层样式等命令对道路、广场、道牙进行处理和修饰。

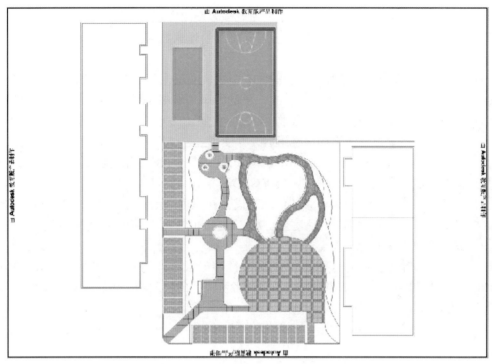

图4-22　荷香苑园林道路及广场平面效果图

二、知识链接

（一）图像选取工具

1. 选框工具　单击工具箱中的"矩形选框工具"图标 ▢（快捷键：M）激活选框工具。

图4-23　选框工具

选框工具适用于创建长方形、椭圆等形状比较规则的选择区域，主要有矩形选框工具、椭圆选框工具、单行选框工具、单列选框工具4种，如图4-23所示。

（1）矩形选框工具：在默认状态下（即不在选项栏进行任何设置），移动鼠标指针至图像窗口相应位置后拖曳鼠标，即可建立一个由不断闪烁的虚线围合成的选择区域。另外按住Shift键的同时用矩形选框工具创建正方形选区；按住Alt键的同时用矩形选框工具创建以鼠标单击点为中心的是矩形选区；按住Shift+Alt键的同时用矩形选框工具创建以鼠标单击点为中心的正方形选区。

在工具箱中单击矩形选框工具后，在选项栏中会出现矩形选框工具的相应属性参数，如图4-24所示。

图4-24 "矩形选框工具"选项栏

当选定了矩形选框工具，其"样式"属性栏样式缺省为"正常"，用于创建任何尺寸的矩形选区。也可在"样式"栏下选择"固定长宽比"创建按一定比例绘制的矩形或"固定大小"创建固定大小的矩形。如在选项栏上设置一定像素的羽化数量，可创建圆角的矩形，在圆角矩形里填充内容或者移动圆角矩形所选择的对象时，出现边缘透明效果。羽化数量越大，边缘越透明。

选项栏上有四种选区编辑图标："新选区"图标🔲，单击此图标在图像窗口可以建立一个新选区，新建的选区将取代原来的选区；添加到"选区"图标🔲，单击此图标，新建的选区将与原来的选区合并（取二者并集）；从选区减去图标🔲，单击此图标，新建的选区将从原来的选区中减去，并得到新选区；与"选区交叉"图标🔲，单击此图标，得到的结果选区是新建的选区与原来的选区交叉的部分（取二者交集）。

（2）椭圆选框工具：椭圆选框工具的使用方法类似于矩形选框工具，只是在椭圆选框工具选项栏中多了一项"消除锯齿"复选项，勾选该项后，可以最大限度地平滑斜线或弧线的选区边缘。另外按住Shift键的同时用椭圆选框工具创建圆形选区；按住Shift+Alt键的同时用椭圆选框工具创建以单击点为中心的圆形选区。

（3）单行选框工具：专门用于为图像创建只有一个像素高度的选区。另外在选项栏中单击添加到"选区"图标🔲，然后在图像窗口依次单击即可建立所有的横线选区。

（4）单列选框工具：专门用于为图像创建只有一个像素宽度的选区。另外在选项栏中单击添加到"选区"图标🔲，然后在图像窗口依次单击即可建立所有的竖线选区。

2.魔棒工具 使用魔棒工具，可以根据单击点附近的某种颜色，一次性地选取图像窗口中所有与其相同或相近的颜色区域。颜色的近似程度由魔棒工具属性选项栏中设置的容差值来确定，容差值越大则选取的颜色范围越广泛。

（1）激活魔棒工具的方法：单击工具箱中的"魔棒工具"图标🪄（快捷键：W），即可激活魔棒工具。

（2）"魔棒工具"选项栏的各项参数：激活魔棒工具后在选项栏会出现魔棒工具的相应参数，如图4-25所示。其中"容差"复选项用来控制颜色选择范围，其取值范围为0～255。数值越小，选取的区域就越小，反之则越大。"消除锯齿"复选项最大限度地平滑斜线或弧线的选区边缘。"连续的"复选项控制选取的区域是否是连续的，勾选该项，只有与鼠标单击点相邻且颜色相近的连接区域才会被选中；不勾选该项，表示系统将对整个图像进行分析，然后选取与单击点颜色相近的全部区域。"用于所有图层"复选项确定是否对当前显示的而所有图层统一分析。

图4-25 "魔棒工具"选项栏

（3）选取相似：利用魔棒工具在图像上建立一个选区后，右键单击，在弹出的快捷选单中选择"选取相似"命令，将整个图像中"魔棒工具"选项栏中指定容差范围内的颜色区域包括到选区范围，而不只是相邻的区域。这种方法常用于选取整个图像中所有相近的颜色，以快速创建选区，如图4-26所示。

（4）扩大选取：利用魔棒工具在图像上建立一个选区后，单击右键，在弹出的快捷选单中选择"扩大选取"命令，可以按颜色的近似程度扩大与当前选区相邻的区域。这种方法也用于快速创建选区。

A   B

图4-26　使用"选取相似"命令扩大选区
A.使用魔棒建立局部选区　B.用"选取相似"命令快速扩大选区

3. 套索工具　利用套索工具可以建立不规则形状的选择区域。套索工具主要有三种：套索工具、多边形套索工具、磁性套索工具。套索工具位于工具箱中，如图4-27所示。

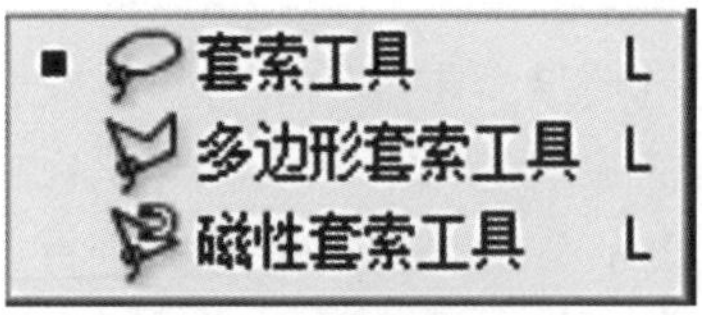

- ■ 套索工具　　　　L
- 多边形套索工具　L
- 磁性套索工具　　L

图4-27　套索工具

（1）套索工具：利用套索工具可以建立任意形状的选区。

①激活套索工具的方法。单击工具箱中的"套索工具"图标（快捷键：L）即可激活套索工具。并在选项栏中出现套索工具的相应参数，如图4-28所示。其中"羽化"复选项的数值在0～250之间，主要用于柔化选区边缘，产生渐变的过渡效果，如图4-29所示。

图4-28　"套索工具"选项栏

A   B

图4-29　选区羽化的效果
A.原图像　B.羽化选区后的效果

②套索工具的使用方法。移动光标至图像窗口，相应按下鼠标左键并向所需要的方向拖移，直至回到起点处松开鼠标左键得到一个闭合的选区。由于随意性比较大，一般只在对选区边缘没有严格要求的情况下使用。

（2）多边形套索工具：利用多边形套索工具可以建立不规则形状的选区。

①激活多边形套索工具的方法。单击工具箱中的"多边形套索工具"图标 （快捷键：L）即可激活多边形套索工具。并在选项栏中出现多边形套索工具的相应参数（和套索工具的选项栏一样）。

②多边形套索工具的使用方法。在图像窗口中单击设置起点，然后将光标移动到另一个位置上再单击，依次单击控制锚点，回到起始点位置即可创建多边形选区。另外，使用多边形套索工具建立选区时，若按住Alt键，则可以在多边形套索和套索工具之间切换；若按下Delete键，则可以删除最近定义的端点；按下Shift键，则可按水平、垂直或45°角方向绘制直线。

（3）磁性套索工具：单击工具箱中的"磁性套索工具"图标 ，即可激活磁性套索工具，利用磁性套索工具可以自动根据颜色的反差来确定选取的边缘，并可通过单击和移动鼠标来指定选取的方向，因而具有使用方便，选取精确、快捷的特点，适用于图像颜色与背景颜色反差较大的不规则选区的建立。

（二）选区处理

选区处理包括对选区本身的处理，如：选区的变换、修改、取消等；另一方面是对选区内容的处理，主要包括对选区内容的清除、剪切、填充、移动、复制和反选等。

1.取消选区　选择选单"选择"→"取消选择"命令（快捷键：Ctrl+D），即可取消所有选区。取消选区后只要没有进行下一步选择区域的操作，则可以选择选单"选择"→"重新选择"命令（快捷键：Shift+Ctrl+D）将原选区恢复。

2.变换选区　选择选单"选择"→"变换选区"命令，或者单击右键，在弹出的快捷选单中选择"变换选区"命令，在选的边框上将出现八个小方块，把鼠标指针移入到小方块中，可以拖曳方块改变选区的尺寸；如果鼠标指针在选区以外将变成旋转式指针，拖动鼠标即可带动选定区域在任意方向上旋转，效果如图4-30所示。

A   B

图4-30 利用"变换选区"命令改变选区形状
A.变换选区边框 B.旋转选区

3.清除选区内的图像 选择选单"编辑"→"清除"命令，或直接按Delete键，可以将选区内的图像清除，原选区以背景色填充，如图4-31所示。

A   B

图4-31 清除选区内的图像
A.建立选区 B.清除选区，以蓝色背景色填充

4.剪切选区内的图像 选择选单"编辑"→"剪切"命令（快捷键：Ctrl+X），可以将选区内的图像剪切，并存入剪贴板中，原选区以背景色填充。

5.移动选区内的图像 单击工具箱中的"移动工具"图标▶₊（快捷键：V），将鼠标指针移动到选区中，此时指针的右下角出现一个小剪刀标记，单击并拖动鼠标指针，选区中的图像就被移动到另外的位置，原选区以背景色填充，如图4-32所示。

6.复制选区内的图像 复制选区内图像的方法有以下两种：

方法1：在同一图像窗口中复制图像。具体以下步骤操作：

①按住Alt键，同时选择移动工具，在选区内单击并移动鼠标指针，到设计位置松开Alt键和鼠标，完成图像的复制，并且复制的图像和原图像在一个图层，如图4-33所示。

A   B

图4-32　移动选区内的图像
A.建立选区　B.移动选区，原选区以蓝色背景色填充

A   B

图4-33　Alt键结合移动工具复制选区内图像
A.建立选区　B.复制选区内的图像，图层没有增加

②选择选单"编辑"→"拷贝"命令和"编辑"→"粘贴"命令，或者按Ctrl+C键和Ctrl+V键，完成复制选区内的图像，并且形成一个新的图层，如图4-34所示。

A   B

图4-34　利用"拷贝"、"粘贴"命令复制选区内图像
A.建立选区　B.复制选区内的图像，图层增加

③选择选单"图层"→"新建"→"通过拷贝的图层"命令（快捷键：Ctrl+J），复制选区内的图像，并且形成一个新的图层。

方法2：在不同图像窗口中复制图像。在工作区同时打开要处理的两个文件，利用移动工具将一个文件选区内图像拖曳到另外一个文件内，就会在另外一个文件内复制选区内的图像，同时增加一个新的图层，如图4-35所示。

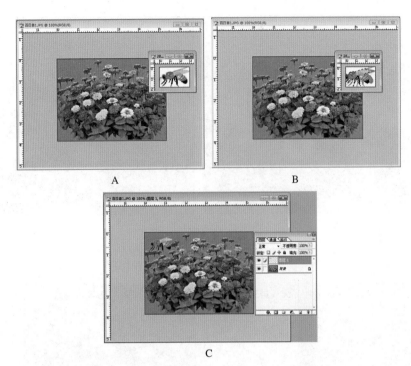

图4-35 在不同图像窗口中复制选区内的图像
A.素材图片 B.选区图像 C.拖曳复制图像

7.选区反选 选择选单"选择"→"反选"命令（快捷键：Shift+Ctrl+I），可以将当前图层中建立的选区和非选区进行互换，即将原来的非选择区域变成选区。

8.选区填充 使用填充命令可对所选择的区域填充指定的颜色或图案。在制作园林效果图时，填充命令经常用于水面、地面、墙壁等部位的颜色或图案的填充。

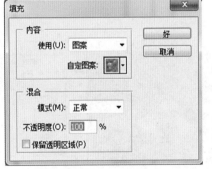

图4-36 "填充"对话框

（1）填充命令：选择选单"编辑"→"填充"命令（快捷键：Shift+F5键），弹出如图4-36所示的"填充"对话框，该对话框中主要包括以下两项内容：

①"内容"选项区。设置填充使用的内容，单击右侧的下拉列表，包含的填充内容有"前景色"、"背景色"、"图案"、"历史记录"、"黑色"、"50%灰色"和"白色"七大类。

②"混合"选项区。其中包含"模式"、"不透明度"和"保留透明区域"三项特性。"模式"主要设置填充图层上的颜色与其底层颜色的混合模式；"不透明度设置"填充图层的透明度，取值范围为1%～100%；"保留透明区域"是在填充时仅填充有图像的区域，而保留透明的区域，该选项只对透明图层有效。

（2）油漆桶工具：单击工具箱中的"填充工具"图标 （快捷键：G），激活油漆桶命令，同时在其选项栏出现填充工具的相应参数，如图4-37所示。在"填充"列表框中可选择填充的内容有"前景色"和"图案"两类。当选择"图案"填充选区时，"图案"列表框被激活，单击其右侧的下拉列表按钮，可打开"图案"下拉面板，从中选择要填的图案。

图4-37 "油漆桶工具"选项栏

（3）添加图层样式：选择选单"图层"→"图层样式"→"混合选项"命令，弹出"图层样式"对话框，在其中可分别勾选"颜色叠加"、"图案叠加"或"渐变叠加"，进入各图案参数面板分别选择需要添加的颜色、图案或渐变颜色。各图案参数面板如图4-38至图4-40所示。

（4）定义图案：对选区填充图案时，"图案"列表框的内容不能满足设计需要时，就要由设计者自行定义图案，添加到"图

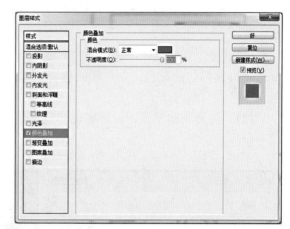

图4-38 "颜色叠加"参数面板

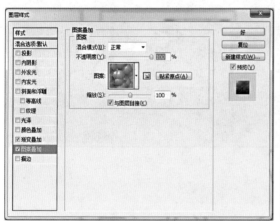

图4-39 "图案叠加"参数面板

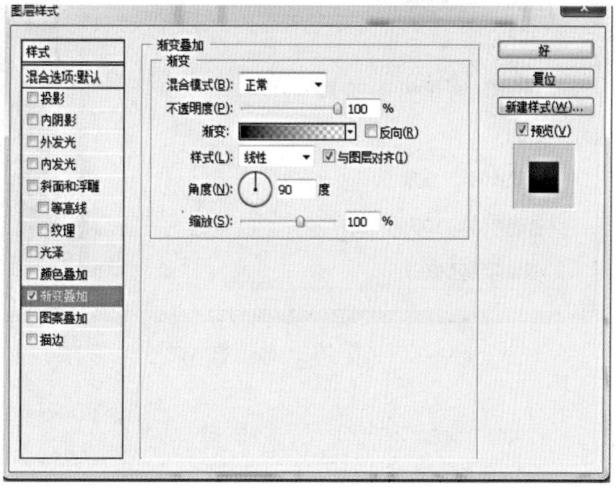

图4-40 "渐变叠加"参数面板

案"列表框，再对选区填充需要的图案。其操作步骤如下：

①打开一幅图像，用矩形选框工具选取一块区域，如图4-41A所示。

②选择选单"编辑"→"定义图案"命令，弹出"图案名称"对话框，输入图案的名称，如图4-41B所示。最后单击"好"按钮，图案就存储在"图案"列表框中，为下一步填充图案奠定基础。

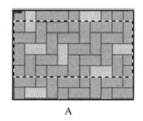

A

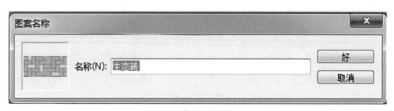

B

图4-41 定义"生态砖"图案
A.选取图像区域 B.定义图案名称

需要注意的是，必须用矩形选框工具选取图案，并且无论是在选取前还是选取后都不能带有羽化，否则定义图案的功能就无法使用。

9.选区描边 描边命令用于在选定区域的边界上用颜色描出边界。

选择选单"编辑"→"描边"命令，弹出如图4-42所示的"描边"对话框，其主要参数如下：

（1）"描边"选项区：其中的"宽度"复选项设置描边的宽度，以像素为单位；"颜色"复选项设置描边的颜色，在右侧的色块上单击，在弹出的"拾色器"面板中选择需要的颜色。

（2）"位置"选项区：设置描边的位置有"居内"、"居中"或"居外"三种，其效果如图4-43所示。

图4-42 "描边"对话框

图4-43 描边效果

三、任务实施

（一）打开文件

启动Photoshop CS2软件，选择选单"文件"→"打开"命令（快捷键：Ctrl+O），打开在任务一中绘制的"荷香苑园林规划设计平面图底图（未绿化）"的PSD格式图像文件。

（二）绘制荷香苑园林道路

仔细分析荷香苑园林道路的规划设计图纸，根据园路面层的材料不同可划分为左侧的芝麻灰火烧板花岗岩路面和环绕水景的鹅卵石镶边碎大理石路面。

1.绘制芝麻灰火烧板花岗岩路面 按以下步骤操作：

（1）创建芝麻灰火烧板花岗岩的填充图案：第一步打开一幅芝麻灰火烧板花岗岩的JPG格式的素材图片，如图4-44A所示。第二步按M键，激活矩形选框工具。第三步将光标放在素材图片的中心，同时按Alt键并单击，拖曳鼠标创建一个正方形选区，如图4-44B所示。第四步选择选单"编辑"→"定义图案"命令，在弹出的"图案名称"对话框中输入"芝麻灰火烧板"名称，单击"好"按钮，如图4-47C所示，完成芝麻灰火烧板花岗岩填充图案的创建。

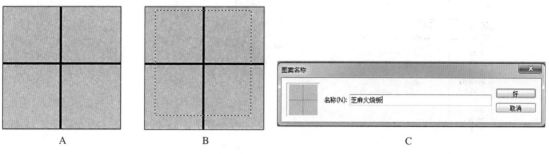

图4-44 创建芝麻灰火烧板花岗岩的填充图案
A.素材图片 B.选区图像 C.定义图案名称

（2）绘制芝麻灰火烧板花岗岩路面：第一步按L键，激活多边形套索工具。第二步沿着芝麻灰火烧板花岗岩路面创建多边形选区，如图4-45所示。第三步按Ctrl+J键，复制选区图像，并形成一个新的图层。第四步按W键，激活魔棒工具，在选项栏将"容差"调整为20，勾选"连续的"和"消除锯齿"选项；接着单击路面，创建路面选区，如图4-46所示。第五步按Ctrl+J键，复制路面选区图像，形成一个新的图层，并单击图层名称，重新命名为"芝麻灰火烧板"图层。第六步选择选单"图层"→"图层样式"→"图案叠加"命令，弹出"图层样式"对话框，如图4-47所示。在"图案"列表框中选择"芝麻灰火烧板"图案，"缩放"调整为10%。单击"好"按钮完成图案叠加，效果如图4-48所示。第七步删除第三步形成的图层。

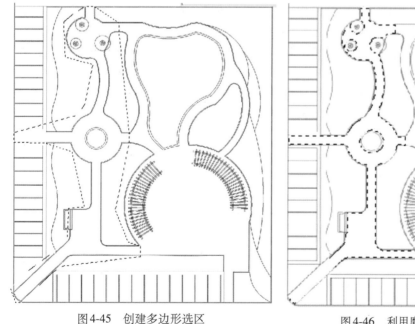

图4-45 创建多边形选区　　　　　图4-46 利用魔棒工具创建路面选区

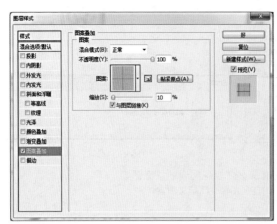

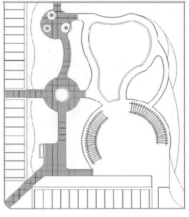

图 4-47 "图层样式"对话框　　　　　　　　图 4-48　图案叠加效果

2.绘制鹅卵石镶边的碎大理石路面

（1）创建鹅卵石、碎大理石的填充图案：按照创建芝麻灰火烧板花岗岩填充图案的步骤分别创建鹅卵石、碎大理石的填充图案，并分别命名为"鹅卵石"、"碎大理石"，如图4-49和图4-50所示。

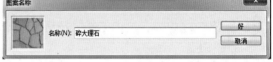

图 4-49　定义"鹅卵石"图案名称　　　　　图 4-50　定义"碎大理石"图案名称

（2）绘制鹅卵石镶边的碎大理石路面：第一步按照绘制芝麻灰火烧板花岗岩路面的步骤绘制碎大理石路面，如图4-51至图4-54所示。第二步选择选单"图层"→"图层样式"→"描边"命令，弹出"图层样式"对话框，如图4-55所示。第三步在"图层样式"对话框的"位置"下拉列表中选择"内部"选项；"填充类型"下拉列表中选择"图案"选项，并在"图案"下拉列表中选择"鹅卵石"图案；"缩放"调整为30%。单击"好"按钮，完成鹅卵石镶边的绘制，效果如图4-56所示。第四步在图层面板中删除图层4。

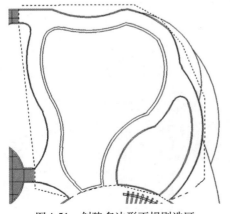

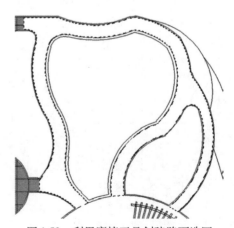

图 4-51　创建多边形不规则选区　　　　　图 4-52　利用魔棒工具创建路面选区

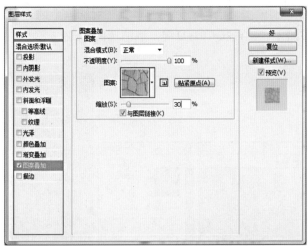

图4-53　"图层样式"对话框之"图案叠加"

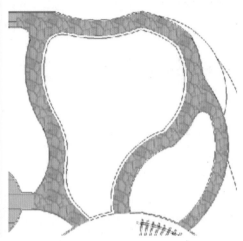

图4-54　碎大理石叠加效果

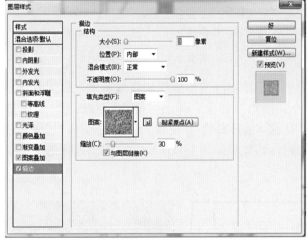

图4-55　"图层样式"对话框

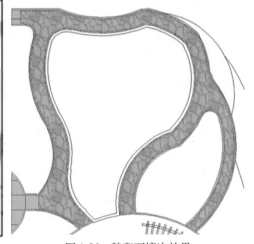

图4-56　鹅卵石镶边效果

（三）绘制荷香苑运动广场

荷香苑园林规划设计平面图纸的最上方是运动广场，它是在灰白色的钢筋混凝土材质上面用白色、绿色、红色等绘制一个标准的羽毛球场和篮球场。

1.绘制标准羽毛球场地　第一步按M键，激活矩形选框工具，选项栏处于缺省状态。第二步参照图纸上绘制的羽毛球场地，单击羽毛球场地图形的左上角，然后沿着右下角方向拖曳鼠标指针，创建矩形选区，如图4-57所示。第三步按Ctrl+J键，复制选区图像，并创建一个新的图层，命名为"羽毛球场地"图层。第四步按W键，将"容差"设置为"20"，不勾选"连续的"复选项，然后单击羽毛球场地图像，创建如图4-58所示的选区。第五步选择选单"编辑"→"填充"命令（快捷键：Shift+F5），弹出"填充"对话框；接着在"内容"选项框的"使用"下拉列表中选择"颜色"方式，便会弹出"拾色器"，

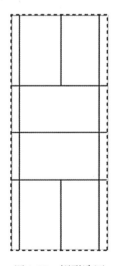

图4-57　矩形选区

在其中选择绿色，如图4-59所示。第六步分别单击"拾色器"和"填充"对话框上的"好"按钮，在选区上填充绿色，效果如图4-60所示。然后按Ctrl+D键，取消选区。

图4-58　魔棒选区　　　　　　图4-59　"填充"对话框和"拾色器"　　　　　图4-60　填充绿色

2.绘制标准篮球场地　第一步按照绘制羽毛球场地的步骤绘制篮球场地，如图4-61至图4-63所示。第二步选择选单"编辑"→"描边"命令，弹出"描边"对话框，将"描边"选项区中的"宽度"调整为2像素，"颜色"选择白色；"位置"选项栏选择"居中"选项，如图4-64所示。第三步单击"好"按钮，其效果如图4-65所示。第四步选择选单"编

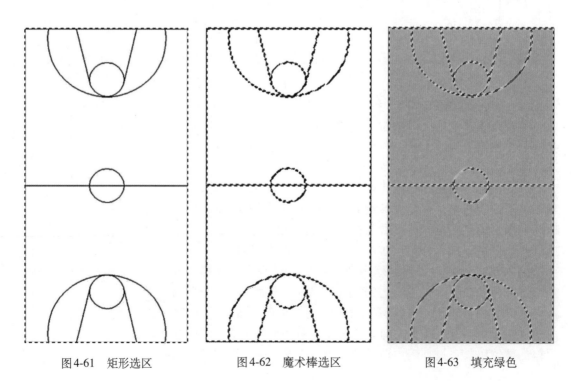

图4-61　矩形选区　　　　　　图4-62　魔术棒选区　　　　　　图4-63　填充绿色

辑"→"描边"命令，弹出"描边"对话框，将"描边"选项栏中的"宽度"调整为10像素，"颜色"复选项选择红色；"位置"选项栏选择"居外"选项，如图4-66所示。第五步单击"好"按钮，完成篮球场的绘制。

3. 绘制混凝土场地　第一步单击图层面板的"背景"图层，使"背景"图层处于当前图层。第二步按M键，激活矩形选工具，创建混凝土场地矩形选区。第三步按Ctrl+J键，复制选区图像。第四步选择选单"图层"→"图层样式"→"颜色叠加"命令，在"拾色器"中选取灰白色，效果如图4-67所示。

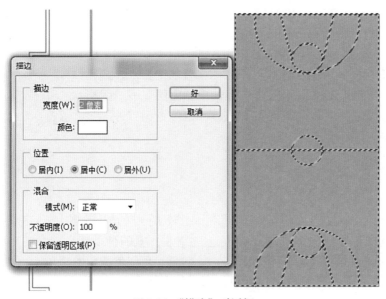

图4-64　"描边"对话框

图4-65　居中白色描边

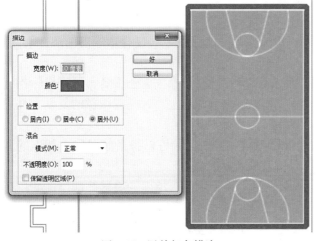

图4-66　居外红色描边

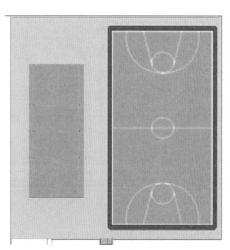

图4-67　绘制混凝土场地

四、任务拓展

（一）绘制任务

绘制如图4-68所示的生态停车场平面效果图。

（二）绘图提示

1. 创建生态砖图案　根据生态砖的图像文件，选择选单"编辑"→"定义图案"命令，创建填充用的生态砖图案。

2. 绘制生态砖铺设的停车场路面　第一步在图层面板单击"背景"图层，使"背景"图层为当前图层。第二步按M键，创建生态砖停车场图像选区，然后按Ctrl+J键，复制选区图像。第三步按W键，利用魔术棒选取铺设生态砖区域；再按Ctrl+J键，复制选区图像，并命名新生成的图层为"生态砖停车场"。第四步选择选单"图层"→"图层样式"→"图案叠加"命令，选择"生态砖"图案，"缩放"栏调整为30%。第五步选择选单"图层"→"图层样式"→"描边"命令，选择白色，大小调整为"3像素"，位置为"外部"。第五步删除第二步生成的图层。

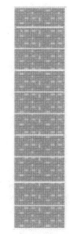

图4-68　生态停车场

五、课后测评

（一）填空题

（1）选框工具适用于创建_____和_____等形状比较规则的选择区域，主要有_____选框工具、_____选框工具、_____选框工具、_____选框工具四种工具。

（2）在矩形选框工具的选项栏上设置一定像素的_____数量，可创建圆角的矩形。

（3）使用_____图像选取工具，可以根据鼠标单击附近的某种颜色，一次性选取图像窗口中所有与其相同或相近的颜色区域。颜色的近似程度由选项栏中设置的_____值来确定，而且数值越大则选取的颜色范围越广泛。

（4）利用套索工具可以建立_____形状的选择区域。套索工具主要有三种：_____工具、_____工具、_____工具。

（5）选择选单"选择"→_____命令（快捷键：_____），即可取消所有选区。

（6）选择选单"编辑"→_____命令，或直接按_____键，可以将选区内的图像清除，原选区以_____颜色填充。

（7）在同一图像窗口中复制图像时，按住Alt键，同时选择_____工具，再将鼠标指针移动到选区内单击并移动鼠标指针到设计位置松开Alt键和_____，完成图像的复制，并且复制的图像和原图像在_____图层。

（8）选择选单"选择"→_____命令（快捷键：_____），可以将当前图层中建立的选区和非选区进行互换，即将原来的非选择区域变成选择区域。

（9）在制作园林平面效果图时，_____命令经常用于水面、地面、墙壁等部位的颜色或图案的填充。

（10）选择选单"图层"→"新建"→_____命令（快捷键：_____），复制选区内的图像，并形成一个新的图层。

（二）选择题

（1）激活选框工具的快捷键是＿＿＿＿＿键。

　　　①W　　　　②M　　　　③V　　　　④L

（2）激活魔术棒工具的快捷键是＿＿＿＿＿键。

　　　①W　　　　②M　　　　③V　　　　④L

（3）激活套索工具的快捷键是＿＿＿＿＿键。

　　　①W　　　　②M　　　　③V　　　　④L

（4）激活油漆桶工具的快捷键是＿＿＿＿＿键。

　　　①W　　　　②M　　　　③V　　　　④L

（5）选择选单"图层"→＿＿＿＿＿命令，可以为图层增添图案样式。

　　　①新建　　　　②图层样式　　　　③复制图层　　　　④填充

（6）选择选单＿＿＿＿＿命令既可以用颜色描边，也可以用设定的图案描边。

　　　①"编辑"→"描边"　　　②"图层样式"→"描边"

　　　③"填充"　　　④"图案叠加"

（7）选择选单＿＿＿＿＿命令用来创建填充使用的图案。

　　　①"编辑"→"定义图案"　　　②"图层样式"→"图案叠加"

　　　③"新建"　　　④"复制"

（三）绘图题

（1）绘制如图4-69所示的花岗岩铺装广场图。

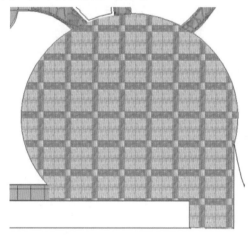

图4-69　花岗岩铺装广场图

　　（2）绘制提示：第一步打开一幅花岗岩图像文件，创建如图4-70所示的图案。第二步将"背景"图层置于当前图层。第三步用多边形套索工具创建如图4-71所示的不规则多边形选区。第四步按Ctrl+J键，复制选区图像，并新建一个图层，命名为"弧形花架广场"。

图4-70　创建花岗岩铺地图案

第五步选择选单"图层"→"图层样式"→"图案叠加"命令，弹出"图层样式"对话框，如图4-72所示，添加花岗岩图案。

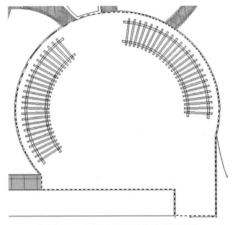

图4-71 创建不规则多边形选区

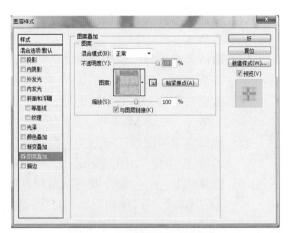

图4-72 "图层样式"对话框

任务三 绘制园林建筑小品的平面效果图

一、任务分析

本任务绘制如图4-73所示的弧形花架平面效果图。首先利用路径工具勾勒弧形花架横梁的图像轮廓，再将路径转换为选区，从而复制选区图像，填充木纹材质，绘制弧形的花架横梁。在绘制横向花架架条时，先创建一个花架架条图像，再对其旋转复制得到全部的横向花架架条。通过绘图练习路径工具创建选区、图像变换等命令的使用，并掌握综合处理图像平面效果、绘制园林建筑小品的方法。

二、知识链接

（一）路径功能

利用Photoshop提供的路径功能，可以绘制直线或曲线，并可对绘制的线条进行填充和描边，完成一些绘画工具无法完成的工作。

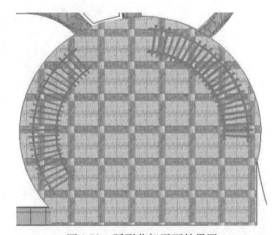

图4-73 弧形花架平面效果图

在Photoshop CS2中路径的创建、编辑及选择等相关工具均被集中在钢笔工具组和路径选择工具组中，如图4-74所示。

1. 路径的概念 路径由一个或多个直线段或曲线段组成。路径的形状是由锚点控制的。

锚点标记路径段的端点。在曲线段上，每个选中的锚点显示一条或两条方向线，方向线以方向点结束。方向线和方向点的位置确定曲线段的大小和形状。移动这些元素将改变路径中曲线的形状。路径可以是闭合的，没有起点或终点（如圆）；也可以是开放的，有明显的端点（如波浪线）。

2. 激活钢笔工具　主要有以下两种方法：

方法1：单击工具箱中的“钢笔工具”图标。

方法2：按P键。

钢笔工具包括钢笔工具和自由钢笔工具。钢笔工具可以绘制直线段和曲线段，使用自由钢笔工具可以根据鼠标的拖动轨迹绘制手画线。

3. 钢笔工具的使用方法　以绘制一个心形图像为例。

（1）绘制心形轮廓路径：首先在“钢笔工具属性”选项栏中将钢笔工具的模式从默认的“形状图层”模式，改为“路径”模式；接着单击建立第一个锚点，然后在图像边缘有转折的地方建立第二个锚点，并依此类推，最后钢笔工具放到第一个锚点上时，钢笔工具下方出现一个圆圈，单击就形成了一个封闭路径，如图4-75所示。

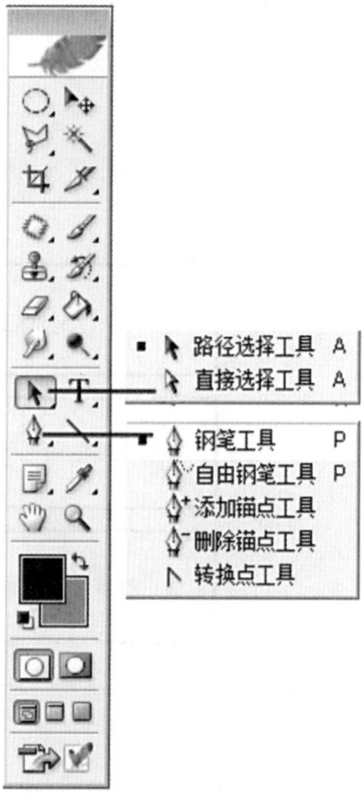

图4-74　路径相关工具

（2）调整锚点：用转换点工具将角点转换成平滑点，并调整锚点的方向点，如图4-76所示。

（3）选择锚点：用直接选择工具调整锚点及锚点方向点的位置，如图4-77所示，完成“心形”路径的绘制。如要选择移动路径组件，则用路径选择工具。

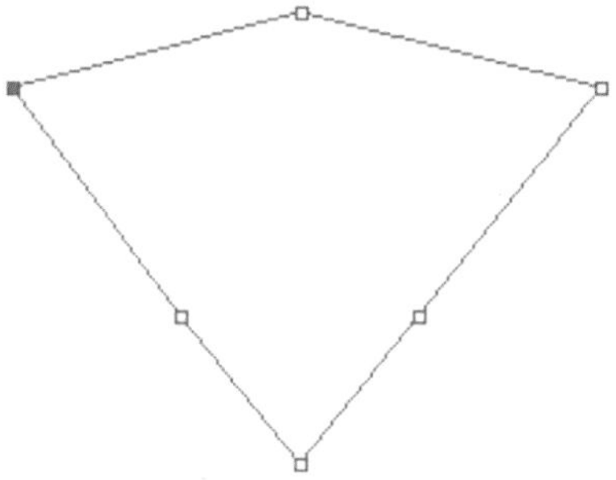

图4-75　用钢笔工具绘制心形轮廓路径

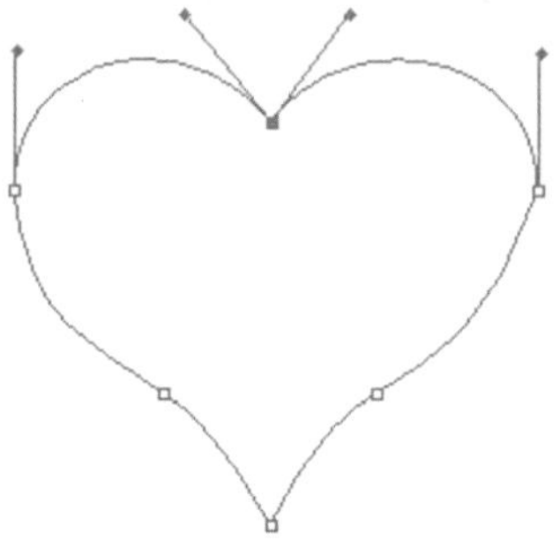

图4-76　用转换点工具调整锚点及锚点方向点的位置

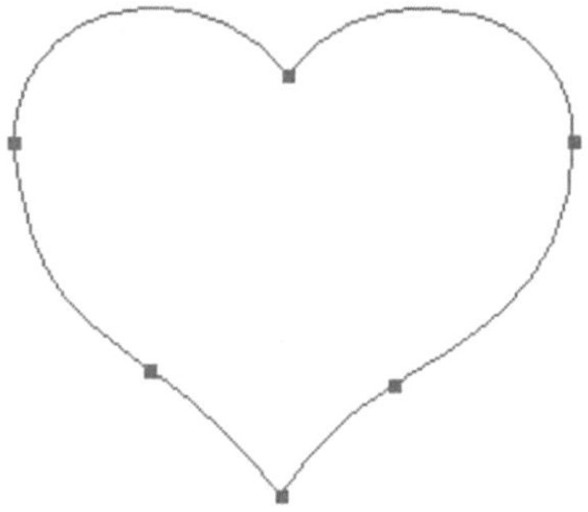

图4-77　用直接选择工具完成心形路径绘制

4. 路径面板　利用路径控制面板，设计者可进行所有涉及路径的操作。路径控制面板下面的图标即为路径的各项功能，如图4-78所示。

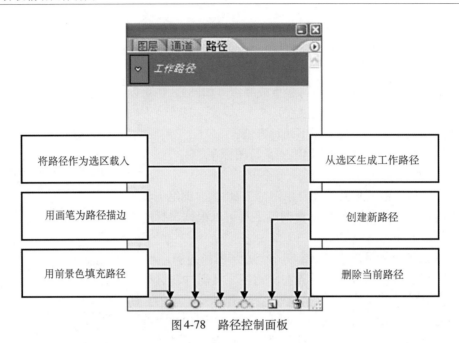

图 4-78　路径控制面板

(二)选区图像变换

图像变换是Photoshop图像处理中经常用到的技术之一，它包括对整个图像或图像中的选择区域进行缩放、旋转、斜切、扭曲、透视等操作。图像变换主要有两种方式，一种是选择选单"编辑"→"变换"子选单中的各个命令；另一种方式是直接选择选单"编辑"→"自由变换"命令。自由变换命令集缩放、旋转、斜切、扭曲、透视等命令于一体，避免了使用"变换"子选单命令的繁琐操作。本书主要介绍用自由变换命令变换图像。

1.激活自由变换命令的方法　有以下三种方法。

方法1：选择选单"编辑"→"自由变换"命令。

方法2：按Ctrl+T键。

方法3：在选框工具激活状态下，或创建选区后，右键单击，在弹出的快捷选单中选择"自由变换"命令。

2.自由变换命令的使用方法　激活自由变换命令后，在选区图像上出现一个变换方框。变换方法主要如下：

(1)缩放：选择此命令后，移动鼠标指针至变换框角点位置，光标将显示为双箭头形状，拖动鼠标指针即可调整图像的尺寸大小。若同时按住Shift键拖动，则可以等比例缩放图像，如图4-79所示。另外在选项栏设定缩放比例后，按住Shift+Ctrl+Alt键，按T键，可以按比例缩放并复制图像，如图4-80所示。

(2)旋转：移动鼠标指针至变换框外，鼠标指针将显示为⟳形状，拖动鼠标指针即可旋转图像。若按住Shift键的同时拖动鼠标，则图像每次旋转15°，如图4-81所示。另外在选项栏设定旋转角度后，按住Shift+Ctrl+Alt键，按T键，可以复制图像；如果再设定旋转中心，连续按上述快捷键，还可实现旋转阵列图像，如图4-82所示。

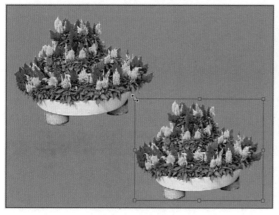

图4-79　图像缩放

图4-80　图像复制缩放

图4-81　图像旋转

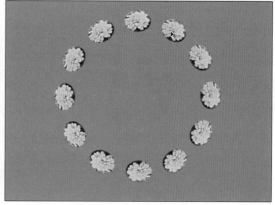

图4-82　旋转阵列

（3）斜切：按住Ctrl+Shift键并拖动变换框的控制点只能在变换控制框边线所定义的方向上移动，从而使图像得到斜切效果，如图4-83所示。

（4）扭曲：按住Ctrl键，可以任意拖动变换框的8个角点进行图像的任意变换，如图4-84所示。

（5）透视：按住Ctrl+Alt+Shift键并拖动变换框某一角点时，则拖动方向上的另一角点会发生相反的移动，最后得到对称的梯形，从而得到物体透视变形的效果，如图4-85所示。

（6）旋转与翻转：执行该变换方法，

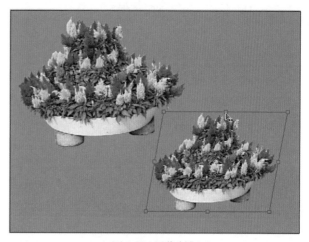

图4-83　图像斜切

可以对选区图像或图层中的图像进行180°旋转、90°顺时针旋转、90°逆时针旋转、水平翻转和垂直翻转的操作。

图4-84　图像扭曲

图4-85　图像透视

三、任务实施

认真分析荷香苑弧形花架的平面设计图，它由两组防腐木弧形花架组成。先绘制其中一组弧形花架，然后旋转复制另一组弧形花架，最后将两组弧形花架合并一起，置于"弧形花架广场"图层上方。

（一）绘制一组弧形花架

1. 复制荷香苑园林规划设计平面图上的弧形花架图像

（1）关闭"弧形花架广场"图层：由于在任务二绘制的"弧形花架广场"图层在"背景"图层上方，遮挡了弧形花架图像，首先将"弧形花架广场"图层前的"指示图层可视性"图标👁关闭，显示"背景"图层上的弧形花架图像。

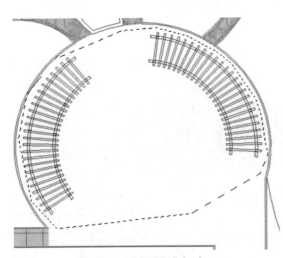

图4-86　创建弧形花架选区

（2）复制荷香苑园林规划设计平面图上的弧形花架图像：第一步将"背景"图层置于当前图层。第二步按L键，激活多边形套索工具，创建弧形花架图像选区，如图4-86所示。第三步按Ctrl+J键，复制选区图像，并新建一个图层，并命名为"图层1"。

2. 绘制弧形的花架横梁　按以下步骤绘制花架的横梁：

（1）创建"木纹"图案：第一步打开一幅木纹素材图片。第二步按M键，激活矩形选框工具，创建矩形选区，如图4-87所示。第三步选择选单"编辑"→"定义图案"命令，弹出"图案名称"对话框，将图案名称命名为"木质材料"，如图4-88所示。单击"好"按钮，完成图案定义。

（2）创建弧形花架横梁的选区：第一步按P键，激活钢笔工具，并在选项栏单击"路径"图标🔲。第二步同时按Ctrl键和键盘的"+"键，放大花架图像，便于绘制锚点。放大

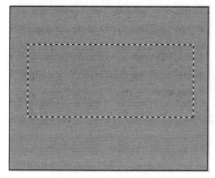

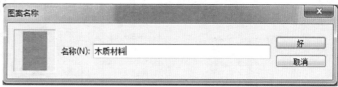

图4-87　创建矩形选区　　　　　　图4-88　创建木质材料的图案名称

后图像会显示出像素方块，但同时花架图像也会超出屏幕。为方便绘图，在绘制锚点时，可下按空格键，此时鼠标指针变为"抓手"图标🖐，设计者可以边移动图像，边绘制图像的锚点。第三步用钢笔工具连接花架的像素方块，每次距离不要太远，尽量沿着花架横梁的弧形控制锚点绘制，如图4-89所示。第四步形成封闭的路径后，单击右键，在弹出的快捷选单中选择"建立选区"命令，如图4-90所示，将路径转换为新建的选区。第五步按Ctrl+J键，复制选区的图像，并新建一个图层，名称为"弧形花架"，如图4-91所示。

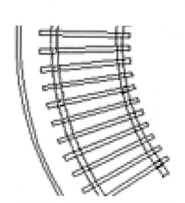
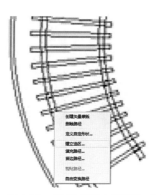
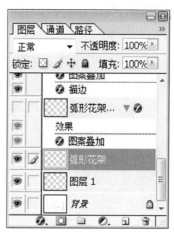

图4-89　沿着弧形梁创建路径　　图4-90　选择"建立选区"命令　　图4-91　命名"弧形花架"图层

　　（3）添加"木质材料"图层样式：第一步选择选单"图层"→"图层样式"命令，弹出"图层样式"对话框，勾选"图案叠加"样式。第二步打开"图案"选项区的图案"拾色器"，选择创建的"木质材料"图案，"缩放"设为100%，"混合模式"设为"正常"，最后单击"好"按钮，完成添加"木质材料"图层样式，图4-92所示。

　　（4）绘制另外一条弧形梁：首先按照上述步骤绘制另一条弧形花架梁选区，然后选择选单"编辑"→"填充"命令，弹出如图4-93所示的"填充"对话框，在"自定图案"下拉选单中选择"木质材料"图案，单击"好"按钮完成弧形花架梁的绘制，效果如图4-94所示。

　　3. 绘制横向的花架架条　　弧形花架横梁上有25根横向的花架架条，而且方向都不一样，

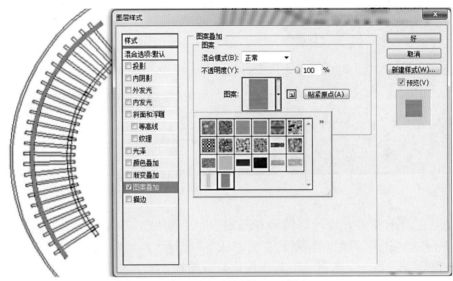

图4-92 添加"木质材料"图层样式

图4-93 "填充"对话框

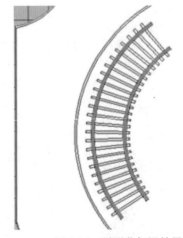

图4-94 弧形花架梁效果图

绘制时先创建一个花架架条单元，再用旋转复制命令绘制其他24根花架架条，最后合并为一个图层。

　　（1）绘制一根横向花架架条单元：第一步单击图层面板上的"图层1"，使其处于当前图层。第二步按L键，激活多边形套索工具，在放大花架图像的基础上，沿着花架架条图像边缘创建矩形的选区，如图4-95所示。第三步按Ctrl+J键，复制选区图像，并新建一个图层，命名为"弧形花架1"。第四步按照前述给花架横梁添加"木质材料"图层样式的步骤给花架架条添加"木质材料"图层样式，效果如图4-96所示。

　　（2）绘制24根花架架条：第一步单击图层面板上的"弧形花架1"图层，使其处于当前图层。第二步单击工具箱"测量工具"图标，激活测量工具，按住Alt键，按照图4-97所示，测量相邻两个花架架条之间的角度，确定下一步旋转复制的角度

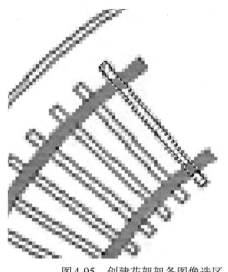

图4-95　创建花架架条图像选区

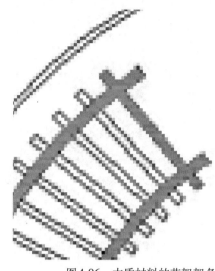

图4-96　木质材料的花架架条

为"－3.5°"。第三步按住Alt键，同时按V键，复制花架架条图像，如图4-98所示。第四步按Ctrl+T键，将鼠标移出变形框外面，出现旋转图标，并在选项栏"旋转角度"后面输入"－3.5°"，如图4-99所示，再按Enter键，取消变形框。第五步按住Shift+Ctrl+Alt键，按T键，系统按照"－3.5°"的旋转角度旋转复制一根花架架条，然后再将复制的花架架条移动至设计位置。按住Shift+Ctrl+Alt键，按T键，再移动花架架条图像，直到24根花架架条复制完成。第六步按Ctrl+E键，将25根花架架条合并为一个"弧形花架1"图层。效果如图4-100所示。

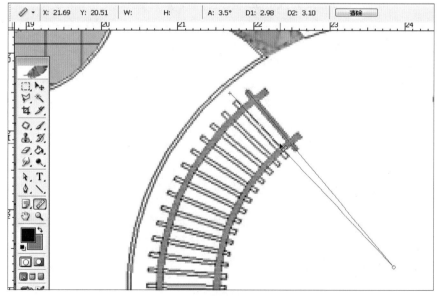

图4-97　测量相邻花架架条的角度

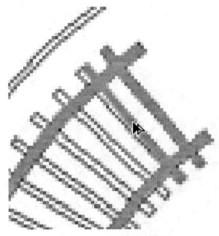

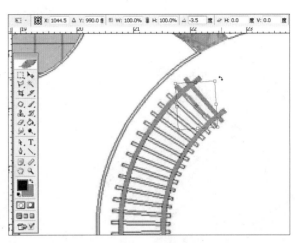

图 4-98　复制花架架条　　　　　　图 4-99　旋转花架架条

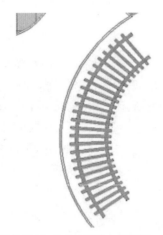

图 4-100　按住 Shift+Ctrl+Alt 键，按 T 键，旋转复制 24 根花架架条

4.合并成一个弧形花架图像　第一步单击图层面板"弧形花架 1"图层，按 Ctrl+] 键，将"弧形花架 1"图层移动到"弧形花架"图层上面。第二步按 Ctrl+E 键，将"弧形花架 1"图层合并到"弧形花架"图层，形成一个"弧形花架"图层，相应形成一个弧形花架图像。

（二）绘制另一组弧形花架

1.复制一个弧形花架图像　按 V 键，然后按住 Alt 键，同时移动鼠标指针，复制弧形花架图像，并在图层面板形成"弧形花架副本"图层，如图 4-101 所示。

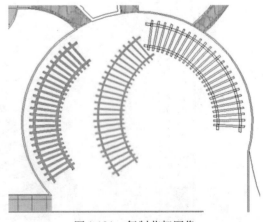

图 4-101　复制花架图像

2.变换弧形花架图像　第一步按 Ctrl+T 键，显示图像变换框。第二步单击右键，在弹出的快捷选单中选择"水平翻转"命令，如图 4-102 所示。第三步将鼠标指针移到变形框外

面，参照原始图像，执行旋转命令，如图4-103所示。第四步将鼠标指针移到变形框内侧，执行移动命令，将花架图像移到原始图像位置，如图4-104所示。第五步按住Ctrl键，扭曲变换图像，使变换后的图像与原始图像样式一致，按回车键，完成绘制，如图4-105所示。第六步按Ctrl+E键，将"弧形花架副本"图层合并到"弧形花架"图层，形成一个图层，相应形成一个弧形花架图像，如图4-106所示。第七步按Ctrl+] 键，将"弧形花架"图层移动到关闭的"弧形花架广场"图层上面，再打开"弧形花架广场"图层，最后删除"图层1"图层，效果如图4-107所示。

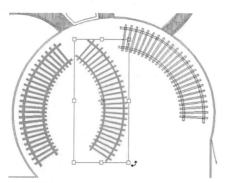

图4-102　水平翻转花架图像

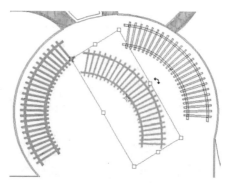

图4-103　旋转花架图像

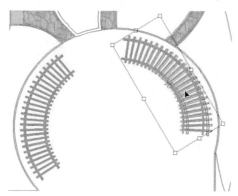

图4-104　移动花架图像

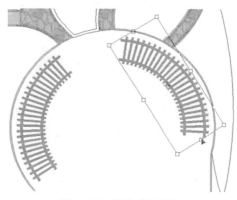

图4-105　扭曲花架图像

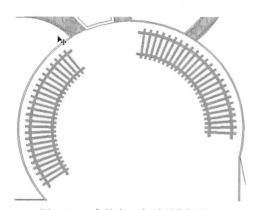

图4-106　合并为一个弧形花架图层

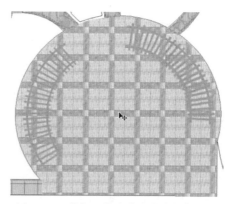

图4-107　花架图像和花岗岩广场效果图

四、任务拓展

（一）绘制任务

绘制如图4-108所示的伞亭平面效果图。

（二）绘制提示

1. 绘制最大的伞亭 第一步将"背景"图层置于当前图层。第二步使用椭圆工具，按Shift+Alt键，单击图像中心，绘制与设计图像同样大小的圆形选区，再按Ctrl+J键，复制选区图像；将新建的"图层1"图层重新命名为"伞亭"图层。第三步选择选单"图层"→"图层样式"→"图案叠加"命令，增添"木质材料"图案的图层样式。第四步使用矩形选框工具创建宽

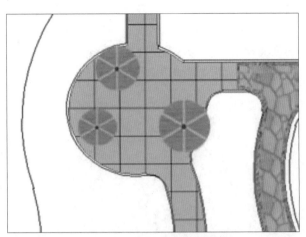

图4-108 一组伞亭平面图像

为2像素，长为圆形直径的矩形选区，再按Ctrl+J键，复制选区图像。此图像由"伞亭"图层生成，其自动带有"木质材料"图案的图层样式，但这并不是设计需要，所以要选择选单"图层"→"图层样式"→"图案叠加"命令，在弹出的"图层样式"对话框中去掉"图案叠加"选项，勾选"颜色叠加"选项，给矩形选区增添"灰白色"的颜色图层样式。第五步按Ctrl+T键，在选项栏"旋转角度"属性中输入"120°"，按回车键后，按住Shift+Ctrl+Alt键，按T键，旋转阵列三个伞亭脊梁。第六步绘制一个红色的圆形宝塔顶图像。第七步将"背景"图层置于当前图层，用矩形选框工具创建一个小于圆形的选区，再按Ctrl+J键，复制选区图像。将图层重新命名为"大伞亭"图层。第八步，再按Ctrl+E键，将"伞亭"图层合并到"大伞亭"图层。此时"大伞亭"图层不再带有图层样式，然后再将上面创建的"伞亭脊梁"图层和"宝塔"图层合并到"大伞亭"图层。

2. 绘制另外两个伞亭 复制并缩放大伞亭图像，使其符合设计的图像大小。

五、课后测评

（一）填空题

（1）在选择选单"编辑"→"自由变换"（快捷键：Ctrl+T）命令时，按住_____键并拖动某一控制点可以进行自由变形调整操作；按住_____键并拖动某一控制点可以进行对称变形调整操作。

（2）用椭圆工具拖出选区时，按_____键和_____键，会形成一个以起点为圆心的圆形选区。

（3）单击路径面板底部的_____按钮，将路径转换为选区。

（4）路径可以是_____的，没有起点或终点（如圆）；也可以是_____的，有明显的端点。

（5）钢笔工具包括钢笔工具、自由钢笔工具。钢笔工具可以绘制_____段和_____段；

使用自由钢笔工具可以根据鼠标的拖动轨迹绘制_____线。

（6）自由变换命令的快捷键是_____。

（7）执行旋转图像处理的命令时，在选项栏设定旋转角度后，按住_____键，按_____键，可以复制图像；如果再设定旋转中心，连续按上述快捷键，还可以选择_____命令。

（二）绘图题

1. 绘制如图4-109所示的带有阴影的建筑平面图像 首先用钢笔工具建立选区，然后分别新建上下两个图层，下面图层用黑色添加颜色叠加的图层样式，不透明度设为60%。最后移动图像到适当位置，得到有阴影效果的建筑平面图像。

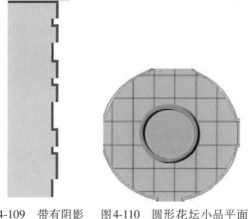

图4-109 带有阴影的建筑平面图像　图4-110 圆形花坛小品平面图像

2. 绘制如图4-110所示的圆形花坛小品平面图像 首先用椭圆选框工具选取外圈大圆，复制图像，再用椭圆选框工具创建内圈小圆的选区，最后按Ctrl+X键剪切选区图像。

任务四　绘制园林植物的平面效果图

一、任务分析

本任务绘制如图4-111所示的荷香苑园林植物种植设计平面效果图。绘制时打开在任务（一）绘制的"荷香苑园林规划设计平面效果图底图"文件，上面有植物种植设计的位置，

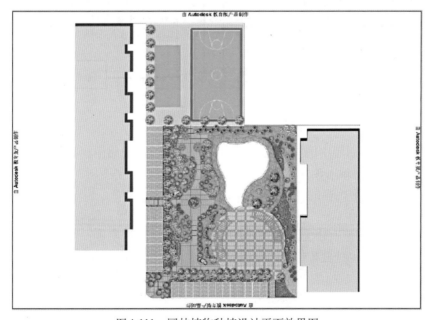

图4-111　园林植物种植设计平面效果图

以其为蓝本，先绘制带有阴影的植物色带、绿篱等图像；再用复制、缩放相关素材图像的方式绘制乔木、灌木图像，并添加投影的图层样式，增加一定的立体效果；然后用图像像章工具绘制草坪图像。通过绘图，掌握图层应用的相关知识，以及运用综合绘图工具绘制园林植物种植设计平面效果图的技能。

二、知识链接

（一）图层的应用

1.图层概念　我们可以把图层想像成是一张张叠起来的透明胶片，每张透明胶片上都有不同的画面。使用图层可以在不影响整个图像中大部分元素的情况下处理其中一个元素。改变图层的顺序和属性可以改变图像的最后效果。通过对图层的操作，使用它的特殊功能可以创建很多复杂的图像效果。

2.图层的基本操作　有以下常用的操作方法。

（1）图层工作面板：选择选单"窗口"→"图层"命令（快捷键：F7）。在图像窗口显示如图4-112所示的图层控制面板。

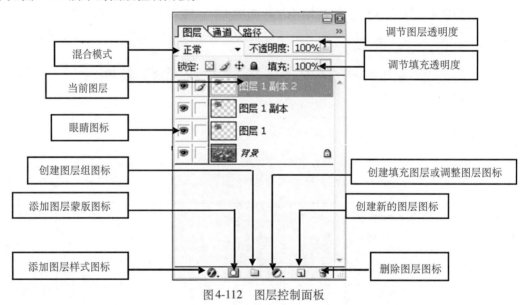

图4-112　图层控制面板

（2）新建图层：建立新图层的方法有以下几种：

①单击图层工作面板中的"创建新图层"图标 。单击此图标将建立一个名称为"图层1"的新图层，继续单击该图标，可以依次创建"图层2"、"图层3"等更多的新图层。这些图层是没有任何图像内容的空白透明图层。

②选择选单"图层"→"新建"→"图层"命令（快捷键：Shift+Ctrl+N）。执行此命令后，在弹出的"新图层"对话框中设定新图层的名称、不透明度、混合模式等内容，即可建立一个新图层。它也是没有任何图像内容的空白透明图层。

③单击图层工作面板右上角的 图标。单击此图标，从打开的面板选单中选择"新图层"命令，在弹出的"新图层"对话框中参照前面的方法建立新图层。它也是没有任何图像内容的空白透明图层。

④选择选单"图层"→"新建"→"通过拷贝的图层"（快捷键：Ctrl+J）命令。执行此命令可得到一个与当前图层内容相同的新图层。此时图像窗口中没有发生什么变化，但在图层面板中已新增了一个新图层。此命令也是最常用的新建图层命令。

⑤在图像窗口利用复制和粘贴命令生成新的图像的同时，在图层面板自动产生一个新的图层。

⑥单击工具箱中的"文字工具"图标 T，就会在图层面板中自动产生一个文字编辑图层。

（3）删除图层：删除不需要的图层有以下方法：

方法1：使用"删除图层"图标。在图层面板中选择要删除的图层，按住鼠标左键直接将该图层拖动到面板下方的"删除图层"图标 ，即可将所选图层删除。

方法2：使用快捷选单。在图层面板中选择要删除的图层，右键单击，在弹出的快捷选单中选择"删除图层"命令，即可将所选图层删除。

方法3：使用面板选单。单击图层面板右上角的 图标，从打开的面板选单中选择"删除图层"命令，在弹出的提示框中单击"是"按钮，就能删除选择的图层。

方法4：选择选单"图层"→"删除"→"图层"命令。执行此命令，在弹出的提示框中单击"是"按钮，就能删除选择的图层。

（4）复制图层：通常情况下复制图层的方法主要有以下三种：

方法1：新建图层图标。在图层面板上选择要复制的图层，按住鼠标左键直接将该图层拖动到面板下方的"新建图层"图标 ，即可复制所选图层。

方法2：使用面板选单。单击图层面板右上角的 图标，从打开的面板选单中选择"复制图层"命令，在弹出的"复制图层"对话框中输入图层名称，单击"好"按钮，就能复制选择的图层。

方法3：选择选单"图层"→"复制图层"命令。执行此命令，弹出"复制图层"对话框，参照前述方法复制图层。

（5）选择图层：选择某个图层就是将该图层置于当前图层，然后才能编辑该图层上的图像。选择的方法一种是直接在图层面板中单击选择；另一种是在图像窗口中选择，其方法如下：

①自动选择图层。在工具箱中单击"移动工具"图标 ，勾选选项栏中的"自动选择图层"复选框，使用移动工具在图像窗口单击某个图形对象，该对象所在的图层即成为当前图层；如果未勾选"自动选择图层"复选框，按住Ctrl键，移动工具同样具备自动选择图层工具功能。

②手动选择图层。选择移动工具，不勾选"自动选择图层"复选框，在图像窗口中单击右键，图像窗口就会弹出一个该位置所有图层的列表选单，如图4-113所示，从中选择相应图层。

（6）调整图层排列次序：各个图层在图层面板中的排列顺序与在图像中的叠放次序完全相同。可以通过调节图层

图4-113　在图像窗口中选择图像

面板中的图层排列顺序来改变图像的显示顺序。调整图层排列顺序的方法主要有以下两种。

方法1：在图层面板中调整图层排列顺序。按Ctrl+〔键，向下调整图层排列次序；按Ctrl+〕键，向上调整图层排列次序。

方法2：利用排列命令调整图层排列次序。选择要移动的图层为当前图层，然后选择选单"图层"→"排列"命令，可以将图层的排列次序调节为"置于顶层"、"前移一层"、"后移一层"、"置为底层"四种方式。

（7）锁定图层内容：利用Photoshop提供的图层锁定功能，可以锁定某一个图层或图层组，使它或它们在编辑图像时不受影响，从而为编辑图像带来方便。

（8）合并图层：将图像中一些不需要修改的图层合并为一个图层，以释放计算机资源。合并图层的命令位于"图层"选单中，其含义如下：

①向下合并。快捷键为Ctrl+E。选择此命令，可将当前图层与其下一图层进行合并。合并时，下一图层必须为可见图层，否则此命令无效。

②合并可见图层。快捷键为Shift+Ctrl+E。执行此命令，可将图像中所有可见图层合并为一个图层。隐藏图层不受影响。

③拼合图层。执行此命令，可以合并图像中的所有图层，如果图像中有隐藏的图层，则合并时会弹出一个信息提示框，单击其中的"好"按钮，则图像中隐藏的图层被删掉，所有可见图层合并为一层；单击"取消"按钮，则取消合并操作。

（9）图层组：利用图层组可以将各个配景分门别类地放到若干个图层组中，使图层面板变得简洁。建立图层组的方法主要有如下两种：

方法1：单击"创建新组"图标 。在图层面板下方的图标组中单击"创建新组"图标 ，或选择选单"图层"→"新建"→"图层组"命令，即可在当前图层的上方创建一个图层组。

使用以上方法创建的图层组不包含任何图层，可以将各个图层依次分类，然后分别拖动到不同的图层组中。

方法2：选择选单"图层"→"新建"→"由链接的图层组成的图层组"命令。将要添加到同一个图层组中的所有图层设置为链接图层，然后选择选单"图层"→"新建"→"由链接的图层组成的图层组"命令，当前所有的链接图层便会自动转移到新建的图层组中。

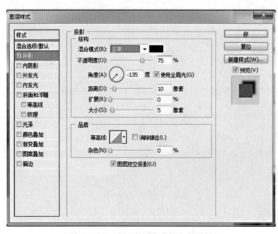

图4-114 "图层样式"对话框

3.图层样式 由投影、内阴影、外发光、内发光、斜面和浮雕、光泽、颜色、图案和渐变叠加、描边等图像处理效果组成的集合统称为图层样式。它可以作用于除背景图层以外的所有图层。利用图层样式可以方便地将平面图形转化为具有材质和光线效果的立体物体。添加图层样式时应选择要添加图层样式的图层为当前图层，再单击图层面板下方图标组中的"图层样式"图标 ，或选择选单"图层"→"图层样式"命令，在弹出的级联选单中选择一种图层样式，则弹出如图4-114所示的

"图层样式"对话框。勾选对话框左侧的图层样式复选框，即可选中该图层样式，同时在对话框右侧设置相应的参数，还可在图像窗口观察到添加该效果的结果。

（二）图章工具

图章工具主要用于图像或图案的复制工作，包括仿制图章工具和图案图章工具。

1. 仿制图章工具　仿制图章工具主要用于复制对象或者抹去对象中的缺陷。

（1）激活仿制图章工具的方法：单击工具箱中的"仿制图章工具"图标 🔧。快捷键为S键。

（2）仿制图章工具的使用方法：

①选取仿制图章工具，在"仿制图章"属性栏上选取合适的"画笔"大小，可以按] 键，放大画笔，按 [键，缩小画笔。然后把鼠标指针放在要被复制的图像的窗口上，按住Alt键，单击进行定点选样，这样复制的图像被保存到剪贴板中，如图4-115所示。

②把鼠标移到准备复制图像的窗口中，选择一个点，然后按住鼠标拖动即可逐渐地出现复制的图像，如图4-116所示。

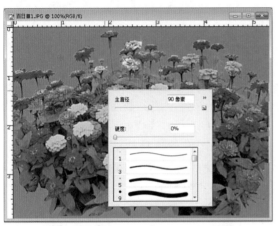

图4-115　利用仿制图章工具定点选样

图4-116　利用仿制图章工具复制图案

2. 图案图章工具　图案图章工具与仿制图章工具在一个工具箱中，主要用于复制图案。复制的图案可以是Photoshop提供的预设图案，也可以是用户自己定义的图案，如图4-117和图4-118所示。

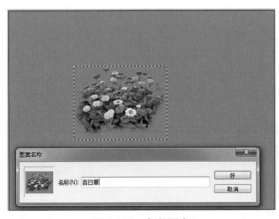

图4-117　定义图案

图4-118　利用图案图章工具复制图像

三、任务实施

（一）绘制荷香苑园林绿地中的绿篱和色带

在"荷香苑园林规划设计平面图底图（未绿化）"PSD格式的图像中，有清晰的绿篱和色带设计图样。在此基础上除了可综合利用项目（三）中绘制园林景观小品中的方法步骤绘制带有阴影的绿篱和色带图像外，还可以按下列步骤绘制常有阴影的绿篱和色带图像。这里主要以绘制金叶女贞色带的图像为例。

1.复制"金叶女贞"素材图像 主要步骤如下：

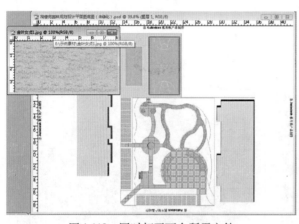

图4-119 同时打开两个所需文件

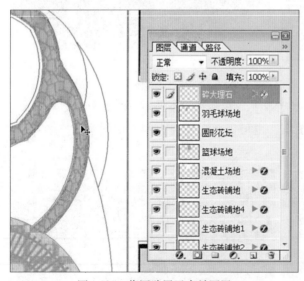

图4-120 将园路置于当前图层

①同时打开"金叶女贞"素材图像和前面已经绘制的"荷香苑园林规划设计平面图"图像，如图4-119所示。

②单击"荷香苑园林规划设计平面图"图像窗口，使其处于当前打开状态。

③调整图层：按V键，激活移动工具，再按住Ctrl键，同时单击图像窗口中"金叶女贞色带"设计图样附近的园路图像，使其置于当前图层，如图4-120所示，这样绘制的"金叶女贞色带"图像就直接位于园路图像的上方，符合植物在园路上方的真实效果，同时避免了图层的混乱和随后的图层调整，提高了绘图效率。

④单击"金叶女贞"素材图像窗口，使其处于当前打开状态。

⑤复制"金叶女贞"素材图像：按V键，激活移动工具，拖移"金叶女贞"素材图像到"荷香苑园林规划设计平面图"图像中的设计位置，如图4-121所示。

⑥调整"金叶女贞"素材图像：第一步按Ctrl+T键，此时"金叶女贞"素材图像四周出现变换方框。第二步单击右键，在弹出的快捷选单中选择"旋转90°（顺时针）"命令，然后按回车键完成图像的调整。第三步移动"金叶女贞"素材图像，使"金叶女贞"素材图像完全遮挡设计图样，如图4-122所示，并得到新的图层"图层1"。

2.绘制"金叶女贞色带"图像 主要步骤如下：

①调整图层透明度：使新生成的"图层1"处于当前图层状态下，按1键，此时"图层

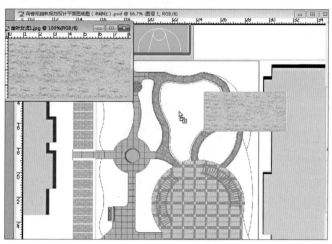

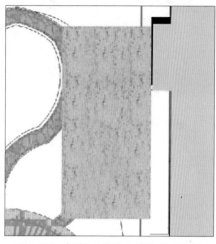

图4-121 复制"金叶女贞"素材图像　　　　　图4-122 调整"金叶女贞"素材图像

1"的不透明度为10%，透过"图层1"的"金叶女贞"图像能够看到其下面的图像。

②把背景图层置于当前图层：按住Ctrl键，再单击右键，在弹出的图层列表中选择"背景"图层，如图4-123所示。

③创建"金叶女贞色带"设计图样选区：按W键，激活魔术棒工具，并在选项栏勾选"连续的"复选项。然后单击"金叶女贞色带"设计图样，创建设计图样的选区，如图4-124所示。

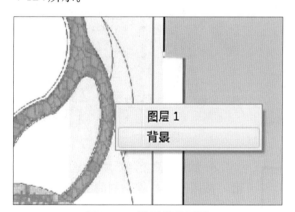

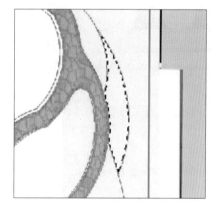

图4-123 选择背景图层　　　　　　图4-124 使用魔棒创建选区

④把"图层1"图层置于当前图层：按住Ctrl键，再单击右键，在弹出的快捷选单中选择"图层1"图层，如图4-125所示。

⑤复制"金叶女贞色带"图像：依次按Ctrl+C键和Ctrl+V键，绘制"金叶女贞色带"图像，如图4-126所示，并把新生成的"图层2"的名称改为"金叶女贞色带"。

3. 绘制有阴影效果的"金叶女贞色带"图像 主要步骤如下：

①复制"金叶女贞色带"图像：按Ctrl+J键，复制一个"金叶女贞色带"图像，并得到一个"金叶女贞色带副本"图层。

②加深"金叶女贞色带"图层的图像颜色：将"金叶女贞色带"图层置于当前图层，并关闭"金叶女贞色带副本"图层；然后按Ctrl+L键，将"色阶"对话框中的"输入色阶"

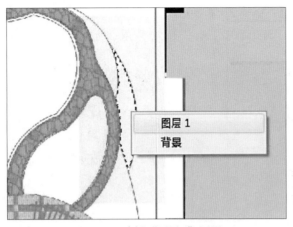

图4-125 选择"图层1"图层

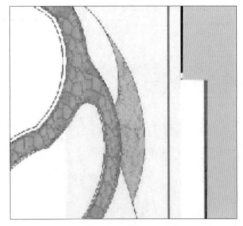

图4-126 复制"金叶女贞"图像

调整为"0 0.25 255";最后单击"好"按钮,如图4-127所示。

③合并图层:打开"金叶女贞色带副本"的图层,按住Ctrl键,将图像向右移动,如图4-128所示;再按Ctrl+E键,合并上述两个图层为一个"金叶女贞色带"图层。

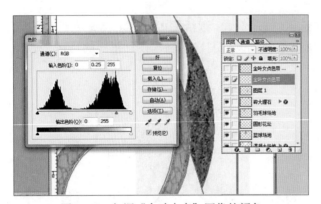

图4-127 加深"金叶女贞"图像的颜色

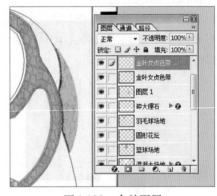

图4-128 合并图层

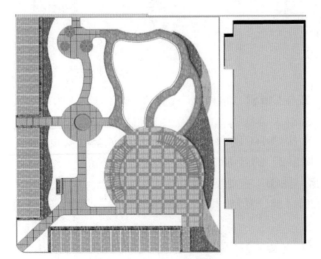

图4-129 荷香苑绿篱、色带平面效果图

4. 绘制黄杨绿篱和红檵木色带 按照上述步骤绘制荷香苑园林绿地中的黄杨绿篱和红檵木色带,其效果如图4-129所示。

5.创建"绿篱和色带"图层组 通过创建图层组降低图层面板的管理难度。

（1）链接图层：单击"黄杨绿篱"、"红檵木色带"、"金叶女贞色带"三个图层名称前的链接选框，形成链接图层，如图4-130所示。

（2）新建图层组：选择选单"图层"→"新建"→"有链接图层形成的图层组"命令，新建图层组，命名为"植物色带"，如图4-131所示。

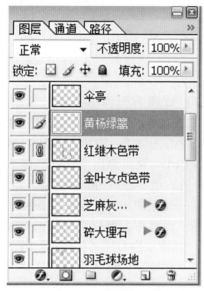

图4-130 链接相关图层

图4-131 链接图层产生图层组

（二）绘制荷香苑园林绿地中的乔木和灌木图像

在任务（一）中绘制的"荷香苑园林规划设计平面图底图"PSD格式的图像中，有荷香苑绿地中乔木和灌木的种植设计图，我们将以此为蓝本，绘制荷香苑园林绿地中的乔木和灌木图像。

1.复制荷香苑绿地中乔木和灌木的种植设计图 主要步骤如下：

（1）复制图像：打开保存的"荷香苑园林规划设计平面图底图"PSD格式的图像文件，按V键，将其拖曳到前期绘制的"荷香苑园林规划设计平面图底图（未绿化）"图像文件中，移动调整至两者完全重叠，并命名新产生的图层为"种植底图"。

（2）调整图层位置：选择选单"图层"→"排列"→"置为顶层"命令，确保"种植底图"图层位于图层面板的最顶层。

2.绘制绿地中种植的植物乔木和灌木图像 以绘制香樟种植图为例。

（1）复制代表香樟的植物平面图例：第一步打开绘制有植物乔木和灌木平面图例的PSD格式素材文件，如图4-132所示。第二步按M键，激活矩形选框工具，框选一个彩色图例代表香樟。第三步按Ctrl+C键，复制框选的图像。第四步单击前期绘制的"荷香苑园林规划设计平面图底图（未绿化）"文件的图像窗口，使其处于当前状态。第五步按Ctrl+V键，粘贴前面框选的香樟图例的图像，如图4-133所示。

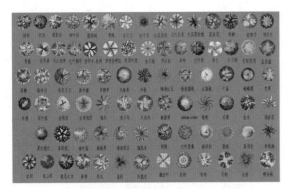

图 4-132　乔、灌木图例素材

图 4-133　复制香樟图像

图 4-134　缩放香樟图像

（2）处理香樟图像：第一步按Ctrl+T键，再按住Shift键，等比例缩放香樟图像，直到和设计底图的图像重合为止，如图4-134所示。第二步按Ctrl+L键，弹出"色阶"对话框，调整输入色阶，增加香樟图像的亮度，如图4-135所示。第三步在图层面板命名"香樟"图层，并单击图层面板下方图标组中的"创建新组"图标 ▢，创建名称为"园林植物"的图层组。第四步将"香樟"图层拖曳到"园林植物"图层组中，如图4-136所示。

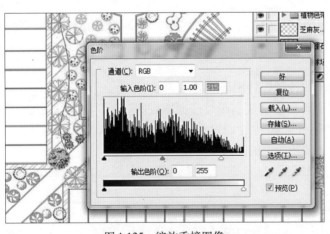

图 4-135　缩放香樟图像

图 4-136　创建"园林植物"图层组

（3）按设计底图的位置复制香樟图像：第一步按M键，激活矩形选框工具，框选香樟图像。第二步按住Ctrl+Alt键，按设计位置复制香樟图像，但它们都在"香樟"图层中，如图4-137所示。依次完成所有香樟图像的绘制。

（4）添加投影的图层样式：单击图层面板下方图标组中的"添加图层样式"图标![图标]，弹出图层样式选项窗口，选择"投影"命令，弹出如图4-138所示的"图层样式"对话框，在其中设置"混合模式"为"正常"，"不透明度"为"60%"，"角度"为"－135°"，"距离"为"5"像素，"扩展"为"0"像素；"大小"为"5"像素。最后单击"好"按钮，效果如图4-139所示。

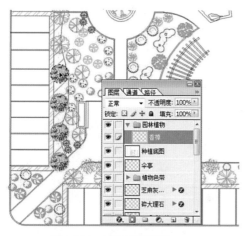

图4-137　复制香樟图像

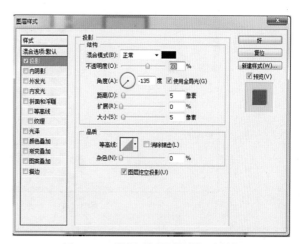

图4-138　投影"图层样式"对话框

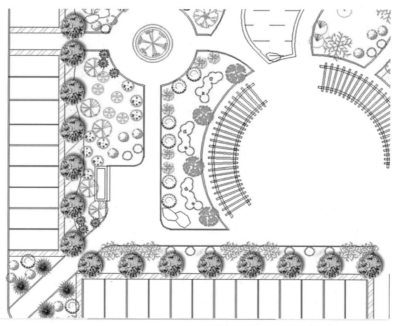

图4-139　投影图层样式效果

3. 按照上述步骤完成其他乔木和灌木的绘制　在绘制时注意灌木图像应在乔木图像下面，相应地，在图层面板，灌木所对应的图层在乔木对应的图层下面。完成图如图4-140所示。

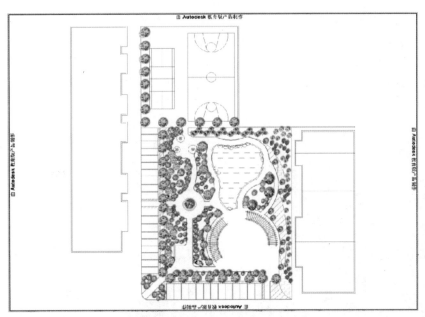

图4-140　乔木、灌木种植完成图

4.删除"种植底图"图层　右键单击图层面板的"种植底图"图层，在弹出的快捷选单中选择"删除图层"命令，删除"种植底图"图层。

（三）绘制草坪图像

除了可利用绘制植物色带、绿篱图像的方法绘制草坪图像以外，还可利用仿制图像像章的工具复制草坪图像。

1.选取草坪的像章样点图像　步骤如下：

①打开一幅草坪图像的素材文件，要求图像清晰、亮丽。

②激活仿制图像像章工具：按S键，激活仿制图像像章工具，在选项栏调整"画笔大小"为"20"，"模式"为"正常"，"不透明度"和"流量"都为"100%"。

③选取草坪像章样点图像：按住Alt键，鼠标指针变为标靶，单击图像选取样点图像，如图4-141所示。

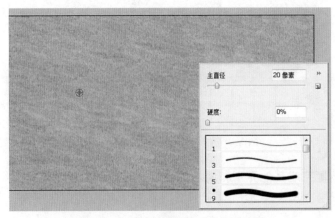

图4-141　利用仿制图章工具定点取样

2. 仿制草坪的图像　由于在实际环境中草坪处于植物群落的最下面，所以绘制的草坪图像图层也处于图层面板的底层。

（1）单击前期绘制的"荷香苑园林规划设计平面图底图（未绿化）"图像窗口，使其处于当前打开状态。

（2）单击图层面板的"背景"图层，使其处于当前图层。

（3）复制背景图像：按Ctrl+J键，复制背景图像，得到"背景副本"图层。

（4）复制选取的草坪图像：关闭"园林植物"图层组，然后在设计的草坪位置拖动鼠标指针，复制选取的草坪图像。绘制时按照由四周向中心的顺序拖动鼠标，保证图像完整性，如图4-142所示。

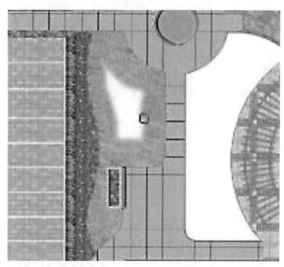

图4-142　复制图案

3. 打开隐藏的"园林植物"图层组　草坪绘制完成后，打开"园林植物"图层组，完成植物种植设计平面效果的绘制，如图4-143所示。

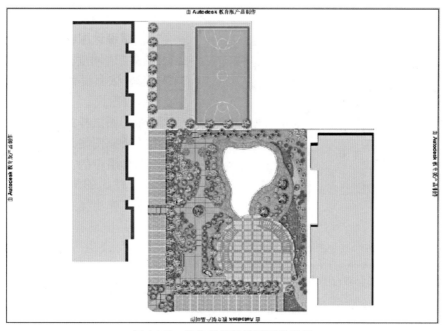

图4-143　植物种植设计平面效果图

四、任务拓展

（一）绘制任务

绘制如图4-144所示的荷香苑水景平面效果图。

（二）绘制提示

1. 复制水景素材图片　打开一幅水景素材图片，拖移到前期绘制的"荷香苑园林规划设计平面图底图（未绿化）"图像窗口，覆盖底图中设计的水景图样，如图4-145所示。

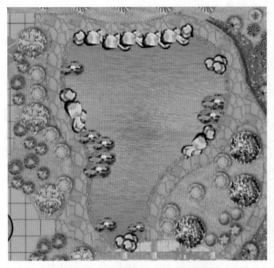

图4-144　荷香苑水景平面效果

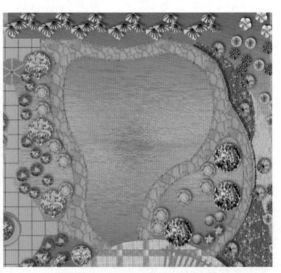

图4-145　拖移复制水景素材图像

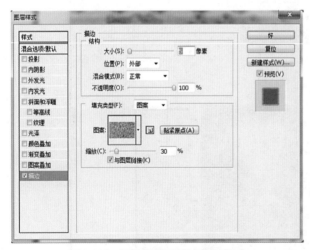

图4-146　添加鹅卵石描边图层样式

2. 依照设计图样复制水景图像　综合利用图层透明度、魔术棒、Ctrl+C和Ctrl+V键，依照设计图样和水景素材图片复制水景图像。

3. 添加图层样式　第一步创建"鹅卵石"的填充图案。第二步单击图层面板下方图标组中的"添加图层样式"图标 ，在弹出的快捷选单中选择"描边"命令，弹出描边的"图层样式"对话框，在其中选择"鹅卵石"填充图案，"大小"设为"5像素"，如图4-146所示。

4. 绘制假山置石图像和荷花图像　依照前述绘制荷香苑园林绿地中的乔木和灌木图像的方法步骤，绘制水景中的假山置石和荷花图像。

五、课后测评

（一）填空题

（1）按住_____键的同时，单击图层左侧的指示图层可视性图标 ，将其他图层都隐藏，只显示单击的图层。

（2）按快捷键_____键，可得到一个与当前图层内容相同的新图层。此时图像窗口中没有发生什么变化，但在图层面板中已新增了一个图层。

（3）按住Ctrl键，单击除了创建路径的工具和抓手工具的任意一个图标外都能实现_____功能。

（4）同时按住_____键和_____键，并使用移动工具，能实现复制图像功能。

（5）按键盘上的数字，能改变图层的_____。

（6）执行_____命令，能将链接的图层创建为图层组。

（7）按快捷键_____，将图层向上移动；按快捷键_____，将图层向下移动。

（8）按快捷键_____，可将当前图层与其下一图层合并。

（9）图层样式可以作用于除_____图层外的所有图层，利用图层样式可以方便地将平面图形转化为具有_____和_____效果的立体物体。

（10）用仿制图章工具在图像上取样时，应按住_____键，单击图像上要取样的部位。

（二）简答题

（1）简述绘制黄杨绿篱平面效果图的方法步骤。

（2）简述绘制香樟平面效果图的方法步骤。

（三）作图题

（1）给任务（二）中绘制的"芝麻灰火烧板"和"弧形花架广场"两个图层增添白色描边的图层样式，形成园路道牙的图像。绘图提示如下：

①给"芝麻灰火烧板"图层和"弧形花架广场"添加"大小"为"2像素"的外部白色描边图层样式。

②单击"芝麻灰火烧板"图层下方的图层，使其处于当前图层。

③单击图层面板下方图标组中的"创建新的图层"图标 ，创建一个新的图层，位于"芝麻灰火烧板"图层的下方。

④单击"芝麻灰火烧板"图层，使其处于当前图层，然后按Ctrl+E键，将"芝麻灰火烧板"图层合并到新生成的图层，重新命名"芝麻灰火烧板"图层。此时不再有图层样式，只有图像。

⑤按M键，激活矩形选框工具，框选"芝麻灰火烧板"图像与"弧形花架广场"和"鹅卵石镶边碎大理石"连接的白色图像，按Ctrl+X键，剪切白色图像，如图4-147所示。

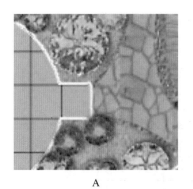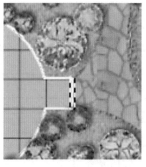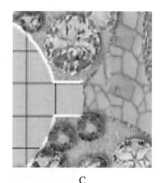

图4-147　剪切白色描边

A.原始图像　B.框选白色图像　C.剪切白色图像

（2）给任务（三）中绘制的花架和伞亭增添投影的图层样式。

（3）绘制绿地周围的道路图像。

最终效果如图4-148所示。

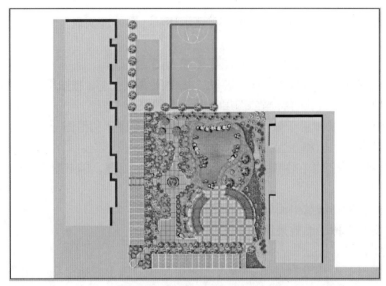

图4-148　荷香苑园林景观完成图

任务五　绘制图例说明文本

一、任务分析

本任务绘制如图4-149所示的"荷香苑园林规划设计平面图"图例说明表。主要运用直线工具绘制表格，运用文字工具书写植物的名称、标题等文字说明，并对周围没有图像的图纸部分进行渐变处理修饰，最终形成一幅"荷香苑园林规划设计平面效果图"。

图例说明

图例	植物名称	图例	植物名称	图例	植物名称
	腊　　梅		海 桐 球		月季色块
	香　　樟		栀 子 球		桂　　花
	枇　　杷		石　　榴		广 玉 兰
	石　　楠		红　　枫		法国冬青
	红　　梅		龙 爪 槐		樱　　花
	红 叶 李		红叶石楠		刚　　竹
	造型女贞		含　　笑		荷　　花

图4-149　植物图例说明表格

二、知识链接

（一）文字工具

在园林效果图制作过程中，利用文字工具可以很方便地为图像加入字体各异、颜色不同的文字。单击工具箱中“文字工具”图标（快捷键：T），即可激活文字工具。它有四种类型，如图4-150所示。

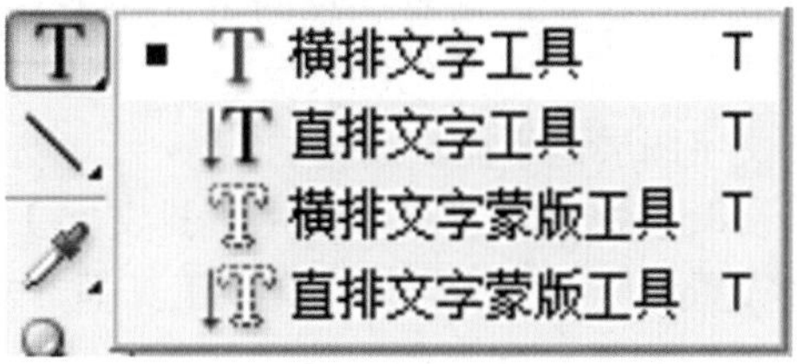

图4-150　文字工具类型

1. 横排文字工具　使用横排文字工具可以在图像中添加横向字符文字或段落文字。激活横排文字工具，工具选项栏如图4-151所示。其中各项功能如下：

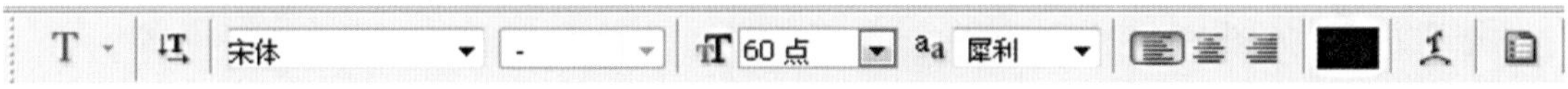

图4-151　“文字工具”选项栏

(1)“改变文字方向”图标：设置文字排列方式在横向排列和竖向排列之间切换。

(2)“消除锯齿”下拉列表：设置消除锯齿的方式，有“无”、“锐利”、“犀利”、“浑厚”和“平滑”5种方式。

(3)“文本对齐方式”图标组：可分别选择以设置不同的文本对齐方式。

(4)“创建变形文本”图标：单击“创建变形文本”图标，弹出如图4-152所示的“变形文字”对话框，可在其中选择所需的变形样式对文字进行变形处理。

(5) 切换“字符”和“段落调板”图标：单击该图标弹出如图4-153所示的字符和段落工具面板，在其中设置字符和段落的字体样式、字体大小、行距、文字缩放大小、字距、颜色等特性。

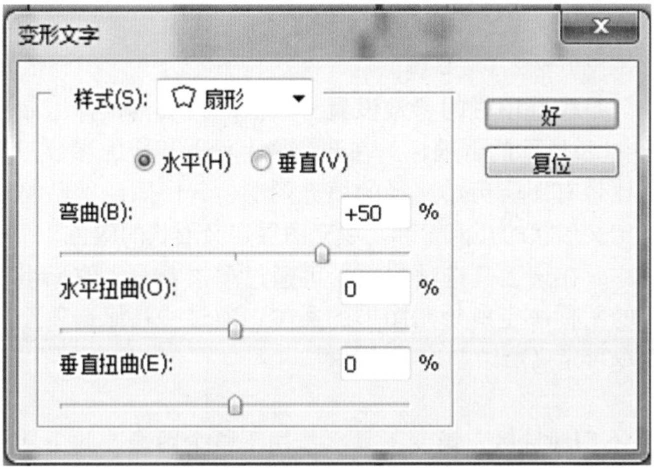

图4-152　“变形文字”对话框

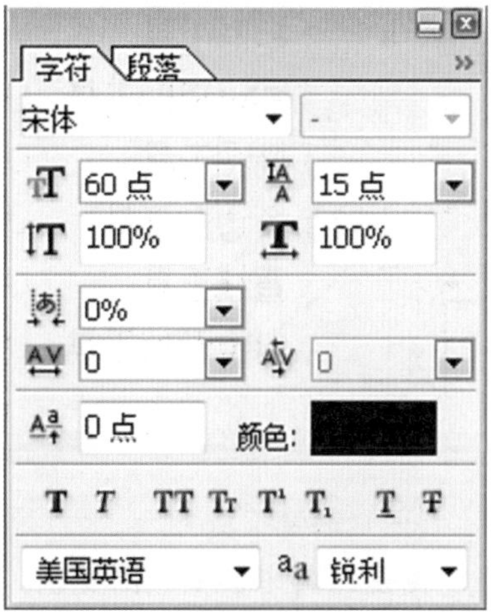

图4-153　字符、段落工具面板

2．编辑输入的文字　如果要更改已输入文字的内容，在选择了文字工具的前提下，将鼠标停留在文字上方，光标将变为 I，单击后即可进入文字编辑状态。编辑文字的方法与使用通常的文字编辑软件（如Word）一样。可以在文字中拖动选择多个字符后单独更改这些字符的相关设定。需要注意的是，如果有多个文字层存在且在画面布局上较为接近，那就有可能单击编辑了其他的文字层。遇到这种情况，可先将其他文字图层关闭（隐藏），被隐藏的文字图层是不能被编辑的。

3．直排文字工具　使用直排文字工具可以在图像中添加竖向字符的文字或段落。其参数设置和使用方法与横排文字工具基本相同。

4．蒙版文字工具　使用蒙版文字工具可以按文字的形状在当前图层建立选区，使用移动工具可以移动此选区；选择除文字图层以外的当前图层，可以对此选区进行填充、描边等操作。

5．沿路径创建文字　在Photoshop中可以沿着任意创建的路径形状输入文字，丰富了文字的排列方式，如图4-154所示。

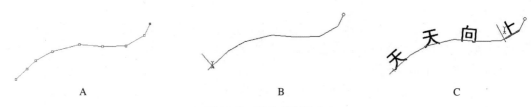

A　　　　　　　　　　　B　　　　　　　　　　　C

图4-154　沿路径创建文字
A.创建路径　B.输入文字标志　C.文字排列效果

（二）形状工具

利用Photoshop提供的形状工具，可以绘制矩形、椭圆、圆角矩形、多边形、直线以及自定义形状等图形，如图4-155所示。

图4-155　形状工具类型

1．激活创建形状工具的方法：

方法1：单击工具箱中的"形状工具"图标 □。
方法2：按U键。

2．选项栏的参数设置　激活形状工具，弹出如图4-156所示的选项栏。在选项栏上设置相应的参数，创建带有图层剪贴路径的填充图层，其中图层剪贴路径定义形状的几何轮廓，填充图层定义形状的颜色。

在该工具选项栏中，可通过单击 图标组中的图标决定所绘制图形的类型；通过"几何选项"命令可定义所绘制形状的特性。

（三）渐变工具

渐变工具用来填充渐变色。如果不创建选区，渐变工具将作用于整个图像。此工具的使用方法是按住鼠标键拖曳，形成一条直线，直线的长度和方向决定了渐变填充的区域和方向。拖曳鼠标的同时按住Shift键可保证鼠标的方向是水平、竖直或45度。

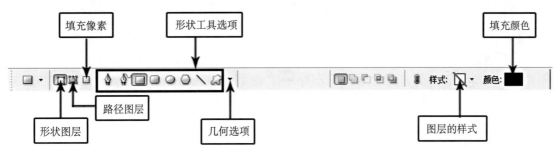

图4-156 "形状工具"选项栏

1．激活渐变工具 主要有以下两种方法：

方法1：单击工具箱中的"渐变工具"图标 ▣。

方法2：按G键。

2．"渐变工具"选项栏

（1）激活渐变工具，显示"渐变工具"选择栏如图4-157所示。

图4-157 "渐变工具"选项栏

（2）单击"编辑渐变"图标 ▬▬▬出现如图4-158所示的"渐变编辑器"，通过"渐变编辑器"可以对现有渐变方案的修改来定义新的渐变方案，也可以通过向渐变添加中间色来创建两种以上颜色的混合效果，还可以定义新的杂色渐变方案。

图4-158 渐变编辑器

（3）线性渐变图标▭：沿着绘制的直线从起点到终点做线形变化；"径向渐变"图标▣：以绘制的直线为半径，以直线的起点为圆心，由内向外作圆形变化；"角度渐变"图标◣：将绘制的直线作为角度的起始边，以直线的起点为中心，沿逆时针方向围绕起点作环绕变化；"对称渐变"图标▭：沿着绘制的直线向两侧作对称线性变化；"菱形渐变"图标◆：将绘制的直线作为半径，以直线的起点为中心。由内向外作菱形变化。

3．渐变工具的用法

（1）激活渐变工具，以默认的"前景到背景"为当前渐变方案，选取"径向渐变"方式对圆形选区进行渐变操作，效果如图4-159所示。

（2）在"渐变编辑器"中选取"色谱"为当前渐变方案，选取"角度渐变"方式对圆形选区进行渐变，渐变起点为圆形圆心，效果如图4-160所示。

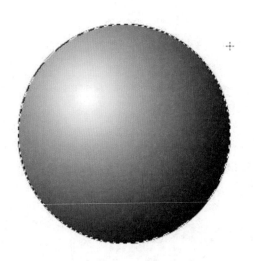

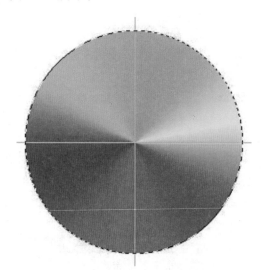

图4-159　对选区进行径向渐变　　　　　图4-160　对选区进行角度渐变

4．与渐变工具位于同一图标组中的"油漆桶工具"图标🪣能够用"前景色"对一个相似色彩区域进行填充。它的功能相当于先用魔棒工具将相似色彩区域的图像选中，再用"前景色"填充。

三、任务实施

（一）绘制图例说明表格

1．绘制一条水平直线　主要步骤如下：

①激活直线工具：按U键，激活形状工具，在选项栏单击"直线工具"图标▱。

②设置参数：设置粗细为"3像素"，样式为"默认样式（无）"，颜色为"黑色"。

③绘制参考线：第一步单击"园林植物"图层组，使其处于当前图层。第二步从标尺线栏拖曳红色的参考线，水平参考线对应2cm位置，两条竖直参考线分别对应25cm和40cm。如图4-161所示。

④绘制直线：按住Shift键，沿着参考线绘制长度为15cm的直线，如图4-162所示。

2. 阵列水平直线　主要步骤如下：

①复制一条水平直线：按Ctrl+J键，复制一条水平直线，形成一个新的图层，如图4-163所示。

②设置阵列参数：按V键，再按Ctrl+T键，在工具选项栏中的"设置参考点的垂直位置"后增加"50像素"，然后按回车键，取消选项框。

③阵列复制：按住Ctrl+Shift+Alt键，连续按T键七次，按照间距"50像素"阵列复制七条水平直线，如图4-164所示。

3. 绘制竖直的直线　主要步骤如下：

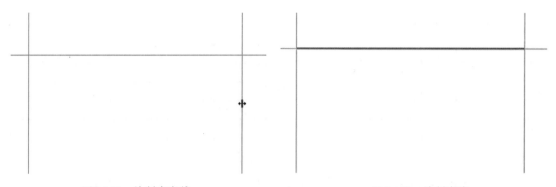

图4-161　绘制参考线　　　　　　　　　　图4-162　绘制直线

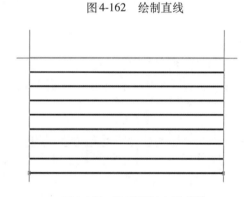

图4-163　复制一条水平直线　　　　　　图4-164　阵列复制水平直线

①绘制参考线：依次拖曳绘制27cm、30cm、32cm、35cm、37cm的五条竖直参考线。

②绘制竖直线：按住Shift键，沿着竖直参考线绘制直线，绘制如图4-165所示的表格。绘制完成后，选择选单"视图"→"清除参考线"命令，清除参考线。

（二）填写表格

1. 书写表头　主要步骤如下：

①激活文字工具：按T键，激活直排文字工具，在选项栏设置字体为"仿宋"，字体大小为"18点"，消除锯齿方式为"锐

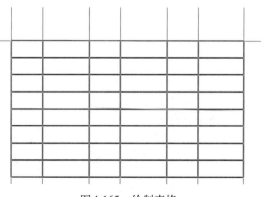

图4-165　绘制表格

利"，颜色为"黑色"。

②输入文字：单击表格，拉出如图4-166所示的写字框，书写"图例"文字。再按住Alt键，使用移动工具，复制两个"图例"文字，放在相应位置。按照上述步骤书写"植物名称"文字。

③书写表格的表头"图例说明"文字，设置同上，效果如图4-167所示。

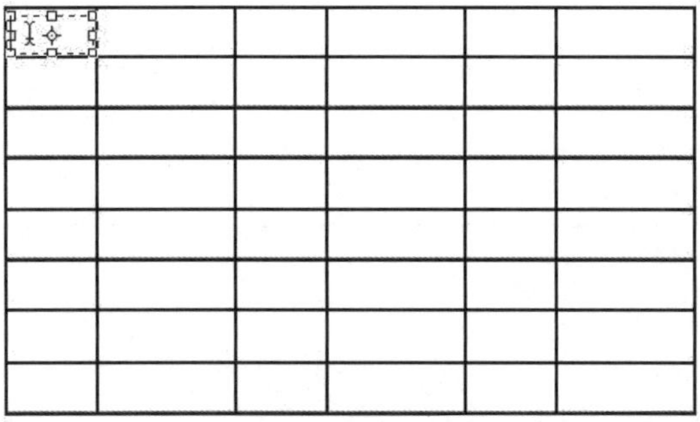

图4-166　写字框

图4-167　书写表头内容

2．复制"植物名称"文字　按照前述绘制"阵列水平直线"的步骤阵列复制"植物名称"文字，如图4-168所示。随后再进行编辑处理，书写植物平面图例对应的植物名称，简化书写步骤。

（三）复制植物平面图例

复制如图4-169所示的植物平面图例：

图4-168　阵列文字

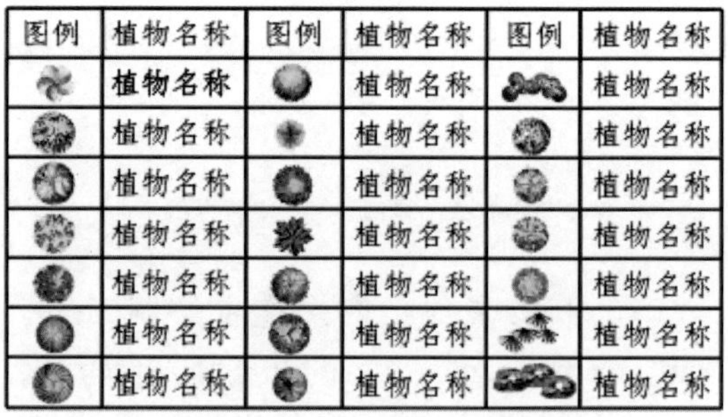

图4-169　复制植物平面图例

①选取植物平面图像。按M键，在绘制的规划设计平面图纸上或植物平面图像素材图上框选设计种植的植物平面图像。

②复制选区图像。按Ctrl+C键和Ctrl+V键，复制选区内的图像。

③移动图像至表格内。按Ctrl键，移动植物平面图例到表格相应的位置。

④缩放大小。按Ctrl+T键，缩放植物平面图例与表格大小相适应。

（四）编辑植物名称

编辑植物名称的操作步骤如下：

①按T键，激活直排文字工具，单击植物图例图像对应的"植物名称"文字，出现写字框，如图4-170所示。

②选取"植物名称"文字，文字变为黑色，如图4-171所示。

③书写相应的植物名称，如图4-172所示。

按照上述步骤编辑表格内相应的植物名称，完成图如图4-173所示。

图4-170　编辑文字写字框

图4-171　选择编辑的文字

图4-172　编辑文字

图例说明

图例	植物名称	图例	植物名称	图例	植物名称
	蜡　梅		海桐球		月季色块
	香　樟		栀子球		桂　花
	枇　杷		石　榴		广玉兰
	石　楠		红　枫		法国冬青
	红　梅		龙爪槐		樱　花
	红叶李		红叶石楠		刚　竹
	造型女贞		含　笑		荷　花

图4-173　图例说明表格

四、任务拓展

（一）绘制任务

绘制如图4-174所示的图纸背景渐变填充图像。

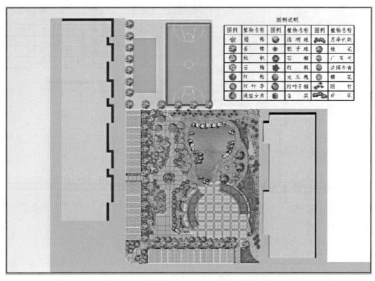

图4-174　图纸背景渐变填充图像

（二）绘图提示

1. 设置淡蓝色的前景色 单击工具箱下面的"设置前景色"图标 ，弹出如图4-175所示的"拾色器"，设置"R=183，G=237，B=247"的前景色。

2. 复制背景图层 将"背景"图层置于当前图层，然后按Ctrl+J键，复制背景图像，形成新的图层，命名为"渐变填充"图层。

3. 渐变填充 第一步按G键，激活渐变填充工具，在选项栏选择"线性渐变"形式。第二步单击选项栏的"编辑渐变"图标，弹出"渐变编辑器"，将"名称"设定为"前景到背景"，具体如图4-176所示。第三步单击"渐变填充"图层的左上角，再单击"渐变填充"图层的右下角，如图4-177所示，添加"前景到背景"的渐变填充效果。

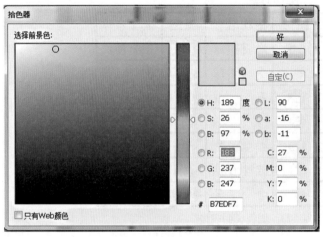

图4-175 拾色器

图4-176 渐变编辑器

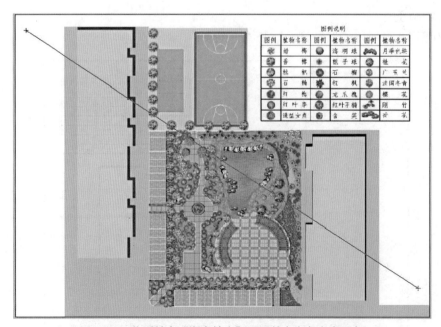

图4-177 分别单击"渐变填充"图层的左上角和右下角

五、课后测评

（一）填空题

（1）选择横排文字工具后，在画面中单击，在出现输入光标后即可输入文字，_____按键可换行。

（2）文字工具共有四个，分别是_____、_____、_____和直排文字蒙版。

（3）在Photoshop中文字的排列方式可通过创建_____实现自由排列。

（4）文本的行距调整，在"文字工具"选项栏的_____面板。

（5）单击"文字工具"选项栏中的_____图标 工 ，在弹出的_____对话框中选择_____样式绘制扇形变形文字。

（6）按_____键激活形状工具，在其选项栏中可根据设计图样选择相应的形状工具，并有_____、_____、_____三种图形类型。

（7）"形状工具"选项栏中的_____选项设定形状的具体特性。

（8）线性渐变方式是沿着绘制的直线从_____到_____做线形变化；_____渐变方式是以绘制的直线为半径，以直线的起点为圆心，由内向外做圆形变化。

（9）对称渐变方式是沿着绘制的直线向两侧作_____变化。

（10）_____渐变方式，将绘制的直线作为角度的起始边，以直线的起点为中心，沿逆时针方向围绕起点做环绕变化。

（二）绘图题

（1）利用直线工具绘制围墙。

（2）为主要建筑、道路、景观做标记。

（3）完善荷香苑园林规划设计平面图中的标题、指北针等图像。

经过细致完善，荷香苑园林规划设计平面效果图如图4-178所示。

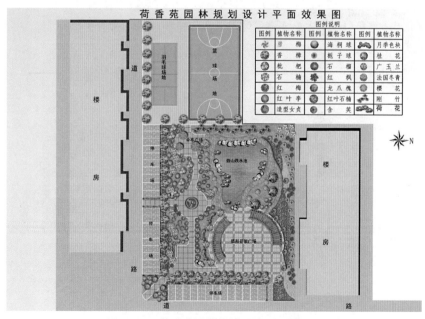

图4-178　荷香苑园林规划设计平面效果图

项目五

绘制园林规划设计三维效果图场景

预 备 知 识

SketchUp软件又称草图大师，但SketchUp并不仅限于用于制作设计草图，它完全具有在空间精确制图的能力。SketchUp新颖独特的绘图方法使得应用者可以非常流利地从二维图形得到三维模型，也可以非常方便地从三维模型得到二维图形；方便方案在平面阶段和空间阶段快速转换；既可以快速利用草图生成参考模型，也能创建出尺寸极为精准的工程模型；并可以方便地由三维立体图形得到平面及剖面图形。这种特性使得SketchUp软件不仅成为建筑设计师、室内设计师、园林设计师的常用工具，也成为工程师的得力助手。

本教材以SketchUp 7.0中文版为例，结合实际园林绿化设计工程项目，详细介绍利用SketchUp软件绘制园林设计三维效果图场景的方法和工作流程等内容。

一、SketchUp 7.0的窗口介绍

SketchUp 7.0在单视图绘图窗口中创建模型。绘图窗口主要由标题栏、选单栏、工具栏、当前视图、状态栏和数值控制栏这几部分组成，如图5-1所示。

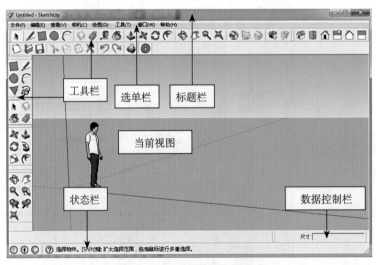

图5-1　SKetchup 7.0绘图窗口

（一）标题栏

绘图窗口的顶部位置是标题栏，其中包括软件图标、所打开的文件名称以及最右边的

窗口控制图标（即："最小化"、"最大化"和"关闭"图标）。运行SketchUp 7.0后，会出现一个空白并带有彩色坐标轴的绘图窗口，未保存此文件时，标题栏的文件默认为Untitled-SketchUp。

（二）选单栏

1. 主选单的内容　选单栏的位置在标题栏下面。选单栏包括了SketchUp软件的所有命令。具体包括"文件"、"编辑"、"查看"、"相机"、"绘图"、"工具"、"窗口"、"Plugins"和"帮助"九个主选单。

在SketchUp 7.0中，默认状态下，选单栏中不会出现"Plugins"主选单，这时需要选择选单"窗口"→"系统属性"→"扩展"命令，在弹出的"扩展"面板中，勾选其中的扩展选项，退出后，"Plugins"就会出现在选单栏中。

2. 下拉选单的特点　单击主选单的某一项，会显示相应的下拉选单。下拉选单有如下特点：

（1）选单项后面有黑色的小三角时，表示该选项还有子选单。

（2）选单项后面对应的英文字母是该选单项的快捷键。

（3）有时选单项为浅灰色，表示在当前条件下，这些命令不能使用。

（三）工具栏

工具栏由纵、横两个工具栏组成，其中包括了SketchUp软件所有的显示、绘图和编辑工具。工具栏不但可以有选择地进行关闭，而且也可以拖动放置到窗口中的任意位置。

（四）当前视图

运行SketchUp后，默认视图为三维视图，在绘图区域有表示三维空间的红色、绿色、蓝色三条坐标轴。SketchUp软件不像3DMAX软件那样分为"顶视图"、"前视图"、"左视图"和"透视图"四个视口来作图，它只会显示一个视图，但是它可以非常方便地在平面图、立面图、剖面图和三维视图之间进行转换，来表达设计构思。

（五）状态栏

状态栏主要用来显示命令提示和SketchUp软件的当前状态信息。这些信息会随着绘制工作而改变，根据这些提示，用户可以更加方便地进行操作。

（六）数值控制栏

数值控制栏显示的是当前绘图操作中的相关数据信息，包括图形的长度、距离、角度、个数等相关参数。用户可以通过直接在数值控制栏中键入相关参数来精确绘制图形。它是SketchUp实现精确制图的一个重要组成部分。

二、绘图环境的设置

（一）单位设置

设置绘图单位的目的主要是为了将当前的系统单位调整为我国建筑业常用的"毫米"。有两种方法可供选择。

方法1：选择选单"窗口"→"模型信息"命令，弹出如图5-2所示的"模型信息"对话框，顺序执行图中所示的操作步骤，即可完成绘图单位的设置。

方法2：选择选单"窗口"→"参数设置"命令，弹出如图5-3所示的"参数设置"对话框，顺序执行图中所示的操作步骤，即可完成对绘图场景和绘图单位的设置。这种对单位的设置方法，可以自动应用到其他场景中。

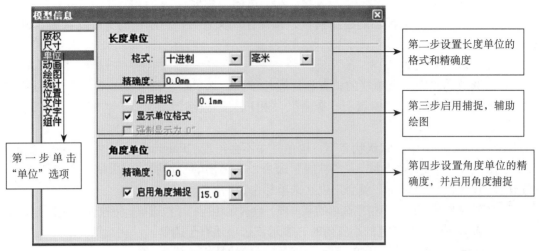

图5-2 "模型信息"对话框

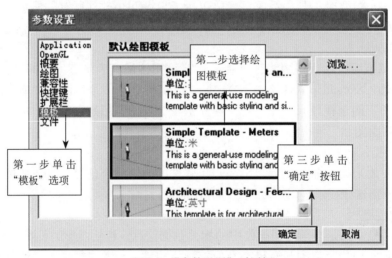

图5-3 "参数设置"对话框

（二）坐标设置

与其他三维设计软件一样，SketchUp也使用坐标系来辅助绘图。启动SketchUp后，会发现屏幕中有一个三色的坐标轴。绿色的坐标轴代表"X轴向"，红色的坐标轴代表"Y轴向"，蓝色的坐标轴代表"Z轴向"，其中实线轴为坐标轴正方向，虚线轴为坐标轴负方向，如图5-4所示。

1.更改坐标轴的原点、轴向 具体操作如下：

（1）定义系统坐标：单击工具栏中的"坐标轴"图标 ✳，发出重新定义系统坐标的命令，绘图窗口的鼠标指针附加一个坐标轴，如图5-5所示。

（2）定位新的原点：移动鼠标指针到需要重新定义的坐标原点，单击，完成原点的定位。

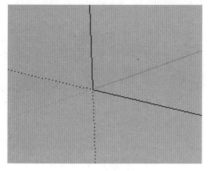
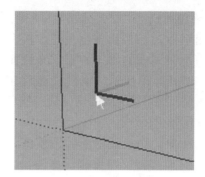

图5-4　坐标轴向　　　　　　　　　图5-5　鼠标指针的变化

（3）定位Y轴：转动鼠标指针到红色Y轴需要的方向位置，单击，完成Y轴的定位。

（4）定位X轴：转动鼠标指针到绿色X轴需要的方向位置，单击，完成X轴的定位。

2.显示辅助定位的十字光标　选择选单"窗口"→"参数设置"命令，在绘图参数栏中勾选"显示十字光标"复选项，即可显示辅助定位的十字光标。

三、物体的显示

SketchUp 7.0提供了一个"风格"工具栏，此工具栏共有六个图标，分别代表了模型常用的六种显示模式，如图5-6所示。这六个图标从左到右依次是"X光模式"、"线框"、"消隐"、"着色"、"材质贴图"和"单色"。SketchUp 7.0默认情况下选用的是"着色"模式。

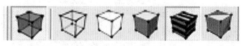

图5-6　"风格"工具栏

（一）X光模式

单击图标 ，切换到X光模式。将所有的面都显示成透明的，这样就可以透过模型表面编辑所有能看到的边线，如图5-7所示。通常在需要透过模型表面编辑物体和需要看到模型内部构造时使用。

图5-7　X光模式

（二）线框模式

单击图标 ，切换到线框模式，模型以一系列的简单线条显示，没有面，如图5-8所示。

（三）消隐模式

单击图标 ，切换到消隐模式，模型的所有面都会有背景色和隐线，如图5-9所示。

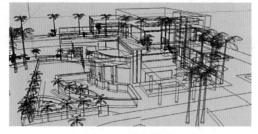
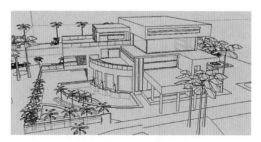

图5-8　线框模式　　　　　　　　　图5-9　消隐模式

（四）着色模式

单击图标 ▨，切换到着色模式，模型将会显示所有应用到面的物体和根据光源而产生的颜色，如图5-10所示。该模式通常在绘图过程中使用，它可使显示的速度快一些。

（五）材质贴图模式

单击图标 ▨，切换到材质贴图模式，模型中所有的材质都被反映出来，如图5-11所示。当然，在大场景中，这种显示模式会降低操作时的反应速度，在绘图过程中不应用此种显示模式。

图5-10　着色模式

（六）单色模式

单击图标 ▨，切换到贴图单色模式，模型中所有的面都按照正法线面颜色和反法线面颜色显示出来，如图5-12所示。

图5-11　材质贴图模式

图5-12　单色模式

四、物体的选择

在SketchUp中，通常的作图模式是先选择物体，再进行后续设计。而在三维软件中，由于多了个Z轴向的高度，物体的选择应更加细致，一旦出现差错，就无法往下进行操作。

（一）一般选择

在SketchUp中，选择物体的一般操作方法如下：

①单击"常用"工具栏中的"选择"图标 ▨，此时绘图区域的光标将变成一个"箭头"。

②单击选择绘图区域的物体，被选中的物体用蓝色加亮显示，如图5-13所示。

图5-13　加亮显示被选择物体

③增加选择。按住Ctrl键不放，在绘图区域的光标右侧增添1个"＋"号，此时再单击其他物体，可将其增加到选择集合中。

④增加或减少选择。按住Shift键不放，在绘图区域的光标右侧增添1个"+/-"号，此时

单击未选中的物体，可将其增加到选择集合中；单击已选中的物体，则可将其从选择集合中减去。

⑤取消选择。按Ctrl+T键，则取消所有的选择。也可以单击绘图区域空白处，取消所有的选择。

⑥全选。按Ctrl+A键，可以选择绘图区域所有显示的物体。

（二）框选与叉选

1.框选　单击"常用"工具栏中的"选择"图标后，用鼠标指针从绘图区域的左侧到右侧拉出一个实线框，只有被这个框完全框进去的物体才被选择。

2.叉选　单击"常用"工具栏中的"选择"图标后，用鼠标指针从绘图区域的右侧到左侧拉出一个虚线框，凡是与这个框有接触的物体都被选择。

（三）扩展选择

在SketchUp中，模型是以"面"为基础建立的三维图形。如果单击模型的一个面，则这个面处于选择状态，会用加亮阴影显示，如图5-14A所示；如果快速双击这个面，则与这个面相关联的边线都会被选择，如图5-14B所示；如果快速三击这个面，则与这个面关联的所有物体都会被选择，如图5-14C所示，从而加快选择物体的速度。

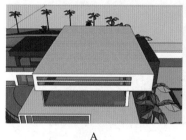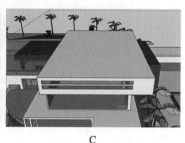

图5-14　物体的关联选择
A.单击选择面　B.双击选择面　C.三击选择面

对于关联物体的选择，还可以在选择一个面后，右键单击所选择的面，在弹出的快捷选单中选择"选择"命令，然后相应地选择"关联边线"、"关联的面"、"所有关联"、"同一层上的物体"、"同一材质上的物体"命令来选择需要的物体与物体集合，如图5-15所示。

图5-15　"选择"的快捷选单

任务一　绘制组合花坛的三维实体模型

一、任务分析

本任务绘制如图5-16所示的组合花坛的三维实体模型。绘图时，首先设置绘图环境，然后使用直线、矩形、选择、删除等工具绘制组合花坛的二维平面图形，再使用偏移复制、推/拉等编辑工具绘制组合花坛的三维实体，并通过材质工具装饰组合花坛的表面，最后设置阴影，完成组合花坛三维模型的绘制任务。

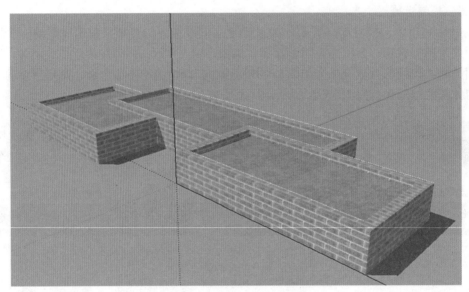

图5-16　组合花坛的实体模型

二、知识链接

（一）直线工具

直线是构成SketchUp模型中几何体的最基本元素。只要指定直线的起点、方向和长度就可以绘制单段直线、多段连接线，而且直线的方向可以朝向任何一个方向，实现在三维空间中绘制图形。

执行直线命令，主要有以下三种方法：

方法1：选择选单"绘图"→"直线"命令。

方法2：单击"绘图"工具栏中的"直线"图标 。

方法3：按L键。

在SketchUp软件中三条或三条以上的共面直线首尾相连便可以构成面，这为下一步创建三维模型奠定基础。创建面后，直线工具就退出绘制状态，但仍处于激活状态，仍可继续绘制线段。此时按空格键就可退出当前绘制直线的状态。

（二）矩形工具

矩形工具是SketchUp中极为常用的工具。只要指定矩形的两个对角点或输入矩形的长度和宽度数值，就可以绘制矩形面。创建面后，矩形工具就退出绘制状态，但仍处于激活状态，仍可继续绘制矩形。此时按空格键就可退出当前绘制矩形的状态。

执行矩形命令，主要有以下三种方法：

方法1：选择选单"绘图"→"矩形"命令。

方法2：单击"绘图"工具栏中的"矩形"图标■。

方法3：按R键。

在绘制矩形过程中，当出现一条以虚线表示的对角线，且屏幕出现"平方"提示时，则说明绘制的是正方形，如图5-17A所示。而出现一条以虚线表示的对角线；且屏幕出现"黄金分割"提示时，绘制的是黄金分割的矩形，如图5-17B所示。

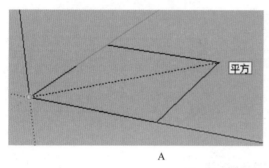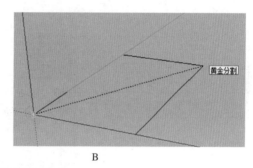

A　　　　　　　　　　　　　　B

图5-17　虚线表示的矩形对角线
A.绘制正方形　B.绘制黄金分割的矩形

（三）偏移复制工具

偏移复制工具是SketchUp软件常用的编辑工具，它可以对表面或一组共面的线进行偏移复制。使用偏移复制可以将表面边线偏移复制到源表面的内侧或外侧，偏移之后会形成新的表面。

执行偏移复制命令，主要有以下三种方法：

方法1：选择选单"工具"→"偏移"命令。

方法2：单击"编辑"工具栏中"偏移复制"图标🌜。

方法3：按F键。

（四）推／拉工具

推/拉工具是SketchUp中最具代表性的一个工具，它可以非常快速地赋予二维图形以高度，形成三维模型，还可用来扭曲和调整模型中的表面，在建模过程在使用频率很高。

执行推/拉命令，主要有以下三种方法：

方法1：选择选单"工具"→"推/拉"命令。

方法2：单击"编辑"工具栏中的"推/拉"图标♨。

方法3：按P键。

需要注意的是，推/拉工具只能作用于共面的表面，不能作用于曲面，也不能在线框显示模式下工作。

（五）材质工具

在SketchUp中使用材质工具能够增加模型的质感，使模型变得更真实美观。

1. 执行材质命令　主要有以下三种方法：

方法1：选择选单"工具"→"材质"命令。

方法2：单击"常用"工具栏中的"材质"图标 。

方法3：按B键。

2. 材质对话框　激活材质工具后，屏幕会弹出如图5-18所示的"材质"对话框，其中各个功能说明如图所示。材质工具使用时首先应在路径下拉列表中选择要使用材质的图案或颜色，然后在材质浏览选择框选取需要的材质。

当单击"编辑"选项卡后，可以进一步调整材质的明亮度、大小比例等特性。并通过选择"使用贴图"命令选取预设的图案。

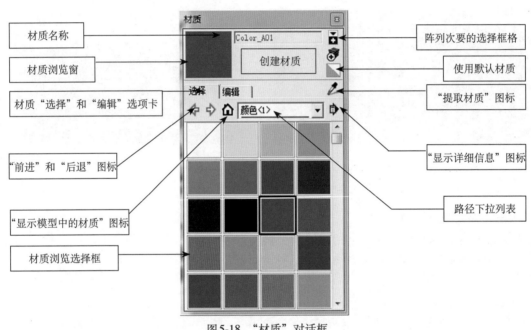

材质名称　材质浏览窗　材质"选择"和"编辑"选项卡　"前进"和"后退"图标　"显示模型中的材质"图标　材质浏览选择框　阵列次要的选择框格　使用默认材质　"提取材质"图标　"显示详细信息"图标　路径下拉列表

图5-18　"材质"对话框

三、任务实施

（一）设置绘图环境

1. 设置绘图场景　在启动SketchUp时，通过选择图形模板，设置绘图场景。

2. 设置绘图单位　选择选单"窗口"→"模型信息"命令，在弹出的"模型信息"对话框中选择"单位"选项卡，然后设置绘图长度单位为"十进制"、"毫米"，精确度为"0.0mm"，角度单位精确度"0.0"，同时勾选"启用捕捉"、"显示单位格式"和"启用角度捕捉"等复选项。

（二）绘制组合花坛的二维平面图形

1. 激活矩形命令　按R键，激活绘制矩形的命令。

2. 绘制3060mm×1560mm的花坛矩形平面　第一步单击坐标原点，确定矩形的第一点。第二步输入"3060,1560"，按回车键确定矩形的另一个端点，如图5-19所示。

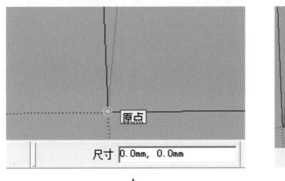
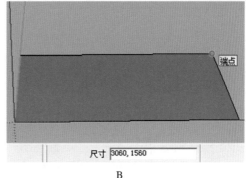

图5-19 绘制3060mm×1560mm的矩形平面
A.单击坐标原点 B.输入矩形的长度和宽度

3.绘制150mm宽的花坛墙体的平面图形 第一步按F键，激活偏移复制命令。第二步单击矩形上任意一点。第三步按下鼠标左键向矩形内侧拉出偏移面，同时输入"150"的偏移距离，按回车键完成任务，如图5-20所示。

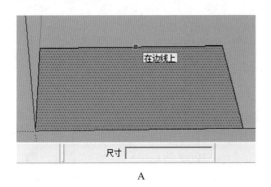
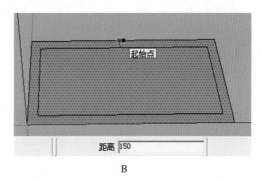

图5-20 偏移绘制花坛的墙体平面图形
A.单击矩形上任意一点 B.向矩形内侧拉出偏移面

4.绘制4560mm×1560mm的花坛矩形平面 第一步按L键，激活直线命令。第二步单击3060mm×1560mm矩形的右上角点，沿着矩形边线向左确定方向，同时输入线段长度值"1500"，按回车键，如图5-21所示。第三步精确捕捉线段左边端点，沿着绿色轴向上确定方向，同时输入长度值"750"，按回车键。第四步沿着红色轴向左确定方向，同时输入长度值"4560"，按回车键。第五步沿着绿色轴向下确定方向，

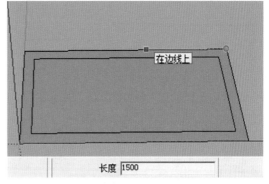

图5-21 沿着矩形边线绘制线段

同时输入长度值"1560"，按回车键。第六步沿着红色轴向右与矩形边线相交，完成任务，如图5-22至图5-25所示。

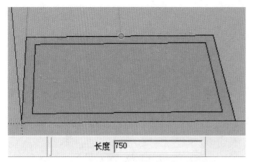

图5-22 沿着绿色轴方向绘制线段

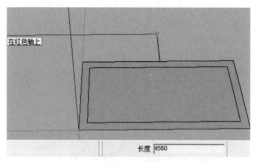

图5-23 沿着红色轴方向绘制线段

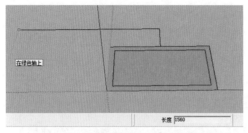

图5-24 沿着绿色轴方向绘制线段

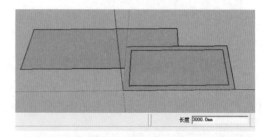

图5-25 沿着红色轴方向与矩形边线相交线段

5.绘制150mm宽的花坛墙体的平面图形 第一步按空格键,激活选择工具。第二步按住Shift键选择上面绘制的四条直线。第三步按F键,激活偏移复制命令。第四步按下鼠标左键向矩形内侧拉出偏移线,同时输入"150"的偏移距离,按回车键完成任务,如图5-26所示。

6.绘制2560mm×2000mm的花坛矩形平面 第一步按L键,激活直线命令。第二步单击4560mm×1560mm矩形的左上角,然后输入相对坐标"〈0,-750,0〉",按回车键。第三步精确捕捉线段下面的端点,输入相对坐标"〈-1000,0,0〉",按回车键。第四步输入相对坐标"〈0,-2000,0〉",按回车键。第五步输入相对坐标"〈2560,0,0〉",按回车键。第六步沿着绿色轴向上与矩形边线相交,完成任务,如图5-27所示。

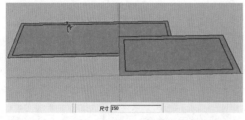

图5-26 偏移绘制150mm宽的花坛的墙体平面图形

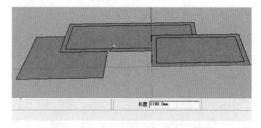

图5-27 输入三维坐标绘制图形

7.绘制150mm宽的花坛墙体平面图形 同上述第五点的步骤偏移绘制150mm宽的花坛墙体平面图形,如图5-28所示。

(三)绘制组合花坛的三维图形

1.绘制高500mm的花坛墙体 第一步按P键,激活推拉工具。第二步单击最左边花坛的墙体平面,接着向上推拉。第三步输入高度值

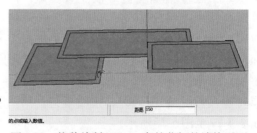

图5-28 偏移绘制150mm宽的花坛的墙体平面图形

"500"，按回车键，如图5-29所示。

2．绘制花坛的三维图形　按照上述步骤推拉其他两个矩形花坛的高度，绘制花坛的三维图形，如图5-30所示。

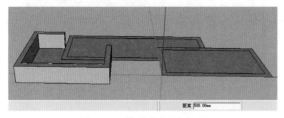

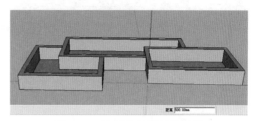

图5-29　推拉花坛的高度　　　　　　　　图5-30　绘制花坛的三维图形

（四）赋予组合花坛外饰材质

1．激活材质工具　按B键，弹出"材质"对话框，激活材质工具，如图5-31所示。

2．选择材质　第一步单击路径下拉列表，选择"砖和外墙板"材质库。第二步单击"砖和外墙板"材质库中的"Brick—Colored—Blue"材质，同时鼠标指针自动切换为材质工具，如图5-32所示。

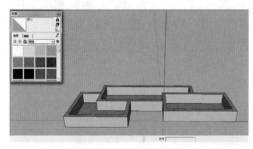

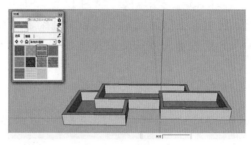

图5-31　激活材质工具　　　　　　　　　图5-32　选择材质

3．赋予材质　第一步用材质工具单击将选择的"Brick—Colored—Blue"材质填充到花坛的立面和顶面。第二步单击"材质"对话框的"编辑"选项卡，调整材质的亮度、高度或宽度，完成材质赋予，如图5-33和图5-34所示。

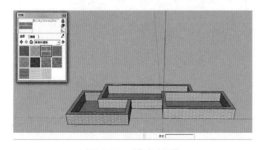

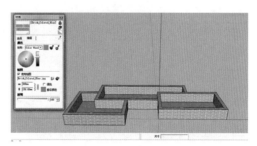

图5-33　填充材质　　　　　　　　图5-34　调整材质的亮度、高度或密度

（五）绘制花坛内的草坪

1．绘制花坛土壤　第一步按P键，激活推拉工具，接着单击花坛地面向上推拉。第二步在"数据控制"栏中输入"400"，按回车键。推拉花坛地面高度为400mm，如图5-35所示。

2．赋予花坛土壤草坪材质　按照赋予组合花坛外饰材质的步骤，赋予花坛土壤草坪材质，如图5-36所示。注意最后关闭"材质"对话框。

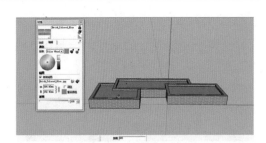
图 5-35　绘制花坛土壤

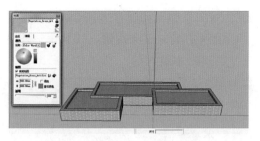
图 5-36　赋予花坛土壤草坪材质

（六）视图设置

选择选单"相机"→"标准视图"→"等角透视"命令。

（七）边线与阴影设置

1.隐藏图形的边线　选择选单"查看"→"边线类型"命令，不勾选"显示边线"选项，隐去组合花坛的所有边线，增加模型的真实感。

2.设置阴影　第一步选择选单"窗口"→"阴影"命令，弹出"阴影设置"对话框。第二步勾选"显示阴影"选项卡。第三步在"显示阴影"选项卡中设置日期为"8/15"，时间为"13：45"，表示阴影为 8 月 15 日 13 时 45 分的光照阴影。设置数据时可以拖动滑块进行调整，也可以在后面的输入框里面直接输入日期和时间。第四步设置光线为"80"，明暗为"50"，分别控制光线的明暗程度和阴影的明暗程度。第五步在"显示"选项卡中勾选"表面"和"地面"选项，表示物体表面和地面是否接受阴影。

绘制完成的组合花坛模型图如图 5-37 所示。

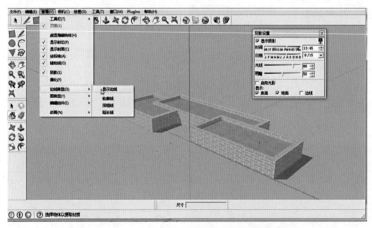
图 5-37　绘制完成的组合花坛模型图

四、任务拓展

（一）绘制任务

绘制如图 5-38 所示的花坛坐凳图。

（二）操作提示

1.绘制花坛坐凳的平面图形　用矩形工具绘制 4000 mm×2000 mm 的矩形，结合捕捉中点，用直线工具绘制 1500 mm、2800 mm、2500 mm 等花坛边线和 1150 mm、900 mm、300 mm 等坐凳边线。

2．绘制花坛的砖砌体平面　用偏移复制工具偏移150 mm，绘制花坛的砖砌体平面。

3．绘制花坛和坐凳的高度　用推拉工具绘制花坛和坐凳的高度。

4．赋予花坛和坐凳材质　用"材质"工具分别赋予花坛和坐凳材质。

5．设置视图　选择选单"相机"→"标准视图"→"等角透视"命令设置视图方位。

6．隐藏边线　选择选单"查看"→"边线类型"命令，不勾选"显示边线"选项，隐去模型的所有边线，增加模型的真实感。

7．设置阴影　第一步选择选单"窗口"→"阴影"命令，弹出"阴影设置"对话框。第二步选择"显示阴影"选项卡。第三步在"显示阴影"选项卡中设置日期为"8/15"，时间为"13：45"，表示阴影为8月15日13时45分的光照阴影。

需要特别注意的是，坐凳的表面和基座是两个独立的几何体，应先向上推拉高度300 mm的坐凳基座，然后向上复制移动坐凳基座表面，距离为50 mm，然后再向下推拉坐凳表面。

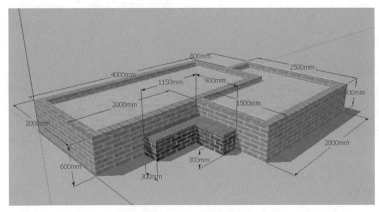

图5-38　花坛坐凳图

说明：花坛结构为砖砌150mm厚600mm高，坐凳表面为木质材料，厚度为50mm。

五、课后测评

（一）填空题

（1）直线工具的快捷键是＿＿＿＿。

（2）矩形工具的快捷键是＿＿＿＿。

（3）推拉工具的快捷键是＿＿＿＿。

（4）偏移复制工具的快捷键是＿＿＿＿。

（5）选择工具的快捷键是＿＿＿＿。

（二）选择题

（1）在绘制矩形过程中，当出现一条以虚线表示的对角线，且屏幕出现"平方"提示时，则说明绘制的是＿＿＿＿。

　　①正方形 ②长方形③菱形④梯形

（2）推/拉工具只能作用于＿＿＿＿。

　　①线框显示模式 ②曲面 ③共面的表面 ④任意面

（3）偏移复制工具必须作用于＿＿＿＿。

　　①单一面②多个表面③一条线④两个或多个在同一表面相连的边线

任务二 绘制园林花架的三维实体模型

一、任务分析

绘制如图5-39所示的园林花架三维实体模型。该图形是一个L型花架，绘图时用矩形、直线、推拉、创建群组、移动阵列等工具绘制花架模型，最后进行材质渲染。通过绘制该图，进一步巩固任务一学到的知识，同时学习使用移动工具、移动与复制和阵列的结合、创建群组、绘制辅助线、交错等新的知识。

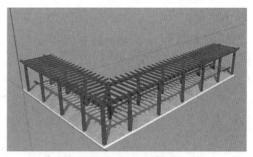

图5-39 "L"型花架图

二、知识链接

（一）移动工具

移动功能不仅完成物体在任意方向上由一点到另一点的位置移动，同时兼具了复制、阵列、拉伸等功能。使用好移动工具可以很大程度上提高建模的工作效率。

1. 激活移动的工具 主要有以下三种方法：

方法1：选择选单"工具"→"移动"命令。

方法2：单击"编辑"工具栏中的"移动"图标 。

方法3：按M键。

2. 移动工具的使用方法 首先按空格键，框选要移动的对象；然后激活移动工具，这时鼠标指针变成十字光标；接着单击选择一点作为起点；再移动鼠标，捕捉另一点作为终点完成移动。此时最好利用捕捉参考点进行精确移动。

3. 复制与阵列的使用方法 以阵列绘制六个路灯为例。

（1）选择要复制的对象：按空格键，框选要复制的对象。

（2）激活移动工具：按M键后按Ctrl键，这时鼠标指针变为 。

（3）复制与阵列：首先单击选择一点作为起点，并指明移动的方向；然后在"数值控制"框中输入要移动的距离或精确捕捉参考点，复制完成一个对象；接着在"数值控制"框中输入"5*"，即可又复制四个对象，加上刚才复制的一个对象，共复制了五个对象；如果输入"/5"，表示在前两个对象之间平均等分五等份，即在两个对象之间又复制四个对象，加上刚才复制的一个对象，共复制了五个对象，如图5-40和图5-41所示。

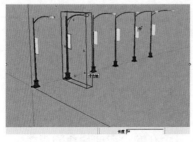

图5-40 输入"5 *"复制的图像

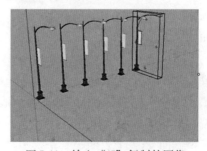

图5-41 输入"/5"复制的图像

4.拉伸功能　使用移动工具来移动物体上的元素，比如顶点、边线、面等，可以改变物体的形态，如图5-42至图5-44所示。另外在拉伸变形过程中，如果出现破面的情况，SketchUp会自动产生折线，完成变形。

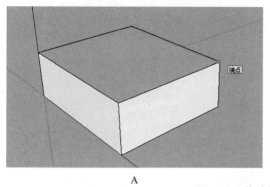 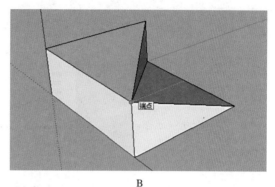

A　　　　　　　　　　　　　　　　B

图5-42　移动物体端点拉伸物体
A.端点移动前　B.端点移动后

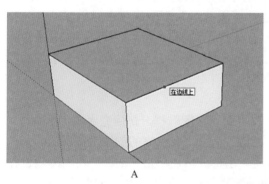 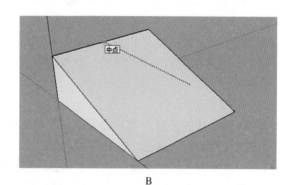

A　　　　　　　　　　　　　　　　B

图5-43　移动物体边线拉伸物体
A.边线移动前　B.边线移动后

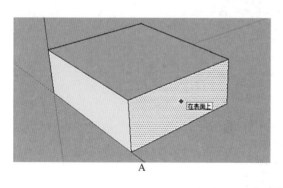 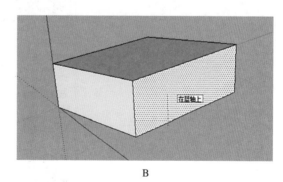

A　　　　　　　　　　　　　　　　B

图5-44　移动物体表面拉伸物体
A.表面移动前　B.表面移动后

（二）创建群组

1.群组的优点　在SketchUp7中群组可以将部分模型包裹起来，从而不受外界（其他部分）干扰，同样也便于对其进行单独的操作。使用群组用来组织模型还可以节省计算机资源，大大提高建模速度与准确性。

2.创建群组 首先选择要进行群组的物体，接着右键单击模型任意地方，在弹出的快捷选单中选择"创建群组"命令。创建后群组外会出现亮显的蓝色边框，如图5-45所示。

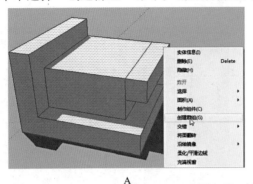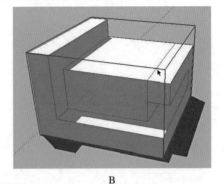

A   B

图5-45 创建群组
A.选择物体 B.群组模型

3.编辑群组 群组创建可随时根据模型的具体特征进行编辑修改。首先右键单击群组模型的任意地方，然后在弹出的快捷选单中选择"编辑群组"命令或双击群组都可进入群组编辑状态，此时组外出现黑色的虚线边框。在进入群组编辑状态后就不能对群组外的物体和其他群组进行操作或编辑。群组编辑完成后，按Esc键退出群组，或者单击群组外的区域退出。

（三）辅助线

1.辅助线的设置 通过设置一定风格的辅助线可简化绘图过程，快捷完成图形绘制。

（1）辅助线的颜色：选择选单"窗口"→"风格"命令，在弹出的如图5-46所示的"风格"对话框中选择"编辑"选项卡中的"模型设置"图标。然后单击"辅助"后面的颜色样本，在弹出的"调色"对话框中进行颜色调制，建议辅助线颜色使用软件默认的深灰色。

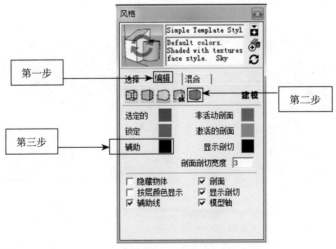

图5-46 "风格"对话框

（2）辅助线的隐藏与显示：选择选单"查看"→"辅助线"命令，就可以在模型中隐藏或显示所有的辅助线。

（3）辅助线的实体信息：右键单击辅助线，在弹出的快捷选单中选择"实体信息"命令，在弹出的"实体信息"对话框中可查看和修改辅助线的图层信息。

2.辅助线的种类　辅助线共有两大类，一种是以边线为参考物创建出的辅助线，平行于该边线；另一种是以端点为参考物创建出的辅助线，终点是一个参考点。

3.激活辅助线的方法　主要有以下三种方法：

方法1：选择选单"工具"→"辅助测量线"命令。

方法2：单击"构造"工具栏中的"测量"图标 🔍 。

方法3：按T键。

4.辅助线的绘制　辅助线常在物体上创建窗户、门、梁等构件时使用，可以辅助快速精确绘制模型。但辅助线本身在模型中并不实际存在。辅助线的绘制步骤如下：

①激活辅助线工具。按T键激活辅助线工具。

②首先单击物体边线，鼠标指针上将附带一条与边线平行的辅助线；接着确定绘制的方向；然后在"数值控制"框输入数据,将辅助线精确在离边线确定的位置。按照上述步骤依次对边线或辅助线进行操作，就可以绘制出需要的模型轮廓。辅助线的绘制如图5-47所示。

另外，按Ctrl键可在测量工具与辅助线工具之间切换。

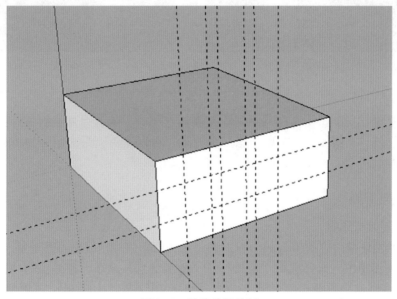

图5-47　辅助线的绘制

（四）交错

交错就像是一把雕刻刀，类似3DMAX里的布尔运算，它能使体块间相交的面产生交线，从而生成新的面。

1.模型交错　选择相交的模型，单击右键，在弹出的快捷选单中选择"交错"→"模型交错"命令，或选择选单"编辑"→"交错"→"模型交错"命令，面与面的相交处会创建出交线，从而生成新的面，删除不需要的面，如图5-48所示。

2.选择交错　选择相交的面，在弹出的快捷选单中选择"交错"→"所选对象交错"命令，或选择选单"编辑"→"交错"→"所选对象交错"命令。选择选单命令后只会在选择的相交面之间产生交线，没有选择的面与面之间不会产生交线，如图5-49所示。

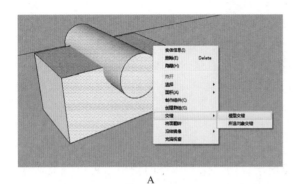
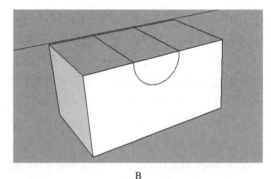

A

B

图 5-48　模型交错

A.选择相交的模型　B.模型交错产生的交线

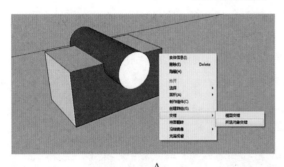
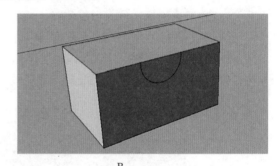

A

B

图 5-49　选择交错

A.所选对象交错　B.所选对象交错产生的交线

3.关联交错　主要用于群组和组件内部物体交错时。若有组外的物体穿插干扰，选择选单"编辑"→"交错"→"关联交错"命令后，可以避免交错时组外物体也同时进行交错的错误操作。

三、任务实施

（一）设置绘图环境

1.设置绘图场景　启动SketchUp时，通过选择图形模板，设置绘图场景。

2.设置绘图单位　选择选单"窗口"→"模型信息"命令，在弹出的"模型信息"对话框中选择"单位"选项卡，然后设置绘图长度单位为"十进制"、"毫米"，精确度为"0.0mm"，角度单位精确度"0.0"，同时勾选"启用捕捉"、"显示单位格式"和"启用角度捕捉"复选项。

（二）绘制花架的基础平台

1.激活直线命令　按L键，激活直线命令。

2.绘制L形花架的基础平面　第一步单击坐标原点为起点。第二步鼠标指针指向红色轴正方向，在"数值控制"栏输入"12300"，按回车键确认。第三步鼠标指针指向绿色轴正方向，在"数值控制"栏输入"17600"，按回车键确认。第四步鼠标指针指向红色轴负方向，在"数值控制栏"输入"2600"，按回车键确认。第五步鼠标指针指向绿色轴负方向，在"数值控制"栏输入"15000"，按回车键确认。第六步鼠标指针指向红色轴负方向，在"数值控制"栏输入"9700"，按回车键确认。最后捕捉起点闭合，绘制L形平面。

3. 绘制L形花架的基础平台　第一步按P键，激活推拉命令。第二步选择矩形面，向上推拉，并在"数值控制"栏输入"150"，按回车键确认，形成花架的基础平台。

（三）绘制花架柱

1. 绘制花架柱的中轴线　第一步按F键，激活偏移复制命令。第二步单击上面的矩形面，向内拉出偏移面，并在"数值控制"栏输入偏移距离"200"，按回车键完成操作。

2. 绘制花架柱的辅助矩形平面　第一步按T键，激活辅助线命令。第二步单击中轴线，沿红色轴方向移动，并在"数值控制"栏输入"700"，按回车键确认。第三步单击辅助线，分别沿左右方向移动，并在"数值控制"栏输入"100"，按回车键确认。第四步单击中轴线，分别沿前后方向移动，并在"数值控制"栏输入"100"，按回车键确认。

3. 绘制花架柱的基础平面　绘制花架柱基础平面如图5-50所示。第一步按R键，激活矩形命令。第二步描绘辅助矩形平面。

4. 绘制花架柱　第一步按B键，激活材质工具，赋予花架柱木纹材质。第二步按P键，激活推拉工具。第三步单击花架柱基础平面，向上推拉，并在"数值控制"栏输入"2500"，按回车键，绘制花架柱的高度。第四步按空格键，选择花架柱，单击右键，在弹出的快捷选单中选择"创建群组"命令，创建一个花架柱的组群，如图5-51所示。

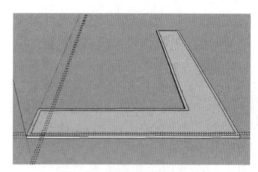

图5-50　绘制花架柱基础平面

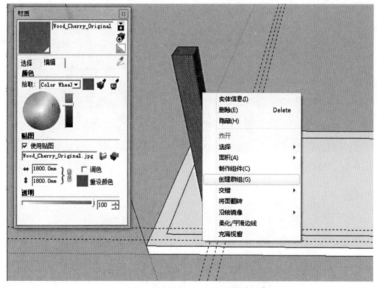

图5-51　创建一个花架柱的组群

5. 复制阵列花架柱　第一步按空格键，选择花架柱。第二步按M键，激活移动工具，然后按Ctrl键。第三步单击花架柱基础的中点，沿着红色轴方向移动，然后在"数值控制"栏输入"3000"，按回车键，复制一根花架柱。第四步输入"3*"，按回车键，复制阵列三根花架柱。第五步选择第四根花架柱，重复第一步至第三步，输入"2200"，复制第五根花架柱。第六步按空格键,同时选择上述五个花架,单击右键,在弹出的快捷选单中选择"创建群组"命令,创建一组独立的花架柱组群,如图5-52所示。第七步选择创建的花架组群,重复第一步至第三步,沿着绿色轴方向,输入"2200",按回车键确认,绘制另一列花架柱,绘制完成的花架柱模型如图5-53所示。

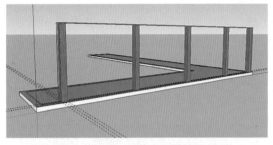
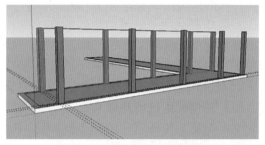

图5-52　创建一组独立的花架柱组群　　　　图5-53　绘制完成的花架柱模型

6.绘制另一侧的花架柱　第一步按空格键,选择左侧的花架柱群组,然后单击右键,在弹出的快捷选单中选择"炸开"命令,分离群组,如图5-54所示。第二步按空格键,选择距离为2200mm的两根花架柱,单击右键,在弹出的快捷选单中选择"创建群组"命令,创建两个一组的花架柱群组,如图5-55所示。第三步按M键,再按Ctrl键,然后单击刚创建为群组的花架柱的中点,沿着绿色轴正方向移动,接着在"数值控制"栏输入"3000",复制一个花架群组。第四步输入"5*",按回车键,阵列五个花架群组,如图5-56所示。

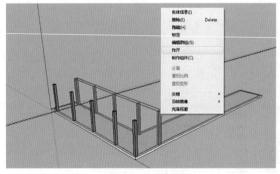
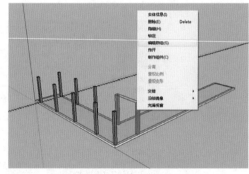

图5-54　分离群组　　　　　　　　　　图5-55　创建花架柱群组

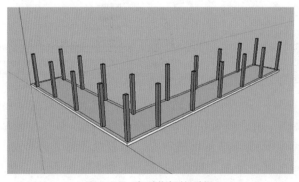

图5-56　阵列花架柱群组

（四）绘制花架横梁

1. 绘制横梁的中轴线　第一步按T键。第二步单击前面绘制的花架中轴线，向上移动，并在"数值控制"栏输入"2500"，按回车键确认，在花架柱顶端得到花架中轴线的辅助线。第三步单击顶端的辅助线分别向左右移动，并在"数值控制"栏输入"75"，按回车键确认，绘制L形花架横梁的辅助边线。

2. 绘制花架横梁　第一步按L键，激活直线工具，描绘花架横梁的边线，得到横梁的平面图形。第二步按T键，连接左右两条横梁转角的顶点，绘制花架转角横梁的中轴线，接着单击此中轴线，分别向左右移动，并在"数值控制"栏输入"75"，按回车键确认。第三步按L键，激活直线工具，描绘花架转角横梁的边线，得到花架转角横梁的平面图形。第四步按B键，激活材质工具，赋予花架横梁木纹材质。第五步按P键，激活推拉工具，单击横梁平面，向上推拉，并在"数值控制"栏输入"250"，按回车键，绘制横梁。完成图如图5-57所示。

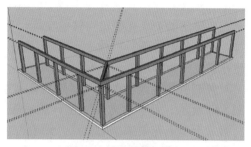

图5-57　绘制花架横梁

3. 修改花架横梁　第一步按L键，激活直线工具。第二步单击横梁的端点，鼠标指针沿着红色轴负方向移动，并在"数值控制"栏输入"800"，按回车键确认。第三步鼠标指针沿着蓝色轴负方向移动，并在"数值控制"栏输入"150"，按回车键确认，最后连接横梁与柱的交接处，绘制一个梯形平面。第四步按B键，赋予梯形平面木纹材质。第五步按P键，沿着绿色轴正方向推拉，在"数值控制"栏输入"150"，按回车键确认，完善横梁顶端的形

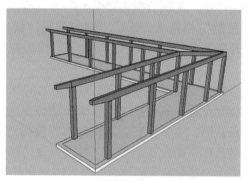

图5-58　花架横梁修改完成图

状。第六步按空格键，单击所有的花架柱和花架横梁，单击右键，在弹出的快捷选单中选择"创建群组"命令，将花架柱和花架横梁创建为一个独立的群组，如图5-58所示。

（五）绘制花架的架条

1. 利用辅助线绘制一根花架架条　如图5-59所示。第一步按T键，激活辅助线工具。第二步单击花架横梁顶端的边线中点，沿着红色轴正方向移动，在"数值控制"栏输入"900"，按回车键确认，绘制花架架条的中轴辅助线。第三步单击中轴辅助线，分别向左右移动，在"数值控制"栏输入"40"，按回车键确认，绘制花架架条两侧边线的辅助线。第四步单击花架横梁两侧的边线，分别沿绿色轴向花架外侧移动，在"数值控制"栏输入"350"，按回车键确认，绘制花架架条另外两侧边线的辅助线。第五步按R键，激活矩形工具，参照辅助线描绘3200mm×80mm的矩形，绘制花架架条的平面。第六步按B键，激活材质工具，赋予花架架条木纹材质。第七步按

图5-59　绘制花架架条

P键，向上推拉，在"数值控制"栏输入"150"，按回车键确认，绘制一个长方体花架架条。

2.修改花架架条 修改并创建一根花架架条群组如图5-60所示。第一步按T键，激活辅助线工具。第二步单击花架架条上部边线，沿着蓝色轴负方向移动，在"数值控制"栏输入"80"，按回车键，绘制修改花架架条的辅助

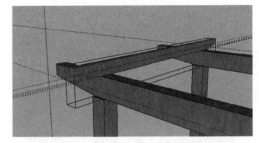

图5-60 修改并创建一根花架架条群组

线与花架架条的交点和横梁与柱的交点。第四步按P键，激活推拉工具，沿着红色轴负方向推拉，在"数值控制"栏输入"80"，按回车键，切除花架架条顶端的一根三棱柱。第五步创建花架架条为群组。

3.复制阵列花架架条 复制阵列花架架条如图5-61所示。第一步先按M键，然后按Ctrl键。第二步单击花架架条的中点，沿着红色轴正方向移动，在"数值控制"栏输入"500"，按回车键，复制一根花架架条。第三步在"数值控制"栏输入"22*"，按回车键，阵列22根花架架条。以此类推，绘制另一侧的花架架条，阵列数量为34，如图5-61所示。

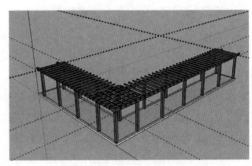

图5-61 复制阵列花架架条

4.交错花架架条 在L形转角处的花架架条相互交错，利用模型交错命令删除多余的部分。第一步按空格键，选择两个交错的花架架条。第二步单击右键，在弹出的快捷选单中选择"模型交错"命令，如图5-62所示。第三步选择这两根花架架条，单击右键，在弹出的快捷选单中选择"炸开"命令。第四步删除多余的花架架条部分。处理后的相交花架架条如图5-63所示。

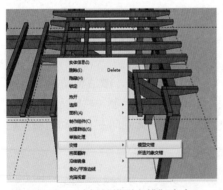

图5-62 选择"模型交错"命令

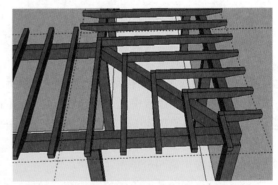

图5-63 处理后的相交花架架条

(六)渲染材质

1.赋予基础平台 "铺路石"的材质第一步按B键，激活材质命令。第二步选择"石材"材质库中"铺路石"材质，填充基础平台。第三步单击"编辑"选项卡，调整高度和宽度为1800mm，并适当调整亮度。

2.隐藏模型的边线 选择选单"查看"→"边线类型"命令，不勾选"显示边线"复选项，隐去花架的所有边线，以增加模型的真实感。

3.隐藏辅助线 不选择选单"查看"→"辅助线"命令，绘制的辅助线全部隐藏。

4.设置阴影 第一步选择选单"窗口"→"阴影"命令，弹出"阴影设置"对话框。第二步选择"显示阴影"选项卡。第三步在

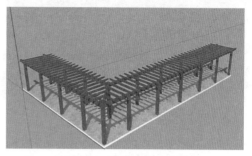

图5-64 L形花架完成图

"显示阴影"选项卡中设置日期为"8/25"，时间为"10:30"。第四步设置光线为"80"，明暗为"50"，分别控制光线的明暗程度和阴影的明暗程度。第五步在"显示"选项卡中勾选"表面"和"地面"选项，物体表面和地面都接受阴影。L形花架最后完成图如图5-64所示。

四、任务拓展

（一）绘制任务

根据图5-65提供的图形尺寸，绘制如图5-66所示的防腐木花架廊模型。

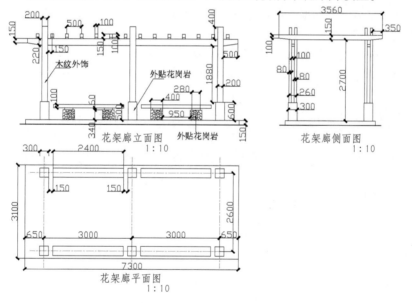

图5-65 防腐木花架三视图

图5-66 防腐木花架廊模型

（二）绘制提示

1. 绘制基础平台

（1）用矩形工具绘制7300mm×3100mm的矩形平台面。

（2）用推拉工具向上推拉150mm的厚度，绘制基础平台。

（3）用材质工具赋予石材的材质。

2. 绘制花架柱

（1）用辅助线工具辅助绘制花架柱的平面。

（2）先用推拉工具向上推拉600mm，绘制花架柱的底座；再结合辅助线、矩形、推拉工具绘制两根200mm×80mm×2500mm的木质花架柱；接着选择底座、木质花架柱，创建为一个花架柱的群组。

（3）使用移动复制阵列工具完成花架柱的绘制。

3. 绘制花架梁

（1）用辅助线、矩形工具绘制100mm×220mm的花架梁横截面，再用推拉工具横向推拉6300mm，接着使用直线、材质、推拉等工具绘制横梁的左右两端。

（2）创建一个花架横梁群组。

（3）移动复制另一个横梁。

4. 绘制花架架条

（1）使用绘制花架横梁的方法绘制一个花架架条群组。

（2）使用移动复制和阵列等工具绘制全部花架架条。移动距离为500mm，阵列命令为"13*"。

5. 绘制坐凳 使用辅助线、矩形、推拉、材质、创建群组、移动复制、阵列等工具绘制坐凳。

6. 渲染材质 最后设置阴影、隐藏边线和辅助线，调整视觉为等角透视，完成绘图。

五、课后测评

（一）填空题

（1）移动工具的快捷键是_____。

（2）移动工具的功能有_____、_____、_____。

（3）交错功能的主要作用是_____。

（4）创建群组可以将部分模型包裹起来，从而不受外界（其他部分）的_____，同样也便于对其进行_____的操作。

（5）辅助线工具的快捷键是_____。

（6）分解群组进行编辑时，可以单击右键，在弹出的快捷选单中选择_____命令。

（二）选择题

（1）移动工具与键盘_____键配合可实现复制模型操作。

    ① Alt   ② Ctrl   ③ Shift   ④ Esc

（2）移动工具在实现阵列时，在"数值控制"框中输入"/6"，表示_____。

    ①向后复制六个模型   ②角度   ③可以在两个模型间六等分   ④复制六个模型

（3）移动工具在实现阵列时，在"数值控制"框中输入"6*"，表示_____。

①向后复制六个模型 　　②角度 　　③在两个模型间六等分 　　④一共复制六个模型

(4) 模型交错功能作用于_____。

①两个模型所有相交的面 　　②两个模型 　　③在相交模型中选择的面

④模型的所有面

(5) 按_____键可实现辅助线与测量工具的切换。

① Esc 　　② Shift 　　③ Ctrl 　　④ Alt

（三）作图题

根据图5-67提供的图形尺寸，绘制如图5-68所示的园林树池围椅模型。

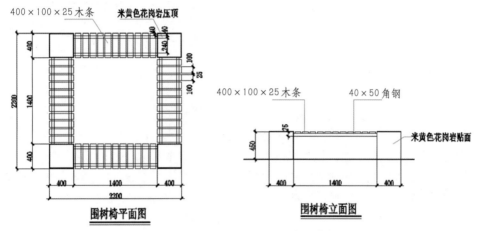

图5-67　园林树池围椅平面及立面图形

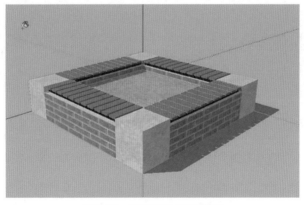

图5-68　园林树池围椅模型

任务三　绘制圆亭的三维实体模型

一、任务分析

绘制如图5-69所示的圆亭三维实体模型。该图形由圆形底座、圆柱、圈梁、拱圆形顶盖等四部分组成。绘图时，用圆形工具和推拉工具绘制圆形底座、圆柱和圈梁，用弧形工具和路径跟随工具绘制拱圆形顶盖。通过绘制该图，学习圆、圆弧、路径跟随、旋转与阵列等工具指令,巩固前面所学知识。

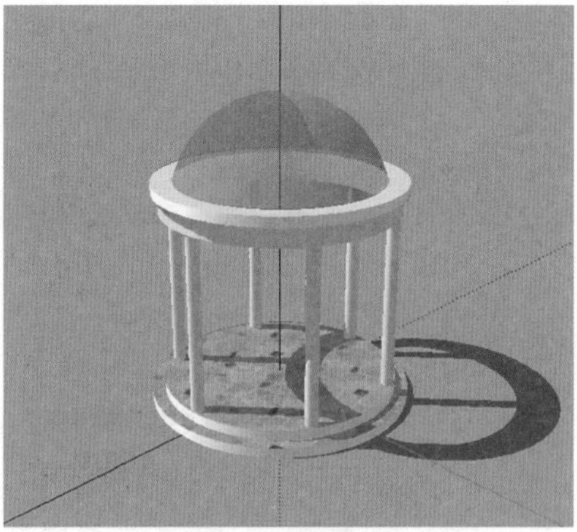

二、知识链接

(一)圆形工具

圆形工具是SketchUp软件中创建圆柱、圆球以及正多边形的重要工具。

1.执行圆的命令 主要有以下三种方法:

方法1:选择选单"绘图"→"圆形"命令。

方法2:单击"绘图"工具栏中的"圆形"图标 ● 。

方法3:按C键。

2.圆形面的绘制方法 通过以下步骤绘制圆形平面:

图5-69 园亭三维实体模型

(1)激活圆形工具:使用上述任意一种方法,激活圆形工具。

(2)指定圆心:在绘图视窗中单击指定圆心。

(3)指定圆的半径:直接拉出圆的半径,或在"数值控制"栏输入圆的半径。

(4)确定圆周的光滑程度:在"数值控制"栏输入圆周的边数,例如"50S",如图5-70所示,按回车键来确定圆周的光滑程度。输入的数值就是圆周的段数,例如输入"6S",如图5-71所示,就会得到正六边形。段数越高,圆形的圆滑程度就越高。但段数越多,占用电脑的系统资源就越多,会影响建模的速度,一般控制在50左右就可以了。

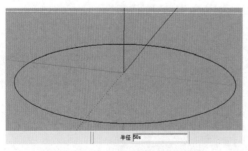

图5-70 输入"50S"的圆形面

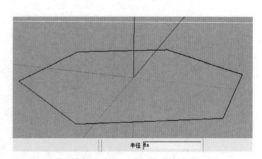

图5-71 输入"6S"的圆形面

(二)圆弧工具

SketchUp软件中只要涉及曲面建模就离不开圆弧工具。

1.执行圆弧的命令 主要有以下三种方法:

方法1:选择选单"绘图"→"圆弧"命令。

方法2:单击"绘图"工具栏中的"圆弧"图标 ⌒ 。

方法3:按A键。

2.绘制单段的圆弧 通过以下步骤绘制单段的圆弧:

(1)激活圆弧工具:使用上述任意一种方法,激活圆弧工具。

(2)绘制弧线的起始点:在绘图视窗中单击指定圆弧的第一个端点。

(3)绘制圆弧的终点:通过系统捕捉弧线的终点,或在"数值控制"栏输入弦的长度,按回车键确定弧线的终点。

（4）指定圆弧的弦高：直接拉出弦高，或在"数值控制"栏中输入弦高的数值，按回车键确定。

（5）指定弦的半径：可以在"数值控制"栏中输入数值，后面加上字母"r"，如"100r"，表示弦的半径为100mm。

（6）指定弦的段数：在"数值控制"栏中输入数值，后面加上字母"S"，按回车键可指定圆弧的段数。段数越多绘制的圆弧就越圆润。

3．绘制连续的多段圆弧　在绘制一条圆弧后，可继续绘制圆弧。如果弧线以青色显示，表示与原弧线相切，如图5-72所示。画好这样的曲线之后，使用推拉工具进行推拉，可以完成一些多圆弧复杂形体的建模，如图5-73所示。

图5-72　两端弧线相切

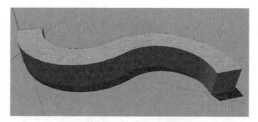

图5-73　"S"形绿篱模型

（三）路径跟随工具

路径跟随工具是一种放样工具，功能强大，可以沿着设定的路径绘制任意形状的模型。在SketchUp软件中常用来制作屋檐、亭子顶盖等曲面模型。

1．激活路径跟随的命令　主要有以下两种方法：

方法1：选择选单"工具"→"路径跟随"命令。

方法2：单击"绘图"工具栏中的"路径跟随"图标 。

2．路径跟随工具的使用方法　通过以下步骤使用路径跟随工具：

（1）选择路径：按空格键，单击设定的线段作为路径，如图5-74所示。

（2）激活路径跟随命令：使用上述任意一种方法，激活路径跟随工具。

（3）完成放样模型：单击放样截面，系统完成放样模型，如图5-75所示。

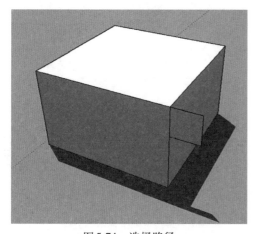

图5-74　选择路径

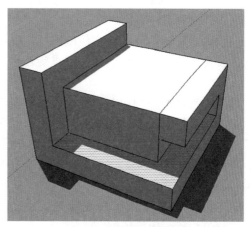

图5-75　完成放样模型

（四）旋转工具

旋转工具可以用来对模型的元素、单独的模型或多个模型进行旋转操作，也可以与Ctrl键配合实现复制或阵列。

1.激活旋转的命令　主要有以下三种方法：

方法1：选择选单"工具"→"旋转"命令。

方法2：单击"编辑"工具栏中的"旋转"图标 🔄 。

方法3：按Q键。

2.旋转工具的使用方法　通过以下步骤使用旋转工具：

（1）选择要旋转的模型：按空格键，单击目标模型。

（2）激活旋转工具：使用上述任意一种方法，激活旋转工具。这时鼠标指针变成旋转轮盘。

（3）确定旋转方向：首先确定旋转轮盘处于平面的类型，接着单击平面一点，然后继续单击另外一点，这时两点之间产生旋转半径和旋转方向，如图5-76所示。

（4）确定旋转角度：在"数值控制"框中输入旋转角度，按回车键完成操作，如图5-77所示。

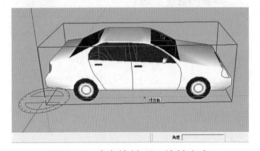
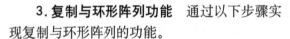

图5-76　确定旋转面、旋转方向

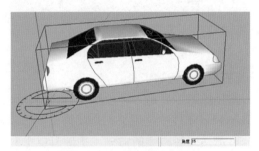

图5-77　确定旋转角度

3.复制与环形阵列功能　通过以下步骤实现复制与环形阵列的功能。

（1）选择要复制的模型：按空格键，单击目标模型。

（2）激活旋转复制功能：在激活旋转功能的基础上，按Ctrl键，激活旋转复制功能，然后确定旋转面和旋转方向。

（3）确定旋转角度：在"数值控制"框中输入旋转角度，按回车键，同时完成旋转和复制操作。

（4）实现环形阵列：在"数值控制"框中输入数值，可以实现环形阵列。例如，输入"/5"，可以在两个模型间五等分，如图5-78和图5-79所示；输入"5*"，可以向后复制五个模型，如图5-80和图5-81所示。

环形阵列功能常用于景观廊架、亭子的柱、桁架等构件的快速绘制。

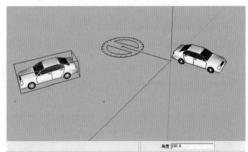

图5-78　完成120°旋转复制

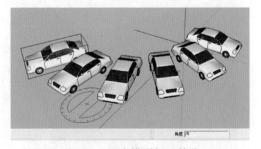

图5-79　两个模型间五等分

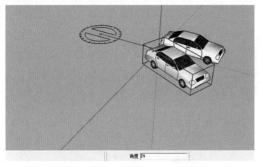

图5-80 完成24°旋转复制

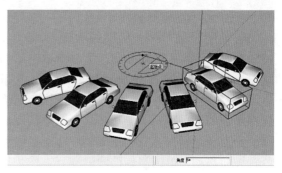

图5-81 向后复制五个模型

4．旋转变形功能 通过对模型元素的旋转，实现特殊形态的建模。

（1）选择要旋转的表面：按空格键，单击模型上的目标图形。

（2）激活旋转工具：使用任意一种激活旋转工具的方法。

（3）旋转目标图形：确定旋转点、旋转方向和旋转角度后，通过旋转目标图形完成模型的旋转变形，如图5-82所示的变形螺旋体。

三、任务实施

（一）设置绘图环境

1．设置绘图场景 在启动SketchUp时，通过选择图形模板，设置绘图场景。

2．设置绘图单位 选择选单"窗口"→"模型信息"命令，在弹出的"模型信息"对话框中选择"单位"选项卡，然后设置绘图长度单位为

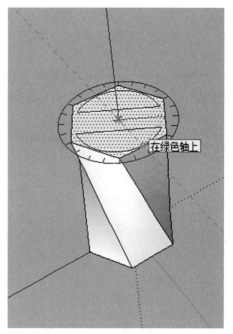

图5-82 变形螺旋体

"十进制"、"毫米"，精确度为"0.0mm"，角度单位精确度"0.0"，同时勾选"启用捕捉"、"显示单位格式"和"启用角度捕捉"复选项。

（二）绘制圆亭的基础平台

1．绘制半径为2000mm的圆 第一步按C键，激活圆命令。第二步单击坐标原点为圆心，然后在"数值控制"栏输入半径值"2000"，按回车键完成绘制。

2．绘制厚度150mm的第一级基础平台 第一步按P键，激活推拉命令。第二步将圆形面向上拉出方向。第三步在"数值控制"栏输入"150"，按回车键绘制厚度150mm的第一级平台。

3．绘制厚度150mm的第二级平台 第一步按F键，激活偏移复制命令。第二步单击上面的圆形面，向内拉出偏移面，再输入偏移距离"200"，按回车键确认。第三步按P键，激活推拉命令。第四步将圆形面向上拉出方向。第五步在"数值控制"栏输入"150"，按回车键绘制厚度150mm的第二级平台。

（三）绘制圆亭的圆柱

1. 绘制半径100mm的圆柱平面 第一步按F键，激活偏移复制命令。第二步单击第二级平台的圆周，向内拉出偏移面，再输入偏移距离"110"，按回车键完成操作，作为捕捉圆柱圆心的辅助圆。第三步按C键，激活圆命令。第四步鼠标指针放在图形的中心点，沿红色轴方向移动，单击与辅助圆的交点，作为圆柱平面的圆心，如图5-83所示。第五步在"数值控制"栏输入半径数值"100"，按回车键完成圆形的绘制。第六步删除辅助圆。

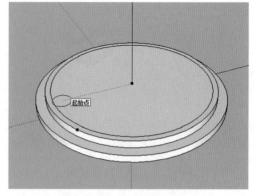

图5-83　沿红色轴移动圆心

2. 绘制一个高度2600mm的圆柱 第一步按P键，激活推拉命令。第二步单击半径100mm的圆形面，向上推拉方向。第三步在"数值控制"栏输入"2600"，按回车键确认。第四步按空格键，选择圆柱，然后右键单击圆柱任意位置，在弹出的快捷选单中选择"创建群组"命令，将圆柱创建为群组，便于下面的绘图，如图5-84所示。

3. 环形阵列6个圆柱 第一步按空格键，选择圆柱。第二步按Q键，激活旋转命令，接着按Ctrl键。第三步旋转轮盘选择水平面，同时单击图形的中心点，再沿着红色轴方向单击圆柱上一点，确定旋转半径，如图5-85所示。第四步沿顺时针方向旋转，输入"300"，按回车键复制一个圆柱，如图5-86所示。第五步输入"/5"，按回车键，在两个圆柱之间5等分，完成圆柱的环形阵列，如图5-87所示。

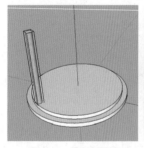 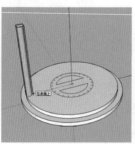 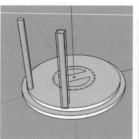 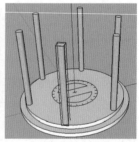

图5-84　创建群组　　图5-85　确定旋转半径　　图5-86　复制圆柱　　图5-87　阵列圆柱

（四）绘制圆顶

1. 复制第二级平台的圆形面 第一步按空格键，选择第二级平台的圆形面。第二步按M键，激活移动工具，再按Ctrl键，执行复制命令。第三步单击圆形面上任意一点，沿蓝色轴向上移动，在"数值控制"栏输入"2600"，按回车键复制一个圆形面，如图5-88所示。

2. 绘制厚度300mm的圈梁 第一步按F键，激活偏移复制命令。第二步单击上述圆形面的圆周，向内拉出偏移方向，然后在"数值控制"栏输入"220"，按回车键确认。第三步按空格键，单击内圆，按Delete键删除内圆，保留偏移的环形面。第四步按P键，激活推拉命令。第五步单击宽度220mm的环形面，向上推拉，同时输入"300"，按回车键绘制厚度300mm的圈梁。

3. 绘制厚度150mm环形屋檐　第一步按F键，激活偏移复制命令。第二步单击环形面，向外偏移，在"数值控制"栏输入"100"，按回车键确认。第三步按P键，激活推拉命令。第四步单击宽度320mm的环形面，向上推拉，在"数值控制"栏输入"150"，按回车键绘制环形屋檐，如图5-89所示。

4. 绘制圆顶　第一步按L键，激活直线工具，捕捉圆周的中点绘制直线，这条直线要通过图形的中心点。第二步按A键，激活圆弧工具。第三步捕捉直线的两个端点，沿着蓝色轴向上推拉；然后在"数值控制"栏输入"1200"，按回车键绘制弦高1200mm的圆弧，同时形成扇形面，如图5-90所示。第四步按空格键，激活选择工具，选择环形屋檐的圆周作为路径。第五步单击"绘图"工具栏中的"路径跟随"图标，激活路径跟随命令。第六步选择扇形面，完成圆顶的绘制，如图5-91所示。

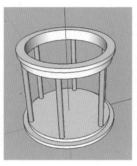
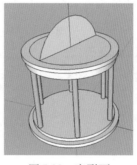
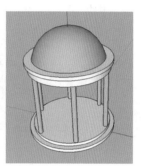

图5-88　复制圆形面　　　图5-89　环形屋檐　　　图5-90　扇形面　　　图5-91　圆顶完成图

（五）渲染材质

1. 赋予基础平台"铺路石"的材质　第一步按B键，激活材质命令。第二步选择"石材"材质库中"铺路石"材质填充基础平台。第三步选择"编辑"选项卡，高度和宽度改为1800mm，并适当调整亮度。

2. 赋予圆柱"白色粉刷"的材质　第一步按B键，激活材质命令。第二步选择"砖和外墙板"材质库中"白色粉刷"材质填充圆柱、圈梁与屋檐。第三步单击"编辑"选项卡，宽度改为500mm，高度相应为750mm，并适当调整亮度。

3. 赋予圆顶"蓝色玻璃"材质　第一步按B键，激活材质命令。第二步选择"半透明"材质库中的"蓝色玻璃"材质填充圆顶。第三步单击"编辑"选项卡，调整亮度为最大值，透明度为50。

4. 隐藏模型的边线　选择选单"查看"→"边线类型"命令，不勾选"显示边线"选项，隐去圆亭的所有边线，增加模型的真实感。

5. 设置模型阴影　第一步选择选单"窗口"→"阴影"命令，弹出"阴影设置"对话框。第二步勾选"显示阴影"选项卡。第三步在"显示阴影"选项卡中设置日期为"8/25"，时间为"10:30"。第四步设置光线为"80"，明暗为"50"，分别控制光线的明暗程度和阴影的明暗程度。第五步在"显示"选项卡中勾选"表面"和"地面"选项，物体表面和地面都接受阴影，如图5-92所示。

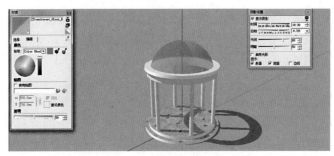

图5-92　圆亭渲染效果图

四、任务拓展

（一）绘制任务

根据图5-93提供的图形尺寸，绘制如图5-94所示的观景台模型。

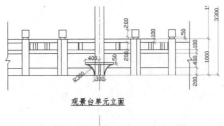

观景台单元立面

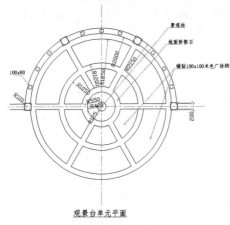

观景台单元平面

图5-93　观景台尺寸标注

图5-94　观景台模型

（二）绘图提示

1．绘制地面

（1）用圆形、直线、旋转阵列工具绘制地面的空间布局。

（2）用材质工具赋予地面不同的材质，并编辑亮度、高度与宽度。

（3）用推拉工具向上推拉地面厚度100mm。

2．绘制护栏

（1）在红色轴方向用直线、偏移复制、圆形、推拉等工具绘制一根护栏立柱，并将其创建为群组。

（2）使用旋转工具，结合Ctrl键，在偏移60°基础上输入"3*"，完成护栏柱的环形阵列。

（3）使用推拉、移动复制等工具绘制护栏的弧形纵栏杆。

（4）右键单击第一根护栏柱，在弹出的快捷选单中选择"隐藏"命令，隐藏护栏柱。在此位置绘制一个100mm×80mm×200mm的护栏栏杆，并将其创建为群组，再将其向上移动700mm，准确定位在上部的弧形栏杆处。

（5）使用旋转工具，结合Ctrl键，在偏移15°基础上输入"12*"，完成护栏栏杆的环形阵列，然后将四根护栏柱位置的护栏栏杆删除。

（6）选择选单"编辑"→"显示"命令，选择"全部"选项，将刚才隐藏的护栏柱显示出来。

3. 绘制景观柱　使用圆形、推拉、偏移等工具绘制景观柱，并将其创建为群组。

4. 绘制坐凳

（1）使用移动复制、推拉工具绘制坐凳的凳面。

（2）绘制如图5-95所示的梯形面和圆弧线。在使用圆弧工具时，经常会遇到画出来的闭合圆弧不封闭的情况，这是因为所绘制的图形没有在同一个平面上。只要在绘制圆弧之前先绘制一个平面作为参考，就会很容易地绘制出需要的圆弧面。

（3）使用路径跟随工具绘制弧形的坐凳基础。

（4）渲染材质。

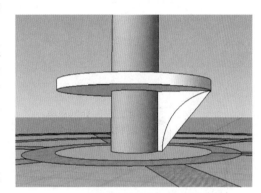

图5-95　圆弧坐凳基座的辅助梯形面

五、课后测评

（一）填空题

（1）圆形工具的快捷键是_____。

（2）圆弧工具的快捷键是_____。

（3）旋转工具的快捷键是_____。

（4）绘制圆形面时，指定圆的半径后，在"数值控制"框中输入"20S"，表示_____。

（5）路径跟随工具是一种放样工具，功能强大，可以沿着设定的_____绘制任意形状的模型。

（6）绘制单段的圆弧可以在"数值控制"框中输入的数值，并在数值的_____面加上字母"r"，表示弦的半径。

（二）选择题

（1）旋转工具与键盘_____键配合使用可实现复制或阵列操作。

　　①Alt　　②Ctrl　　③Shift　　④Esc

（2）旋转工具在实现环形阵列时，在"数值控制"框中输入"/8"，表示_____。

　　①向后复制八个模型　　②角度　　③在两个模型间八等分　　④复制八个模型

（三）作图题

根据图5-96提供的图形尺寸，绘制如图5-97所示的园林坐凳模型图。

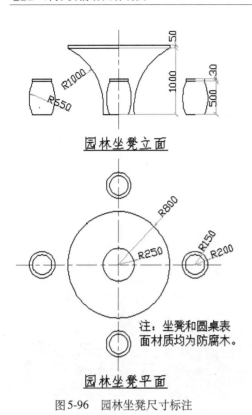

图5-96　园林坐凳尺寸标注

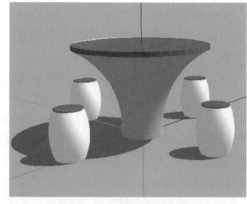

图5-97　园林坐凳模型图

任务四　绘制园林地形的三维实体模型

一、任务分析

绘制如图5-98所示的园林地形三维实体模型。该图形由园林地形、山顶的圆亭、道路等组成。绘图时，先导入利用AutoCAD绘图软件绘制的园林地形平面图，再用等高线生成地形，接着利用投影和贴印工具绘制园林道路、放置圆亭。通过绘制该图，学习导入DWG格式文件、创建地形、创建组件、缩放等工具命令。

图5-98　园林地形三维实体模型

二、知识链接

（一）组件

1.组件的优点　组件相当于一个可以插入到其他SketchUp文件中的SketchUp文件。组件可以是独立的物体，例如整栋建筑、门、窗等，也可以是一条线或一个面，而且它的范围和尺寸没有限制。组件与组件之间有关联性，可以进行批量修改，所以在建模中可以在未完成构件细部时就先进行复制，再对复制后的一个个体进行完善，则其他复制个体将同步进行完善。在SketchUp7中除了软件自身附带的组件库以外，用户还可以根据自己的需要，把经常使用的造园要素，如亭子、长廊、花架、坐凳等制作成组件，保存在用户指定的文件夹中，导出应用到其他的SketchUp7文件中。

2.组件与群组的区别　组件与群组的相同点是将一组元素"打包"成为一个整体便于编辑，区别是群组没有关联性，在相同群组需要修改时只能一个一个地修改，所以不太便捷。组件因为有关联性，所以修改起来是同时成群修改，很便捷。另外组件能保存在组件库中，而群组不占有组件库，不会使文件变大，但作为临时管理还是十分方便的。

3.创建组件的方法　有以下三种创建组件的方法：

方法1：选中需要制作成组件的物体，选择选单"编辑"→"制作组件"命令。

方法2：选中需要制作成组件的物体，单击"常用"工具栏中的创建组件图标 ◎ 。

方法3：选中需要制作成组件的物体，单击右键，在弹出的快捷选单中选择"制作组件"命令。

4.组件的属性　执行上述任一操作，弹出"创建组件"对话框，如图5-99所示，在该对话框中填写组件的属性。

（1）填写组件的名称：根据组件的特征给组件命名，方便以后在组件库中选择特定的组件。

（2）注释组件相关的信息：在"注释"复选项输入组件的相关信息。

（3）"对齐"选项栏：设置在组件插入时所对齐的平面，同时给组件设置一个内部坐标。

（4）"剖切开口"复选项：在创建组件时遇到需要在表面挖洞的组件，如：门和窗等，选中此项，制作的组件就可以在表面相交的位置自动挖洞开口。

（5）"替换选择"复选项：勾选"替换选择"复选框，则定义的组件中的物体集合会转换为组件，反之则只在组件库中建立了组件。在创建"组中组"时候一定注意勾选"替换选择"复选框。

图5-99　"创建组件"对话框

5."组件"对话框　"组件"对话框是插入预设组件的常用途径，它提供了SketchUp7组件的目录列表，具备了编辑组件和统计组件的点、面、个数等参数的功能。选择选单"窗口"→"组件"命令，弹出"组件"对话框，如图5-100所示，其中各项含义如下：

（1）陈列次要的选择窗格：单击"陈列次要的选择窗格"图标⚁，将弹出一个次要的组件选择窗格，附着在对话框的下方，提供更多的可供选择的组件。

（2）详细信息：单击"详细信息"图标▸，弹出"详细信息"选项单，其中包含了若干辅助命令选项。其中各项含义如下：

①打开或创建您的本地收集。在路径列表中打开或创建新的组件文件夹，便于保存组件。

②另存为本地收集。在"组件"对话框的选择窗格只显示当前模型中的组件时，将创建的组件保存在用户指定的组件文件夹或SketchUp7组件库中，作为绘图资料使用。

③3D模型库服务条款。选择此选项进入Google SketchUp的3D模型电子网页。

④展开。在"组件"对话框的选择窗格只显示当前模型中的组件时，使用此项可以展开组件内部所嵌套的组件。

⑤清理未使用组件。在"组件"对话框的选择窗格只显示当前模型中的组件时，使用此项可以在"组件"对话框选择窗格清除模型中已没有的组件。

图5-100　"组件"对话框

（3）显示模型中组件：单击"模型中"图标🏠，在"组件"对话框的选择窗格中只显示当前模型中的组件。

（4）导航：单击"导航"图标▾，弹出选项单，在"模型中"、"组件库"、"收藏"之间切换选择组件。

6.组件的关联性　组件被复制后，若需要修改细化，则只需编辑其中一个组件就能同步同时编辑所有相同定义的组件。

7.独立编辑组件　在需要独立编辑一个或几个组件时，右键单击组件任意地方，在弹出的快捷选单中选择"单独处理"命令，就可只编辑当前的一个组件。

（二）地形创建

地形创建功能很好地解决了不同标高地形的绘制任务，相应解决了地面上相关园林要素的创建工作。激活地形创建命令主要通过以下步骤进行：

1.激活地形工具　选择选单"窗口"→"参数设置"命令，在弹出的"参数设置"对话框中选中"扩展栏"选项卡，勾选"SU地形工具"选项即可激活地形工具。

2.显示地形工具栏　选择选单"查看"→"工具栏"命令，在弹出的级联选单中选择"地形工具"命令，就能把"地形"工具栏显示在绘图界面，如图5-101所示。在"地形"工具栏从左到右依次为等高线生成地形工具、用栅格生成地形工具、挤压工具、贴印工具、悬置工具、栅格细分工具和边线凹凸工具。

图5-101　"地形"工具栏

（三）导入SketchUp

1. 导入DWG格式文件　主要通过以下步骤完成DWG格式文件的导入。

（1）选择目标文件：选择选单"文件"→"导入"命令，在弹出的"打开"对话框中选择要导入的DWG格式文件。

（2）设置属性：单击"选项"按钮，将导入单位设置为"毫米"，同时勾选"合并共面"和"面的方向保持一致"复选项，将在导入时自动删除多余的线条并把不同方向面的方向统一起来。

（3）导入文件：单击"打开"按钮，将所选文件导入。如果文件量较大时，导入的速度会慢些，因此在导入DWG格式文件之前要在AutoCAD中将文件简化，这样会提高导入速度和后续的建模速度。

需要特别说明的是，如果导入前的SketchUp文件是新建的空白文件，则导入模型不会群组；如果导入前SketchUp文件是其他模型，则导入的模型会自动群组，避免干扰原有模型。导入的模型会自动默认坐标原点位置。

2. 导入二维图像文件　在SketchUp软件建模时经常利用图片作为参照物辅助建模，也可以利用图片作为场地底图在模型中使用。SketchUp支持JPEG、BMP、TGA等格式的文件导入。

（1）选择文件：选择选单"文件"→"导入"命令，在弹出的"打开"对话框中选择要导入的图片文件，并选择"作为图片使用"单选项。

（2）导入文件：单击"打开"按钮，确定图片在模型中的位置。也可以将图片文件直接拖入SketchUp模型空间。导入的图像被自动合并在SketchUp文件中，而且会自动默认原始文件的大小，因此图像文件过大，在操作SketchUp时速度会非常慢，所以应尽量缩小导入文件的大小，以便提高工作效率。

3. 导入3DMAX文件　在SketchUp软件建模时还可以导入3DMAX文件。

（1）选择文件：选择选单"文件"→"导入"命令，在弹出的"打开"对话框中选择要导入的3DMAX文件。

（2）设置单位：单击"选项"按钮，将导入单位设置为"毫米"。

（3）导入文件：单击"打开"按钮，开始导入文件。导入完成后会自动弹出导入报告。

三、任务实施

（一）设置绘图环境

1. 设置绘图场景　在启动SketchUp时，通过选择图形模板，设置绘图场景。

2. 设置绘图单位　选择选单"窗口"→"模型信息"命令，在弹出的模型信息窗口中选择"单位"，然后设置绘图长度单位为"十进制"、"毫米"，精确度为"0.0mm"，角度单位精确度"0.0"，同时勾选"启用捕捉"、"显示单位格式"和"启用角度捕捉"复选项。

（二）插入四方亭组件模型

1. 激活组件命令　选择选单"窗口"→"组件"命令，弹出"组件"对话框。

2. 插入四方亭组件　第一步在"Google搜索"栏中输入"亭子"，单击"搜索"图标🔍，在Google3D Warehouse中搜索亭子的模型组件。第二步在搜索结果中选择"亭子"，下载亭子的组件，并插入到文件中，如图5-102所示。

（三）用等高线生成地形

1. 导入地形图的平面设计图形　第一步选择选单"文件"→"导入"命令，在弹出的"打开"对话框中，"文件类型"选择"ACADfiles(*dwg,*dwf)"，并搜索"地形图*dwg"文件。第二步将导入单位设置为"毫米"，打开文件导入等高线地形图的平面图形，如图5-103所示。

图5-102　插入亭子组件

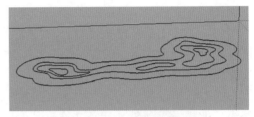

图5-103　导入等高线地形图

2. 移动等高线　第一步按空格键，单击外侧第一条等高线上的任意位置，然后单击右键，在弹出的快捷选单中选择"选择"→"所有关联"命令，选中目标等高线。第二步按M键，激活移动工具，再单击等高线上一点，沿着蓝色轴向上移动，在"数值控制"栏输入数值"1000"，按回车键确认。按照上述办法，依次移动从外到内的等高线，高度依次设置为"1300mm"、"1500mm"、"1700mm"、"2000mm"，如图5-104所示。

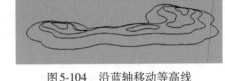

图5-104　沿蓝轴移动等高线

3. 创建地形　第一步按空格键，选择已建好的所有等高线。第二步单击等高线生成地形工具按钮，地形即生成，并自动成为一个群组，如图5-105所示。

（四）使用贴印工具放置园林亭子

1. 调整视图　第一步选择选单"相机"→"标准视图"→"顶视图"命令。第二步按M键，选择亭子，移动到地形的左边，把位置放好。如图5-106所示。

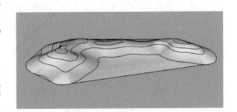

图5-105　创建地形图

2. 贴印亭子的放置位置　第一步按空格键，选择亭子。第二步单击"贴印"图标 ，输入投影面外延的距离。第三步单击地形，平整场地，同时拉伸场地高度800mm。第四步按M键，将亭子沿着蓝轴移到平台上。第五步按B键，赋予地形草坪材质。如图5-107所示。

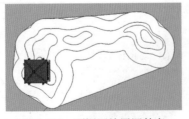

图5-106　顶视图放置园林亭

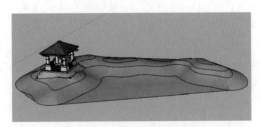

图5-107　贴印放置园林亭子

（五）使用悬置工具绘制园林道路

1.调整视图 第一步选择选单"相机"→"标准视图"→"顶视图"命令。第二步按M键，单击园林道路，移动到地形的适当位置。如图5-108所示。

2.悬置园路 第一步单击"悬置工具"图标 ◎。第二步单击园路投影面。第三步单击地形，完成后如图5-109所示。

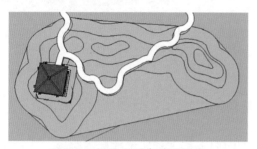

图5-108 顶视图放置园林道路

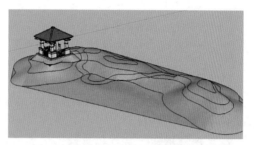

图5-109 悬置生成园林道路

（六）渲染材质

1.赋予园路"石材"材质 第一步右键单击地形，在弹出的快捷选单中选择"炸开"命令。第二步按B键，激活材质工具，赋予园林道路石材材质。第三步按空格键，选择地形，然后右键单击，在弹出的快捷选单中选择"创建群组"命令。第四步选择选单"窗口"→"边线柔化"命令，弹出"边线柔化"对话框，勾选"光滑"和"共面"复选项，同时调整角度，如图5-110所示。

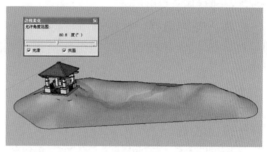

图5-110 赋予园林路"石材"材质完成图

2.隐藏边线 选择选单"查看"→"边线类型"命令，不勾选"显示边线"复选项，隐藏所有边线。

3.设置阴影 第一步选择选单"窗口"→"阴影"命令，弹出"阴影设置"对话框。第二步选择"显示阴影"复选卡。第三步在"显示阴影"复选卡中设置日期为"9/10"，时间为"7:30"。第四步设置光线为"80"，明暗为"50"。第五步在"显示"选项卡中选择"表面"和"地面"选项，物体表面和地面都接受阴影，完成图如图5-111所示。

图5-111 完成图

四、任务拓展

（一）绘制任务

根据图5-112提供的园林地形平面图，绘制如图5-113所示的园林地形模型图。

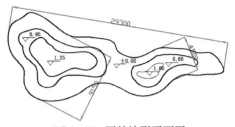

图5-112　园林地形平面图

图5-113　园林地形模型图

（二）绘图提示

1.导入地形图　在AutoCAD软件中绘制如图5-112所示的园林地形平面图，并导入SketchUp7中。

2.移动等高线　选择等高线，沿着蓝色轴方向向上移动到所示的标高距离。注意在选择等高线时单击右键，在弹出的快捷选单中选择"所有关联"命令，快速选择等高线。

3.创建地形　选择所有等高线，单击等高线生成地形工具，创建地形。然后柔化边线，并渲染草坪材质。

4.插入花卉组件　选择选单"窗口"→"组件"命令，在弹出的"组件"对话框中利用Google搜索并插入花卉的组件，再用复制命令完成花卉的放置。放置位置可自己灵活掌握。

五、课后测评

（一）填空题

（1）组件与组件之间有_____性，可以进行批量修改。

（2）如果导入前SketchUp文件有其他模型，则导入的DWG格式文件会_____，避免干扰原有模型。

（3）选择选单"窗口"→"参数设置"命令，在弹出的"参数设置"对话框中选择_____选项卡，同时勾选_____复选项即可激活地形工具。

（4）导入的图像被自动_____在SketchUp文件中，而且会自动默认原始文件的_____。

（二）选择题

（1）单击"模型中"图标 🏠，在"组件"对话框选择窗格中只显示当前_____的组件。

　　①组件库　　②模型中　　③收藏　　④Google网站中

（2）单击"组件"对话框中的_____图标，弹出选择单，在"模型中"、"组件库"、"收藏"之间切换选择组件。

　　①导航　　②模型中　　③组件　　④收藏

（3）利用地形创建工具中的_____工具可方便绘制地形上的园林道路。

　　①挤压　　②悬置　　③贴印　　④栅格细分

（4）利用地形创建工具中的_____工具可方便平整地形。

　　①挤压　　②悬置　　③贴印　　④栅格细分

任务五　绘制园林绿化设计场景图

一、任务分析

绘制如图5-114所示的园林绿化设计场景图。该图是一张综合园林设计图，涵盖道路、广场、花坛、亭、花架、水景、建筑、植物造型等多种园林构成要素，需综合运用前面学过的知识。通过绘制该图，掌握绘制园林绿化设计场景图的基本技巧。

图5-114　园林绿化设计场景图

二、知识链接

（一）贴图

在材质编辑器中不仅可以使用SketchUp材质库中的颜色和贴图，还可以设置另外的材质贴图。

1. 常规贴图　任意选择一种颜色赋予模型，再选择"编辑"选项卡中的"使用贴图"复选项，在弹出的"选择图像"对话框中选择预置的图片，单击"打开"按钮，就可以赋予模型特定

图5-115　选择预置的图片

的图片，如图5-115和图5-116所示。注意在贴图前后色差较大时，可以通过选择"重设颜色"复选项校正贴图颜色。

2. 贴图的移动　利用移动工具移动赋予了贴图的模型，贴图并不跟随之移动。这是因为在SketchUp7软件中贴图的图片已经定义了一个以SketchUp7坐标系的原点为原点的坐标系。这种情况下必须使模型的一个顶点正好处在坐标原点上，贴图才能正好附着在其表面上，这很难做到。因此在贴图之前应先将模型制作成组件。组件都有单独的坐标系，而组件内物体和贴图的坐标系都被定义成了组件的坐标系，它

图5-116　贴图效果

们是统一的，制作成组件后无论如何移动模型，贴图都保持不变。

3. 贴图坐标 设置贴图坐标只能在一个平直的面上进行，对于曲面无法设置。

（1）锁定坐标模式：右键单击贴图的面，在弹出的快捷选单中选择"贴图"命令，在展开的级联选单中选择"位置"命令，贴图上出现虚线的网格和指定贴图位置的四个别针，如图5-117所示。

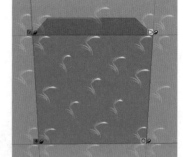

①平行四边形变形别针。在虚线网格左上角，指针为蓝色 。垂直拖曳指针，贴图只在垂直方向缩放，水平方向不发生变化；水平拖曳指针，贴图按平行四边形变形。

②梯形变形别针。在虚线网格右上角，指针为黄色 。拖曳指针，贴图可在任意方向发生扭曲变化。

③移动别针。在虚线网格左下角，指针为红色 。拖曳指针，可移动贴图。

④缩放/旋转别针。在网格右下角，指针为绿色 。

图5-117　锁定坐标模式

水平拖曳指针，可对贴图进行大小缩放；旋转拖曳指针，可对贴图进行角度的变化；若既水平拖曳指针又旋转拖曳指针，则同时进行缩放和角度变化。此命令常用于园林道路、铺装广场的材质渲染。

（2）自由别针模式：将导入的照片作为材质使用，赋予模型表面，再通过自由别针模式将二维的照片创建为三维的模型。下面以创建一扇窗户为例介绍具体操作步骤：

①绘制窗户的基础模型。创建1500mm×100mm×1200mm的长方体模型，作为窗户的基础。

②导入图片作为材质。选择选单"文件"→"导入"命令，在弹出的"打开"对话框中选择"窗户"图片，然后选择"作为材质使用"单选项，再单击"打开"按钮，如图5-118所示。

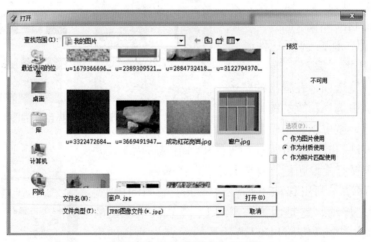

图5-118　打开"窗户"的图片

③材质赋予模型。在绘图窗口鼠标指针变成导入的窗户图像材质，将窗户材质依附在创建的长方体上，如图5-119所示。

④激活自由别针工具。右键单击贴图的面，在弹出的快捷选单中选择"贴图"命令，

在展开的级联选单中选择"位置"命令，贴图上出现虚线的网格和指定贴图位置的四个别针，如图5-120所示。

⑤调整材质。拖曳别针将图片的四个角分别移动到所依附的面的四个角上，这时图像刚好和所在面重合，创建一扇三维的窗户模型，如图5-121所示。

（二）缩放工具

1. 激活缩放工具　主要有以下三种方法可以激活缩放工具：

方法1：选择选单"工具"→"缩放"命令。

方法2：单击"编辑"工具栏中的"缩放"图标 。

方法3：按S键。

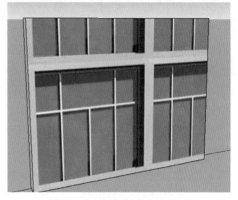

图5-119　窗户材质依附模型

图5-120　自由别针工具

图5-121　三维窗户模型

2. 缩放工具的使用方法　按照下述步骤使用缩放工具：

①选择要缩放的模型：按空格键，选择目标模型。

②激活缩放工具：使用上述任意一种方法，激活缩放工具，这时围绕模型周围出现控制点，如图5-122所示。

③实施缩放：选择其中一个控制点实施缩放，可以对三维物体进行长度、宽度方向、高度方向以及等比缩放（选择对角控制点为等比缩放）。

④完成缩放：单击完成缩放。若在单击之前按Esc键可以放弃缩放。

三、任务实施

（一）导入DWG格式图纸

1. 调整DWG格式图纸　在使用SketchUp建模之前，先调整绘制好的DWG格式文件。目的是配合建

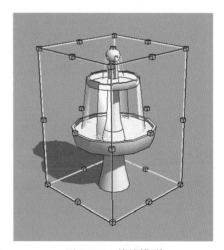

图5-122　缩放模型

模步骤和提高工作效率。第一步打开DWG格式总图文件。第二步调整图纸比例为1:1，以便在SketchUp中按实际比例进行精确绘制。第三步删除植物图例、填充图例、文字及图框等内容，只剩下道路、铺装和建筑物的边线以及各种景观构筑物。第四步选择选单"文件"→"另存为"命令，将修改后的图纸另存为"居民小区景观建模"文件，如图5-123所示。

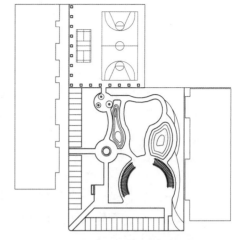

图5-123 修改后的DWG格式设计图

2.导入DWG格式图纸 第一步启动SketchUp7软件，同时选择图形模板，设置绘图环境。第二步选择选单"窗口"→"模型信息"命令，选择"单位"选项卡，设置绘图单位为"毫米"，精确度为"0.0mm"，同时勾选"启用捕捉"和"显示单位格式"复选项。第三步选择选单"文件"→"导入"命令，弹出"打开"对话框。单击"选项"按钮，将比例单位设置为"毫米"，并打开"居民小区景观建模"文件，如图5-124所示。第四步选择选单"窗口"→"风格"命令，选择"编辑"选项卡中的"边线设置"复选项，将轮廓线的线型改为"1"，确保调整后的线型较细且清晰明确，如图5-125所示。

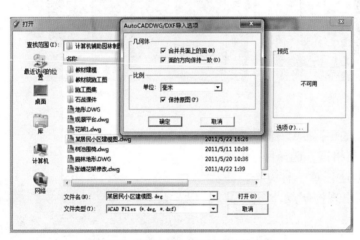

图5-124 导入居民小区景观建模文件

图5-125 轮廓线设置

（二）绘制停车场

以绘制图纸下方的13个停车位为例。

1.绘制一个停车位 第一步按L键，依照底图描绘左端第一个停车位，形成封闭的面。第二步按B键，在弹出的"材质"对话框中选择白色，赋予停车位两侧隔离带白色。接着选择红色，赋予停车位红色。第三步选择"编辑"选项卡，勾选"使用贴图"复选项，打开"生态砖"图像，并调整图像的宽度为"2000"。

2.复制12个停车位 第一步按空格键，选择停车位和右边的白色隔离带。第二步按M键，再按Ctrl键。第三步单击停车位的右上角点，将停车位和白色隔离带复制到左边第二个停车位，如图5-126所示。第四步输入"12*"，按回车键阵列12个对象，如图5-127所示，完成停车场的绘制。按照同样办法绘制图纸左侧的停车场。

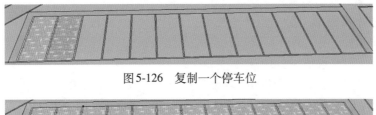

图5-126　复制一个停车位

图5-127　阵列12个停车位

（三）绘制园林道路

1.封闭路面　第一步按L键，描绘园林道路的底图。主要是连接道路的路口，这在底图中没有图线，使道路形成封闭的面。注意不同的路面要绘制出分界线，如图5-128中所示的蓝色线条。

2.绘制芝麻灰火烧板路面　第一步按F键，单击左侧路面边线，向内拉出偏移方向，在"数值控制"栏输入"300"，按回车键。第二步按B键，在"材质"对话框中选择"地砖"材质的第二种赋予宽度为300mm的镶边路面，并在编辑命令中调整亮度，调整宽度为"1200"。第三步选择"地砖"材质的其他任意一种材质赋予路面，并在"编辑"选项卡中调整亮度；然后勾选"使用贴图"复选项，打开"芝麻灰火烧板"图像，调整图像宽度为"1000"，完成路面如图5-129所示。

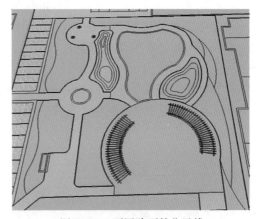

图5-128　不同路面的分界线

3.绘制碎大理石路面　按照同样办法绘制环人工水池道路。路侧为200mm宽的鹅卵石镶边，路面材质为"石材"中的"碎大理石"，完成图如图5-130所示。

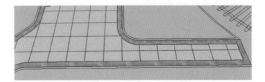

图5-129　芝麻灰火烧板路面

4.绘制图纸右侧入口路面　其样式和图5-129所示相同。第一步按F键，单击路面边线，向内拉出偏移方向，在"数值控制"栏输入"300"，按回车键。第二步按B键，在"选择"选项卡中单击"材质"对话框右侧的"提取材质"图标✎，分别提取图5-129所示的材质，赋予右侧入口路面。

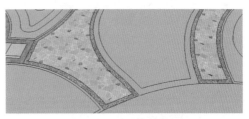

图5-130　碎大理石路面

5. 绘制道牙 第一步按 L 键，封闭道牙的平面底图。第二步按 B 键，赋予道牙白色的颜色材质。

（四）绘制伞亭

1. 复制伞亭平面图形 第一步按空格键，选择伞亭平面设计图形。第二步按 M 键，再按 Ctrl 键，复制对象到图纸另外位置。其目的是避免干扰。在图纸恰当位置绘制伞亭图形并将其创建为群组，再放置在设计位置。

2. 绘制伞亭 伞顶直径为 2800mm，总高度为 3300mm，柱子的高度为 2800mm。

（1）封闭伞亭的平面图形：第一步按 L 键，绘制一条贯穿图形的直线，封闭四个同心圆的面。第二步按空格键，选择这条直线，再按 Delete 键，删除直线。

（2）绘制圆柱：第一步按 P 键，选择直径为 250mm 的圆，向上推拉高度，在"数值控制"栏输入数值"2800"，按回车键。第二步按 B 键，赋予圆柱白色的颜色材质。

（3）绘制伞亭的亭盖：第一步按 C 键，单击圆柱顶端的圆心，在"数值控制"栏输入圆的半径"1400"，按回车键。第二步按 B 键，赋予圆粉红色的颜色材质；第三步按 P 键，向上推拉，在"数值控制"栏输入数值"120"，按回车键。第四步按 L 键，单击最顶端圆周上一点，连接圆心，接着沿着蓝色轴向上，输入数值"380"，按回车键，再连接起点，绘制一个直角三角形的面，如图 5-131 所示。第五步按空格键，选择最顶端的圆周作为路径。第六步选择选单"工具"→"路径跟随"命令，选择直角三角形，沿圆周路径绘制伞顶顶部。第七步按 B 键，赋予伞顶粉红色的颜色材质，如图 5-132 所示。

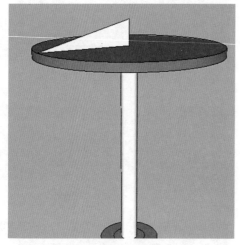

图 5-131　绘制直角三角形

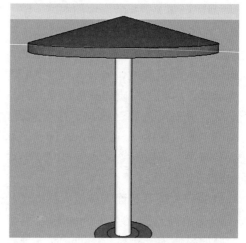

图 5-132　绘制伞顶的顶盖

（4）绘制伞亭的坐凳：第一步按 L 键，单击圆柱上一点，沿着红色轴方向交与直径为 900mm 的圆周。第二步按空格键，选择绘制的直线，按 M 键，再按 Ctrl 键，沿着蓝色轴向上，输入高度数值"500"，按回车键。第三步按 L 键，连接如图 5-133 所示梯形面。第四步按 A 键，分别单击梯形左侧上部和下部的端点，输入半径数值"100"，再删除梯形左侧斜线，如图 5-134 所示。第五步按空格键，选择任意一个圆周作为路径，再选择选单"工具"→"路径跟随"命令，点击图 5-134 所示图形，绘制坐凳基座。第六步按 B 键，分别赋予坐凳上表面木纹材质，座体白色材质。第七步按 P 键，向上推拉，输入数值 "50"，按回车键。坐凳完成图如图 5-135 所示。

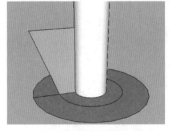

图 5-133　梯形辅助面

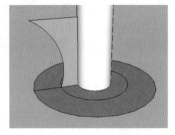

图 5-134　坐凳截面

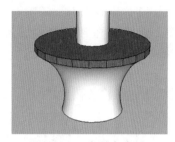

图 5-135　坐凳完成图

3. 按照上述办法分别绘制　总高度 2900mm，柱子高度 2500mm，伞顶直径 2400mm 和总高度 2600mm，柱子高度 2200mm，伞顶直径 2000mm 的伞亭。

4. 创建伞亭群组　按空格键，选择绘制的三个伞亭，单击右键，在弹出的快捷选单中选择 "创建群组" 命令，将三个伞亭创建为一个独立群组，如图 5-136 所示。

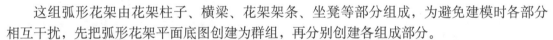

图 5-136　伞亭群组

5. 伞亭的定位　按 M 键，移动伞亭群组到设计位置。

（五）绘制弧形花架及广场铺装

这组弧形花架由花架柱子、横梁、花架架条、坐凳等部分组成，为避免建模时各部分相互干扰，先把弧形花架平面底图创建为群组，再分别创建各组成部分。

1. 将弧形花架平面底图创建为群组　按空格键，选择弧形花架平面底图整体，然后右键单击，在弹出的快捷选单中选择 "创建群组" 命令。

2. 绘制花架柱子　这组弧形花架由两个单体弧形花架组成，每个单体弧形花架由 5 组 10 根花架柱子构成，只用绘制其中一组柱体，再用旋转复制得到其他柱体。

（1）描绘一组花架柱的平面：按 L 键，描绘位于花架两端的任意一组柱体平面。

（2）绘制柱体底座：第一步按 P 键，单击柱体平面，向上推拉，输入高度数值 "140"，按回车键。第二步按 F 键，单击上表面的边线，向内拉出偏移方向，在 "数值控制" 栏输入 "10"，按回车键。第三步按 P 键，单击偏移后的表面，向上推拉，输入高度数值 "20"，按回车键。第四步按 B 键，赋予柱体石材材质库中的光面花岗岩材质。第五步按空格键，选择绘制的第一层柱体底座。第六步按 M 键，再按 Ctrl 键，然后单击第一层柱体底座的任意一个角点，沿着蓝色轴方向向上移动，并在 "数值控制" 栏输入 "160"，按回车键。第七步在 "数值控制" 栏输入 "3*"，阵列复制两个柱体底座。第八步按 P 键，单击最上面的表面，向下推拉，输入高度值 "20"，按回车键。完成高度为 620mm 的柱体底座，如图 5-137 所示。

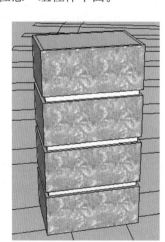

图 5-137　柱体底座

（3）绘制柱体的木质部分：第一步按 M 键，再按 Ctrl 键，分别选择左右两端的边线，沿边线向内移动，然后在"数值控制"栏输入数值"110"，按回车键。第二步按 B 键，赋予两端的封闭面木材材质，同时在"编辑"选项卡中调整亮度，调整宽度为"200"。第三步按 P 键，单击木质表面，向上推拉，在"数值控制"栏输入高度值"2500"，按回车键。

（4）创建一组柱体的群组：第一步按空格键，选择刚绘制的一个柱体。第二步按 M 键，再按 Ctrl 键，复制并移动一个柱体到设计位置。第三步按空格键，按下 Shift 键，选择这两个柱体，单击右键，在弹出的快捷选单中选择"创建群组"命令，创建一组柱体群组，如图 5-138 所示。

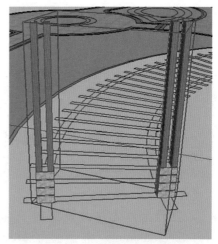

图 5-138 创建花架柱群组

（5）复制花架柱：第一步按 L 键，单击左端花架架条的中点，沿垂直于边线方向绘制一条直线；再单击右端花架架条的中点，沿垂直于边线方向绘制一条直线，两条直线交与圆形广场的圆心。第二步按空格键，选择柱体群组。第三步按 Q 键，再按 Ctrl 键，分别单击圆心和花架架条的中点，向右旋转，分别输入角度"77.34"和"/4"，完成阵列复制，如图 5-139 所示。

3. 绘制花架的弧形横梁 参照平面图形绘制弧形的花架横梁。

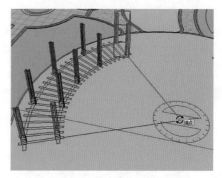

图 5-139 旋转复制花架柱体

（1）绘制横梁的封闭面：第一步按 A 键，分别单击横梁左右两个端点和圆弧的中点，绘制两端圆弧。第二步按 L 键，连接两端圆弧的端点形成封闭的面。第三步按空格键，选择横梁面，再按 M 键，沿着蓝色轴向上移动，同时输入高度值"2900"，按回车键。按照上述办法，绘制另一个圆弧横梁的平面。

（2）绘制横梁：第一步按 B 键，单击"提取材质"图标 ，提取花架柱的木材材质，赋予横梁。第二步按 P 键，单击横梁面向上推拉，输入高度值"220"。第三步按空格键，按下 Shift 键，选择这两个弧形横梁，单击右键，在弹出的快捷选单中选择"创建群组"命令，创建弧形横梁的群组。绘制了弧形横梁的花架如图 5-140 所示。

4. 绘制花架架条 共有 25 根木质花架架条。

（1）绘制一根花架架条：第一步按 L 键，描绘花架左端第一根花架架条，创建封闭的矩形面。第二步按 M 键，再按 Ctrl 键，单击矩形面上一点，沿着蓝色轴向上移动，输入高度值"3120"，按回车键。第三步按 B 键，单击"提取材质"图标 ，提取花架柱的木材材质，赋予花架

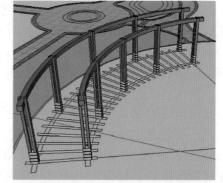

图 5-140 绘制了弧形横梁的花架

架条。第四步按P键，单击花架架条的平面向上推拉，输入厚度值"150"，按回车键。第五步按T键，单击花架架条上端边线向下移动，输入数值"100"，按回车键，绘制一条辅助线。第六步按L键，连接辅助线与花架架条边线的交点和花架架条与柱体的交点。第七步按P键，选择花架架条左右两端形成的三角形，向内推拉，输入数值"150"，按回车键，挖去一部分三棱柱，如图5-141所示。第八步按空格键，选择花架架条，单击右键，在弹出的快捷选单中选择"创建群组"命令，把花架架条创建为组群。

（2）旋转阵列24个花架架条：第一步按空格键，选择花架架条的组群。第二步按Q键，再按Ctrl键，分别单击圆心和花架架条的中点，向右旋转复制，分别输入角度"77.34"和"/24"，完成复制，如图5-142所示。

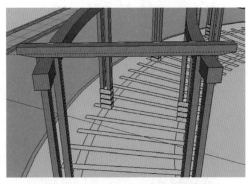

图5-141　挖去三棱柱的花架架条图形

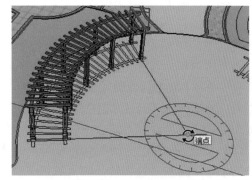

图5-142　旋转阵列花架架条

5．绘制坐凳　共有四个坐凳。

（1）隐藏弧形花架平面图形群组：单击弧形花架的平面图形群组，单击右键，在弹出的快捷选单中选择"隐藏"命令，隐藏弧形花架的平面图形，避免对绘制坐凳产生干扰。

（2）绘制坐凳的平面图形凳面：第一步按A键，分别单击相邻两个柱体内侧角点，沿水平面拉出弦高，在"数值控制"栏输入数值"100"，按回车键。第二步按同样方法绘制另外一条弧线。第三步按L键，连接弧线两端的端点，形成封闭的面。第四步按L键，连接圆形广场的圆心与弧线的左右两个端点。第五步按空格键，分别选择左右两端的直线，再按Q键，分别单击圆心和左右两端端点，向内侧拉出旋转方向，输入旋转角度"2"，按回车键，绘制坐凳的平面图形。

（3）绘制坐凳的凳面：如图5-143所示。第一步按空格键，选择坐凳的平面。第二步按M键，再按Ctrl键，单击一个角点，沿蓝色轴向上移动，输入数值"500"，按回车键。第三步按B键，单击"提取材质"图标✐，提取花架柱的木材材质，赋予凳面。第四步按P键，选择凳面，向下推拉，输入数值"60"，按回车键。

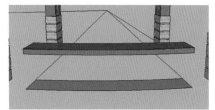

图5-143　坐凳凳面图形

（4）绘制坐凳的基座：如图5-144所示。第一步按L键，连接两端圆弧的中点。第二步按T键，选择中间直线分别向左右两侧移动，输入"120"，按回车键。再分别选择左右两端直线，向内移动，输入"240"，按回车键。第三步按L键，分别连接辅助线与弧线的交点。第四步按B键，单击"提取材质"图标✐，提取花架柱的石材材质，赋予坐凳基座。第五步按P键，选择基座的平面，向上推拉，输入数值"440"，按回车键。

（5）旋转阵列四个坐凳：如图5-145所示。第一步删除辅助线和平面图形。第二步按空格键，选择坐凳，单击右键，在弹出的快捷选单中选择"创建群组"命令，创建坐凳的组群。第三步按Q键，再按Ctrl键，单击圆心和柱体基座的中点，顺时针旋转，分别输入数值"58"和"/3"，旋转阵列三个坐凳。

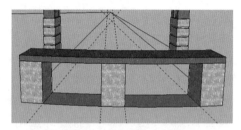

图5-144 绘制坐凳基座

6.绘制花架组

（1）创建一个花架群组：第一步按空格键，选择花架的所有坐凳、柱体、横梁和花架架条。第二步单击右键，在弹出的快捷选单中选择"创建群组"命令，创建一个花架组群。

（2）旋转复制花架：如图5-146所示。第一步按空格键，选择花架组群。第二步按Q键，再按Ctrl键，然后分别单击圆心和左侧第一个柱体基座的中心，再顺时针旋转，输入数值"133.3"，按回车键确认。

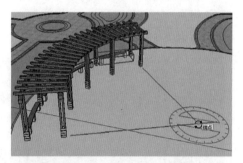

图5-145 旋转阵列坐凳

7.绘制花架广场的铺装　隐藏花架，利于绘制铺装。

（1）绘制花架广场的封闭面：按L键，在广场中间绘制一条贯穿直线，得到封闭的广场平面。若绘制直线后没有形成封闭面，注意检查周围的弧形边线是否完整，必要时描绘弧形。

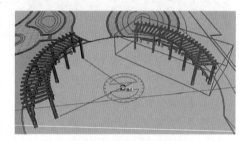

图5-146 旋转复制花架

（2）绘制花岗岩铺装：如图5-147所示，第一步按B键，选择材质库中的一种地砖材质赋予弧形广场，在"编辑"选项卡中调整亮度。第二步在"编辑"选项卡中选择"使用贴图"复选项，单击"浏览"按钮，选择文件夹中的"花岗岩"铺装材质，选择"打开"命令，并将宽度调整为"2000"。

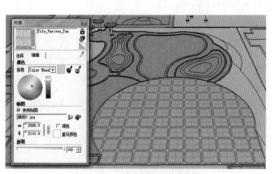

图5-147 绘制花岗岩铺装

（六）绘制花坛坐凳

1.绘制圆形花坛坐凳　圆形花坛的面在绘制园路时已经封闭。

（1）绘制花坛的墙体：第一步按P键，单击环形面向上推拉，输入高度值"600"，按回车键。第二步按B键，选择砖和外墙板材质库中的蓝色砖，赋予墙体。第三步选择"编辑"选项卡，调整亮度，并将宽度调整为"400"。

（2）绘制花坛的顶面：第一步按空格键，选择花坛的环形顶面，再按F键，单击外环圆周，向外拉出偏移方向，在"数值控制"栏输入"100"，按回车键。第二步按P键，单击顶面向上推拉，在"数值控制"栏输入"60"，按回车键；再单击花坛地面向上推拉，在"数值控制"栏输入"600"，按回车键。第三步按F键，单击内环圆周，向内拉出偏移方向，在"数值控制"栏输入"150"，按回车键；再单击新形成的内圆周，向内拉出偏移方向，在"数值控制"栏输入"120"，按回车键。第四步按P键，单击内圆向上推拉，在"数值控制"栏输入"300"，按回车键。第五步按L键，绘制如图5-148所示的梯形。第六步按空格键，选择圆周，再选择"路径跟随"命令，单击梯形面，绘制坐凳的靠背。第七步按B键，选择木材材质库中的木板材质，赋予花坛顶与靠背，并选择"编辑"选项卡，将宽度调整为"600"。第八步按P键，单击内圆向下推拉"100"；再按B键，选择植被的草坪材质赋予内圆，并选择"编辑"选项卡，将宽度调整为"600"。圆形花坛坐凳完成图如图5-149所示。

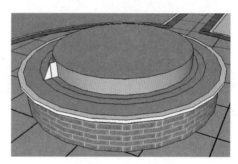

图5-148　梯　形

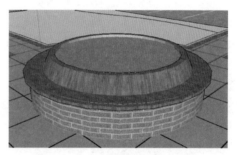

图5-149　圆形花坛坐凳完成图

2.绘制长方体花坛坐凳　参照平面图形绘制组合的花坛和坐凳。

（1）封闭花坛坐凳的平面：按L键，描绘花坛坐凳的平面，形成封闭的面。

（2）绘制花坛：第一步按B键，选择砖和外墙板材质库中的蓝色砖，赋予环形平面；再选择"编辑"选项卡，调整亮度，并将宽度调整为"300"。第二步按P键，单击环形平面向上推拉，在"数值控制"栏输入"600"，按回车键；再单击花坛地面向上推拉，在"数值控制"栏输入"500"，按回车键。第三步按B键，选择植被的草坪材质赋予花坛的种植面。

（3）绘制坐凳：第一步按B键，单击"提取材质"图标，提取花坛墙体的材质，赋予坐凳平面。第二步按P键，单击坐凳平面向上推拉，在"数值控制"栏输入"300"，按回车键。第三步按空格键，选择坐凳表面。第四步按M键，再按Ctrl键，单击表面的一个角点，向上移动，在"数值控制"栏输入"60"，按回车键，如图5-150所示。第五步按B键，选择木材材质库中的木板材质，赋予复制的表面，宽度调整为"200"，注意表面的上面和下面都要附着材质。第六步按P键，单击平面向下推拉，在"数值控制"栏输入"60"，按回车键。坐凳完成图如图5-151所示。

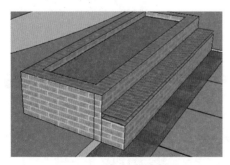

图5-150　复制坐凳表面

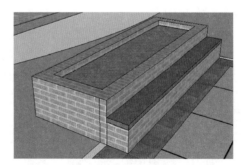

图5-151　坐凳完成图

（七）绘制人工水池

1.绘制水池的封闭平面 按L键，在水池平面中间绘制一条贯穿直线，得到封闭的水池平面。若绘制直线后没有形成封闭面，注意检查周围的弧形边线是否完整，必要时描绘弧形。

2.绘制水池的池底和池壁 第一步按B键，选择地砖材质库中的马赛克材质，赋予水池平面；再选择"编辑"选项卡，调整亮度，输入宽度值为"3000"。第二步按P键，选择马赛克平面，向下推拉，输入数值"1000"，按回车键确认。

3.绘制水池的水体 如图5-152所示。第一步按空格键，选择池底。第二步按M键，再按Ctrl键，单击池底上的一点，沿蓝色轴向上复制，输入数值"600"，按回车键。第三步按B键，选择水体材质库中的"Water_Pool_Light"材质。第四步在"编辑"选项卡中调整亮度，输入宽度值"3000"，调整透明度为"60"，创建池水透明效果。

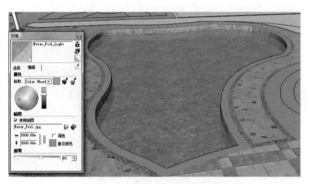

图5-152 绘制水池水体

（八）绘制运动场地

1.描绘运动场地的平面图样 第一步按L键，分别连接羽毛球场地、篮球场地、周围空地的一条边线，形成封闭的面。第二步右键单击羽毛球场地和篮球场地的面，按Delete键，删除面域，保留边线。

2.绘制羽毛球场地 第一步选择选单"窗口"→"组件"命令，弹出"组件"对话框。第二步在Google"搜索"栏输入"羽毛球场地"，单击"搜索"图标。第三步在"组件"对话框的选择窗格中单击"羽毛球场地"组件，插入到绘图位置，如图5-153所示。第四步使用旋转、移动、缩放等工具将组件的方位、位置和大小等调整为与设计图样相一致。若在组件中有不需要的模型，可炸开组件，删除多余模型。

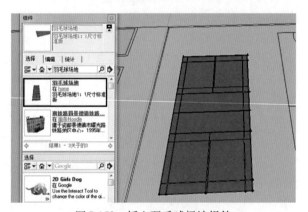

图5-153 插入羽毛球场地组件

3.绘制篮球场地 按照上述办法创建篮球场地组件，如图5-154所示。

（九）绘制绿地

1.绘制绿篱和植物造型色带 第一步按L键，描绘设计图样，封闭绿地的平

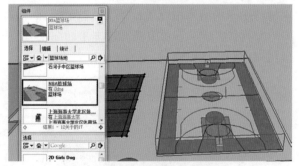

图5-154 创建篮球场地组件

面。要注意弧线连接的位置常有断线，需要修复。第二步选择选单"文件"→"导入"命令，在"打开"对话框中搜索到金叶女贞的图片，单击"作为材质使用"单选项，然后单

击"打开"按钮导入材质。第三步在金叶女贞绿篱
的平面上单击任意两点,将金叶女贞图片附着在平
面上,如图5-155所示。第四步在"材质"对话框的
"编辑"选项卡中选择"颜色"复选项,突出黄色的
效果,并将宽度调整为"10000",显现植物的图样。
第五步按P键,单击金叶女贞材质,向上推拉,输入
数值"500",按回车键确认。按照上述步骤,绘制完
成金叶女贞、红花檵木的绿篱和植物造型的模型及草
坪的贴图绘制。完成图如图5-156所示。

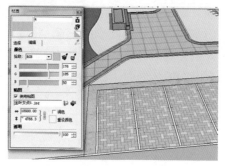

图5-155　附着金叶女贞材质

2. 创建微地形　利用等高线生成
地形的方法创建绿地中的微地形。以
伞亭广场旁边的微地形为例。

(1) 移动等高线:第一步按空格
键,单击外侧第一条等高线上的任意
位置,然后单击右键,在弹出的快捷
选单中选择"选择"→"所有关联"
命令,选中目标等高线。第二步按M
键,单击等高线上一点,沿着蓝色轴

图5-156　金叶女贞绿篱模型

向上移动,输入数值"200",按回车键确认。按照上述办法,依次移动从外到内的等高线,
设置高度依次为"350"、"500"、"800"。

(2) 创建地形:第一步按空格键,选择所有等高线。第二步单击"地形工具"工具栏
中的"用等高线生成"图标,地形即生成,并自动成为一个群组。第三步按B键,单击"材
质"对话框中的"提取材质"图标,提取周边草坪材质,赋予地形。第四步选择选单"窗
口"→"边线柔化"命令,在弹出的"边线柔化"对话框中选择"光滑"和"共面"单选
项,调整角度为"80",增强地形的真实感。

(3) 按照上述步骤创建花架广场旁边的地形,设置高度依次为"300"、"500"。微地形
完成图如图5-157所示。

图5-157　微地形完成图

(十) 创建主要建筑模型

1. 创建围墙　第一步按B键,选择砖和外墙板材质库中的红砖材质,赋予围墙平面。第二
步在"编辑"选项卡中调整材质的亮度,并将宽度调整为"2400"。第三步按P键,单击墙体平

面，向上推拉，输入数值"3000"，按回车键确认。第四步按L键，将墙体表面划分为三部分。第五步右键单击水平方向的墙体表面，在弹出的快捷选单中选择"贴图"→"位置"命令，单击绿色的旋转按钮，将材质由水平方向旋转为竖直方向，增强真实感，如图5-158所示。

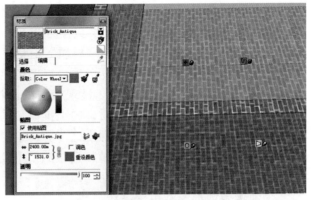

图5-158　围墙贴图

2. 创建住宅楼　结合楼房的平面图和正立面图绘制楼房的模型图。

（1）建立标准层模型：首先创建第一层楼房模型。

①创建第一层楼房的平面和立面图。第一步按M键，再按Ctrl键，复制一个住宅楼的平面图，其目的是在图纸以外的位置创建住宅楼模型，避免干扰。第二步按L键，闭合住宅楼的平面图形。第三步按P键，向上推拉楼房的墙体，输入数值"3000"，按回车键确认。第四步选择选单"文件"→"导入"命令，导入DWG格式

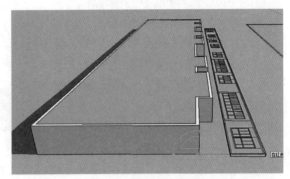

图5-159　以侧面为旋转面

的住宅楼第一层立面图。第五步按Q键，如图5-159所示，以侧面为旋转面，将立面由平面放置旋转为立面放置。第六步右键单击立面图形，在弹出的快捷选单中选择"炸开"命令，分解立面图形。第七步移动各个部位到其设计位置，如图5-160所示。

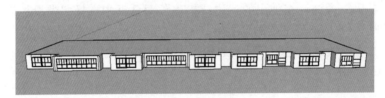

图5-160　立面图形定位

②创建窗户模型。如图5-161所示。第一步按L键，描绘窗户的边线，划分窗户的各部分平面。第二步按P键，单击外窗框，向外拉伸，输入数值"60"，按回车键确认；再单击内窗框，向外拉伸，输入数值"40"，按回车键确认。第三步按B键，选择半透明材质库中的蓝色玻璃材质，赋予窗户平面，在"编辑"选项卡中调整透明度为"80"，加重颜色。窗框材质都为白色。第四步按空格键，选择窗户模型，然后单击右键，在弹出的快捷选单中选择"创建群组"命令，创建窗户群组。第五步按

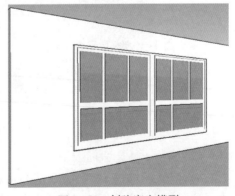

图5-161　创建窗户模型

M键，再按Ctrl键，单击窗户群组的一个角点，复制到立面的其他相同窗户位置。

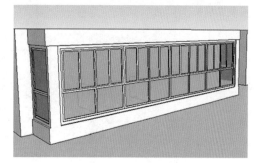

图5-162　创建阳台模型

③创建阳台模型。如图5-162所示。第一步按L键，描绘阳台的边线，划分阳台的各部分平面。第二步按P键，单击阳台的外墙框，向外拉伸，输入数值"1200"，按回车键确认；再分别单击窗户的外窗框、内窗框和窗户面，向外拉伸，依次输入数值"1160"、"1140"、"1120"。第三步按B键，单击"提取材质"图标 ∕，提取窗户的玻璃材质，赋予阳台窗户。窗框材质都为白色。第四步按L键，对应正立面绘制阳台侧立面的窗户外框和内框。第五步按P键，分别单击侧立面窗户的外窗框、内窗框和窗户面，向内推拉，依次输入数值"40"、"60"、"80"。第六步提取窗户的玻璃材质，赋予侧立面窗户。第七步将阳台模型创建为群组，并复制到立面的其他相同阳台位置。

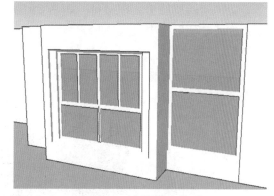

图5-163　创建飘窗模型

④创建飘窗模型。如图5-163所示。按照上述步骤操作，设置飘窗的外墙拉伸数值为"600"，外窗框拉伸数值为"550"，内窗框拉伸数值为"500"，窗户面拉伸数值为"480"。飘窗旁边的窗户的窗框向内推拉数值为"60"，窗户面向内推拉数值为"80"。最后创建飘窗群组，复制到其他的位置。

⑤创建百叶透气窗。如图5-164所示。第一步按T键，单击楼层上面水平边线依次向下移动300mm和800mm,单击楼层左面竖直边线依次向右移动500mm和1500mm。第二步按R键，依据辅助线绘制1500mm×800mm的矩形。第三步按F键，单击矩形面向内移动100mm。第四步按P键，单击环形面向外拉伸300mm，单击矩形平面向外拉伸270mm。第五步按B键，选择百叶材质库中的"Blinds Weave"材质，赋予矩形平面，同时调整材质的亮度，调整宽度为1000mm。

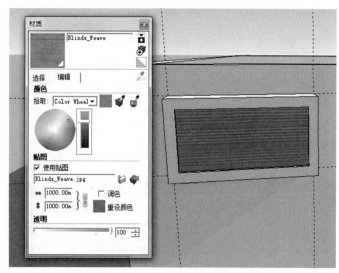

图5-164　创建百叶透气窗

⑥装饰外墙。如图5-165所示。使用辅助线、直线、材质贴图等工具装饰楼房墙体，墙体材质分别为红色外墙砖、百叶Blinds Weave、灰色外墙漆、白色外墙漆。

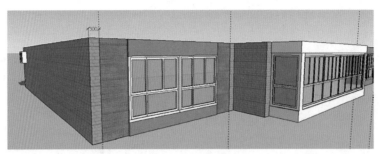

图 5-165　装饰外墙

（2）组合住宅楼模型：住宅楼共有六层，第一层至第五层统一样式，将第六层外饰红色外墙砖更改为白色外墙砖。

①创建第一层楼房群组。按空格键选择标准楼层，单击右键，在弹出的快捷选单中选择"创建群组"命令。

②阵列四层楼房。按M键、再按Ctrl键，单击第一层楼房群组，沿着蓝色轴向上移动，分别在"数值"框中输入"3000"和"4*"，按回车键完成阵列。第一层至第五层楼房模型如图 5-166 所示。

图 5-166　第一层至第五层楼房模型

③创建第六层楼房。第一步按M键、再按Ctrl键，单击第五层楼房群组，沿着蓝色轴向上移动，输入数值"3000"，按回车键复制一层楼房。第二步右键单击第六层楼房，在弹出的选单中选择"炸开"命令，分离群组。第三步按B键，选择模型中没有的任意一种材质赋予楼房山墙，再选择"编辑"选项卡，搜索白色外墙砖材质，调整宽度，单击"打开"按钮，更改红色外墙砖材质为白色外墙砖材质。第四步单击第六层楼房其他红色外墙砖材质，完成材质更改。

④创建顶层模型。如图 5-167 所示。第一步导入AutoCAD设计的楼房顶层平面图。第二步使用直线工具封闭梯井平面。第三步使用推拉工具，向上拉伸梯井平面3000mm。第四步使用组件工具，在Google中搜索门和窗户模型，插入梯井适当位置。第五步创建梯井群组，并复制两个梯井模型。第六步使用矩形工具和推拉工具绘制并创建500mm×500mm×3200mm的花架柱群组。第七步复制阵列其余的20根花架柱。第八步绘制并创建一个8413mm×500mm×200mm的花架架条群组，再阵列30根花架架条。

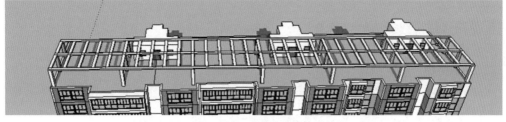

图5-167　创建顶层模型

⑤创建楼房模型。按空格键，选择所有楼层，单击右键，在弹出的快捷选单中选择"创建群组"命令，如图5-168所示。

图5-168　创建楼房模型

3.放置住宅楼　第一步按M键，单击住宅楼，移动到设计位置。第二步按M键，再按Ctrl键，单击住宅楼，复制移动到对面的设计位置。第三步选择选单"编辑"→"群组"→"沿轴镜像"→"组的红轴"命令，将住宅楼的正面调整过来。第四步按空格键，选择住宅楼群组，再按S键，缩放楼房大小与设计大小吻合。第五步右键单击楼房群组，在弹出的快捷选单中选择"炸开"命令，分解群组，调整楼房为11层。最后创建11层的住宅楼群组，放置在设计位置，如图5-169所示。

图5-169　高层住宅楼模型

（十一）渲染材质

1.隐藏边线 选择选单"查看"→"边线类型"命令，不勾选"显示边线"复选项，隐去所有边线，增加模型的真实感。

2.设置阴影 第一步选择选单"窗口"→"阴影"命令，弹出"阴影设置"对话框。第二步选择"显示阴影"选项卡。第三步在"显示阴影"选项卡中设置日期为"20/8"，时间为

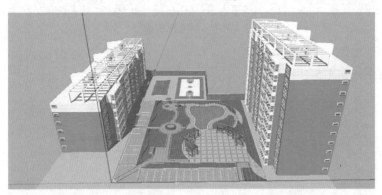

图5-170 园林设计场景图

"15:00"。第四步设置光线为"80"，明暗为"50"，分别控制光线的明暗程度和阴影的明暗程度。第五步在"显示"选项卡中勾选"表面"和"地面"选项，使物体表面和地面都接受阴影。

园林设计场景完成图如图5-170所示。

通过以上步骤绘制园林绿化设计中的园路、亭、廊架、水景、园林坐凳、主要建筑、园林植物造型等景观模型，构建了园林绿化设计场景，为下一步在Photoshop软件中绘制园林植物、假山、小品等景观要素及整体图纸的后期处理打下了基础。

四、任务拓展

（一）绘制任务

根据图5-171提供的文化景墙平面图和正立面图，绘制如图5-172所示的文化景墙模型图。

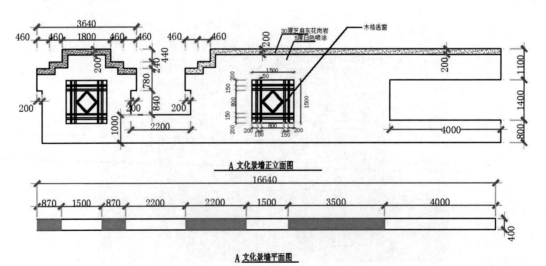

图5-171 文化景墙平面图、立面图

（二）绘图提示

1.在AutoCad软件中绘制如图5-171所示的文化景墙平立面图，并导入SketchUp7中。

2.平面图和立面图结合绘制景墙模型。

3.选择选单"文件"→"导入"命令，选择"作为图片使用"单选项，打开梅花的图片，附着在景墙立面。

4.选择选单"窗口"→"组件"命令，在弹出的"组件"对话框中利用Google搜索并插入竹子组件，再用复制命令完成竹子的放置。放置位置可自己灵活掌握。

图5-172　文化景墙模型

五、课后测评

（一）填空题

（1）贴图之前先将模型制作成＿＿＿＿，组件都有单独的＿＿＿＿，而组件内物体和贴图的坐标系都被定义成了组件的坐标系，它们是＿＿＿＿的，制作成组件后无论如何移动模型，贴图都保持不变。

（2）将导入的照片作为＿＿＿＿使用，赋予模型表面，将二维的照片创建为三维的模型。

（3）将导入的照片作为＿＿＿＿使用，赋予模型表面，还将作为二维的图片贴图。

（4）缩放工具的快捷键是＿＿＿＿。

（二）选择题

（1）指定贴图位置的四个别针中，＿＿＿＿的别针，可改变贴图的角度。

　　①绿色　　②蓝色　　③红色　　④黄色

（2）指定贴图位置的四个别针中，＿＿＿＿的别针，可对贴图进行平行四边形变形。

　　①绿色　　②蓝色　　③红色　　④黄色

（3）指定贴图位置的四个别针中，＿＿＿＿的别针，可等比例改变贴图的大小。

　　①绿色　　②蓝色　　③红色　　④黄色

（4）选择模型中的＿＿＿＿控制点实施缩放，可以对三维物体等比缩放。

　　①长度　　②宽度　　③高度　　④对角

（三）绘图题

因涉及图纸较多，园林场景的绘制练习由任课教师自行安排。

项目六

园林设计效果图的后期处理

预 备 知 识

园林设计效果图的一般制作流程分为创建三维模型、赋予材质、设置灯光、相机、导出图像和后期处理六个步骤。其中前五个步骤通常利用3DMAX或SketchUp软件完成(本书使用SketchUp软件建模)，后期处理主要利用Photoshop软件针对导出的园林场景添加植物、假山、喷泉、驳岸等园林景观，润色加工处理周围环境氛围。

一、园林效果图后期处理的一般制作流程

利用Photoshop软件后期处理效果图时的一般制作流程分为导出园林场景位图文件、准备所需素材（植物、小品、配景等）、添加园林景观、后期环境修饰、打印出图等步骤，如图6-1至图6-4所示。

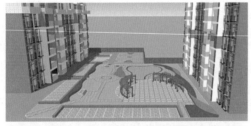

图6-1　导出园林场景位图文件

图6-2　添加园林硬质景观

图6-3　添加植物景观

图6-4　配景修饰

二、导出二维园林场景位图文件

SketchUp导出的位图有JPEG、PNG、TIFF、BMP等文件类型。园林场景主要应用JPEG格式的图像文件。

（一）调整合适的相机角度

1.手动调整　下按鼠标滚轴转动图像得到合适的相机角度。

2.设置相机位置 单击"相机位置"图标 ⚐ ,在绘图窗口单击设置相机位置,得到合适的相机角度。

3.设置透视角度 选择选单"相机"→"标准视图"→"等角透视"命令,或选择选单"相机"→"两点透视"命令设置合适的透视角度。

(二)调整阴影设置、显示设置

按照项目五中阴影设置和显示设置的相关知识调整阴影和显示模式。

(三)创建当前相机视角的页面

选择选单"窗口"→"页面管理"命令,在弹出的"页面管理"对话框中勾选所需属性,如图6-5所示,单击"增加页面"图标 ⊕ ,页面会对当前视图的视角、阴影、显示等信息保存,下次单击该页面时这些信息会自动显示。

(四)导出二维园林场景图像

1.调整绘图窗口的尺寸 拖曳绘图窗口的边框,将宽度和高度的比例大致调整为1.5 : 1左右,它直接关系到导出图纸的宽度和高度比例,为绘制标准的图纸图幅打下基础。

2.导出图像 选择选单"文件"→"导出"→"2D图像"命令,在弹出的"导出二维消隐线"对话框中按照图6-6所示步骤操作,最后导出JPEG格式的园林场景位图,如图6-7所示。

图6-5 "页面管理"对话框

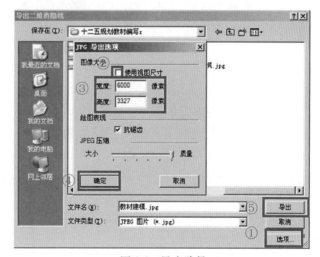

图6-6 导出路径

图6-7 导出JPEG格式的园林场景位图

三、获得素材的途径

效果图后期处理时需要的图像素材，可以通过购买图库软件、数码相机拍摄影像、扫描仪扫描图片、互联网下载图像和自己制作等途径获得。

任务一　园林硬质景观后期处理

一、任务分析

园林假山、景石、水面、喷泉等硬质景观通常用Photoshop CS2软件创建。本任务绘制如图6-8所示的假山水景效果图。首先，打开JPEG格式的场景文件和所需素材文件，然后利用各种选取工具选取、复制素材，再结合选区的存储和载入、图像的调整、滤镜功能等综合处理方法，创建较为真实的园林假山水景效果图。

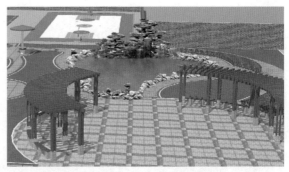

图6-8　假山水景效果图

二、知识链接

（一）"选择"选单

"选择"选单如图6-9所示，它虽然包含的内容不多，但是其中的"全选"、"反选"、"修改"命令经常配合选取工具共同使用来满足选择的需要。

1.全选　快捷键为Ctrl+A。使用此命令时图像与背景一起被框选。

2.取消选择　快捷键为Ctrl+D。使用此命令时取消一切已被框选的对象。

3.反选　快捷键为Shift+Ctrl+A。使用此命令时选中框选范围以外的区域。

4.色彩范围　此命令用吸管工具来选取图像中颜色相同的各部分区域。

5.羽化　快捷键为Alt+Ctrl+D。执行此命令时把框选范围的边界进行柔滑，使它光滑些。

6.修改　"修改"命令包括"扩边"、"平滑"、"扩展"、"收缩"四个子命令，其中"扩边"命令是把框选范围的四周做成边框，"平滑"命令是把圈选范围边界周围进行柔化，"扩展"命令是扩大已框选的范围，"收缩"命令是缩小已框选的范围。

7.扩大选取　此命令扩大框选范围。

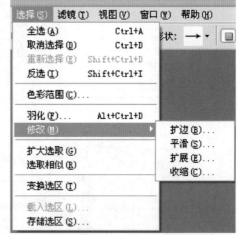

图6-9　"选择"选单

8.选取相似 此命令以近似色来扩大当前的框选范围。

9.载入选区 此命令把存在通道中的框选范围载入当前图像中。

10.存储选区 此命令把当前的圈选范围存入通道中。

(二)滤镜

为了丰富照片的图像效果，摄影师们在照相机的镜头前加上各种特殊镜片，这样拍摄得到的照片就包含了所加镜片的特殊效果。这种特殊镜片称为"滤色镜"。

特殊镜片的思想延伸到计算机的图像处理技术中，便在Photoshop软件中产生了"滤镜"，也称为"滤波器"，这是一种特殊的图像效果处理技术。一般地，滤镜遵循一定的程序算法，对图像中像素的颜色、亮度、饱和度、对比度、色调、分布、排列等属性进行计算和变换处理，其结果便使图像产生特殊效果。在如图6-10所示的滤镜功能表中包含了分好类的滤镜特效种类，而每一个滤镜特效种类的次功能表中，都有一些相关的可以执行的特效指令。滤镜的功能强大。下面重点介绍与园林效果图处理密切相关的"抽出"、"模糊"、"扭曲"三种特效滤镜。

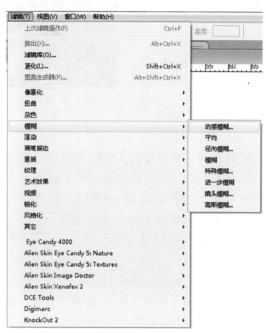

图6-10 滤镜功能表

1."抽出"滤镜 "抽出"滤镜主要用来选取图像，也称抠图，即把图像的一部分提取出来，尤其适用于分离边缘杂乱、细微但与背景有一定反差的对象。

(1)执行"抽出"滤镜的方法：按快捷键Alt+Ctrl+X，或选择选单"滤镜"→"抽出"命令。

(2)"抽出"对话框：执行"抽出"命令，弹出"抽出"对话框。"抽出"对话框左侧为工具栏，右侧为属性栏。

(3)一般操作步骤：先在属性栏设置画笔的大小、边缘高光工具和填充的颜色以及抽出的平滑度等属性，再用边缘高光工具沿着图像的边缘轮廓拖移光标，勾画好一个封闭边界后，选择填充工具填充封闭区域，它显示了提取对象的内部区域，最后单击"好"按钮完成抠图，如图6-11和图6-12所示。

图6-11 利用边缘高光工具勾画封闭边界

图 6-12　填充封闭区域

（4）注意事项：

①最好先将图像放大几倍后再进行高光描绘边界操作。

②只有当加亮边界完全封闭时才能填充，否则填充的是整幅图像。

③当需要强调抠取某一种颜色时，例如：发丝、羽毛、透明的纱、散落的水珠等，就要用到"抽出"滤镜里的强制前景这一项。需要抠取哪一部分颜色，就把强制前景设置为该种颜色。颜色的设置可用吸管工具来提取。图案选取不用填充工具，而是全部用高光亮色工具涂抹选取。

④清除工具和边界修整工具在预览选取图案后使用。

2．模糊工具　模糊工具也称为"柔化"滤镜。它通过削弱相邻像素的对比度达到制作柔和边界和阴影的效果，对修饰图像非常有用。选择选单"滤镜"→"模糊"命令可弹出该滤镜命令的级联选单，如图 6-13 所示。

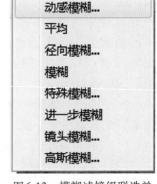

（1）"动感模糊"滤镜：该滤镜沿着指定方向（－360 度至+360 度）以指定强度（1 至 999）进行模糊。此滤镜的效果类似于以固定的曝光时间给一个移动的对象拍照。它可以产生动态的效果，如图 6-14 所示的原图像与图 6-15 所示的动感模糊图像的比较。

图 6-13　模糊滤镜级联选单

（2）"平均"滤镜：该滤镜找出图像或选区的平均颜色，然后用该颜色填充图像或选区以创建平滑的外观。例如，如果选择了草坪区域，该滤镜会将该区域更改为一块均匀的绿色部分，如图 6-16 所示。

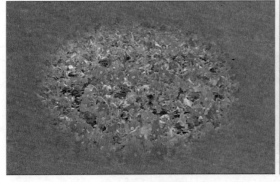

图 6-14　原图像

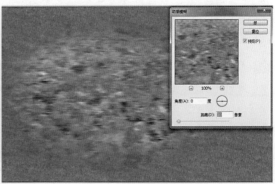

图 6-15　动感模糊效果

（3）"径向模糊"滤镜：该滤镜模拟缩放或旋转的相机所产生的一种柔化模糊。选取"旋转"，沿着同心圆环线模糊，然后指定旋转的度数，如图6-17所示。选取"缩放"，沿径向线模糊，然后指定1～100的值，如图6-18所示模糊的品质范围从"草图"到"好"和"最好"。"草图"产生最快但为粒状的结果，"好"和"最好"产生比较平滑的结果。

图6-16　平均模糊效果

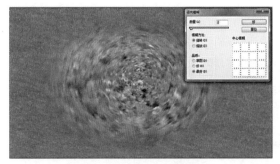

图6-17　径向旋转模糊效果

图6-18　径向缩放模糊效果

（4）"模糊"和"进一步模糊"滤镜：该滤镜在图像中有显著颜色变化的地方消除杂色。"模糊"滤镜通过平衡已定义的线条和遮蔽区域的清晰边缘的旁边的像素，使变化显得柔和。"进一步模糊"滤镜的效果比"模糊"滤镜强三到四倍。上述模糊效果没有参数设置。

（5）"特殊模糊"滤镜：该滤镜可以用来精确地模糊图像，指定半径、阈值和模糊品质。半径值确定在其中搜索不同像素的区域大小。阈值确定像素具有多大差异后才会受到影响。可以为整个选区设置模式（正常），或为颜色转变的边缘设置模式（"仅限边缘"和"叠加边缘"）。在对比度显著的地方，"仅限边缘"应用黑白混合的边缘，如图6-19所示，而"叠加边缘"应用白色的边缘，如图6-20所示。

（6）"镜头模糊"滤镜：该滤镜可以用来向图像中添加模糊以产生更窄的景深效果，以便使图像中的一些对象在焦点内，而使另一些区域变模糊，如图6-21所示。

（7）"高斯模糊"滤镜：该滤镜用指定的数值快速模糊选中的图像部分，产生一种朦胧的效果。调节模糊半径在0.1～250像素之间，如图6-22所示。

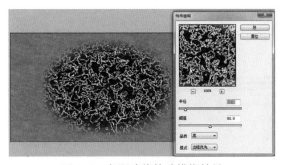

图6-19　仅限边缘特殊模糊效果

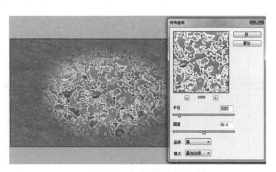

图6-20　叠加边缘特殊模糊效果

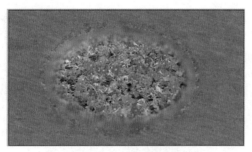

图6-21　镜头模糊效果

图6-22　高斯模糊效果

3.**"扭曲"滤镜**　"扭曲"滤镜通过对图像应用扭曲变形，创建各种整形效果。选择选单"滤镜"→"扭曲"命令后，显示其级联选单如图6-23所示。与园林效果图处理密切相关的命令有"水波"、"波浪"、"波纹"、"海洋波纹"等几种。

（1）"水波"滤镜：该滤镜使图像产生同心圆状的波纹效果。其参数设置如下：

①数量。其变化范围为－100～+100，表示波纹的大小。负值产生内侧波纹，正值产生外凸波纹。

②起伏。表示水波方向从选区的中心到其边缘的反转次数，其变化范围为1～20，值越大，产生的波纹越多。

③样式。"样式"下拉列表中可以选择三种产生波纹的方式，分别是围绕中心旋转像素的"围绕中心"；向着或远离选区中心置换像素的"从中心向外"；将像素置换到左上方或右下方使图像产生池塘同心状波纹的效果的"水池波纹"。这三种方式的效果如图6-24至图6-27所示。

图6-23　"扭曲"滤镜级联选单

切变...
扩散亮光...
挤压...
旋转扭曲...
极坐标...
水波...
波浪...
波纹...
海洋波纹...
玻璃...
球面化...
置换...

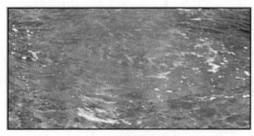

图6-24　原图像

图6-25　围绕中心效果

图6-26　从中心向外效果

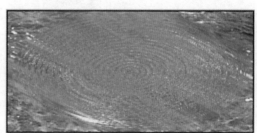

图6-27　水池波纹效果

（2）"波浪"滤镜：该滤镜使图像产生波浪扭曲效果，其参数设置如图6-28所示。

①生成器数。控制产生波的数量，范围是1～999。

②波长。其最大值与最小值决定相邻波峰之间的距离。两值相互制约，最大值必须大于等于最小值。

③波幅。其最大值与最小值决定波峰高度。两值相互制约，最大值必须大于等于最小值。

④比例。"比例"控制图像在水平或垂直方向上的变形程度。

⑤类型。"类型"有正弦、三角形、正方形三种类型可供选择。它反映波浪的不同形状。

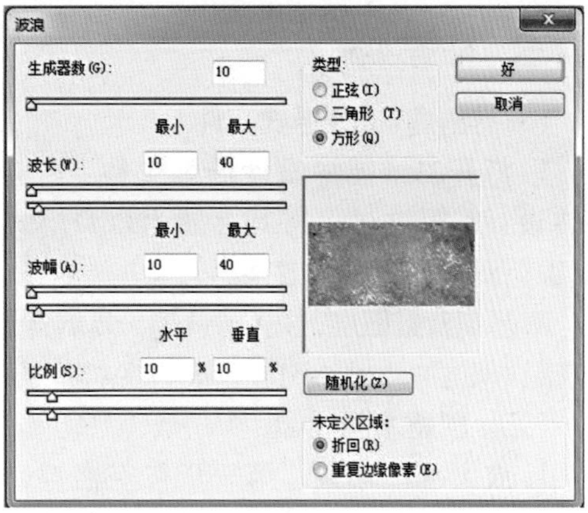

图6-28　"波浪"对话框

⑥随机化。每单击一下此按钮都可以为波浪指定一种随机效果。

⑦折回。"折回"将变形后超出图像边缘的部分反卷到图像的对边。

⑧重复边缘像素。"重复边缘像素"将图像中因为弯曲变形超出图像的部分分布到图像的边界上。

（3）"波纹"滤镜：该滤镜使图像产生类似水波纹的效果，其参数设置如图6-29所示。

①数量。"数量"控制波纹的变形幅度，范围为－999%～+999%。

②大小。"大小"有大、中、小三种波纹可供选择。

（4）"海洋波纹"滤镜：该滤镜使图像产生普通的海洋波纹效果。此滤镜不能应用于CMYK和Lab模式的图像。其参数设置如图6-30所示。

①波纹大小。"波纹大小"用于调节波纹的尺寸，范围为1～15。

②波纹幅度。"波纹幅度"控制波纹振动的幅度，范围为0～20。

图6-29　"波纹"对话框

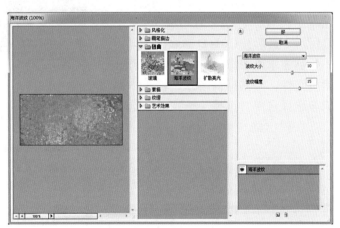

图6-30　"海洋波纹"对话框

三、任务实施

（一）创建PSD格式文件

1. 打开二维园林设计场景文件 打开JPG格式的园林设计场景文件，将其存储为PSD格式，文件名为"荷香苑园林规划设计效果图"。

2. 复制背景图层 按Ctrl+J键，复制背景图层，生成背景副本图层，如图6-31所示，以免将背景图层损坏。

图6-31　复制背景图层

（二）创建水面图像

1. 放大水体场景 第一步按空格键，同时单击右键，在弹出的快捷选单中选择"实际像素"命令。第二步用抓手工具将水体场景移动到视图中心位置，便于下面的绘制操作。

2. 复制水体场景 第一步用多边形套索工具粗略圈选水体边沿，如图6-32所示。第二步先后按Ctrl+C键和Ctrl+V键，复制水体。利于下一步快速选择需要的水面图像。

图6-32　套索水体

3. 存储水面选区 第一步激活魔棒工具，将其容差属性改为"30"。第二步单击水面任意区域，然后单击右键，在弹出的快捷选单中选择"选择相似"命令，圈选水面图像。第三步选择选单"选择"→"存储选区"命令，在弹出的对话框中设置"名称"为"水面"，如图6-33所示。最后按Ctrl+D键取消选择。

图6-33　存储水面选区

4. 创建水面图像 第一步打开水面图像素材文件，将其拖入场景，覆盖水面。第二步选择选单"选择"→"载入选区"命令，在弹出的"载入选区"对话框中设置"通道"为"水面"，如图6-34所示。单击"好"按钮，完成如图6-35所示选区。第三步按Ctrl+Shift+I键，进行反选，再按Delete键删除选区，然后按Ctrl+D键取消选择。第四步按Ctrl+L键，设置"输入色阶"为"0 1.00 200"，调整图像亮度，再将该图层的"不透明度"值设为60%，效果如图6-36所示。

图6-34　"载入选区"对话框

图6-35　载入选区

图6-36　水面完成效果图

（三）创建假山图像

1. 创建假山主体　复制假山素材图像。

（1）抽出假山的图像素材：第一步打开假山的图像，选择选单"滤镜"→"抽出"命令，在弹出的"抽出"对话框中设置"画笔大小"为"5"，"平滑度"为"40"，然后用绿色的边缘高光工具沿着假山边缘描绘封闭的边界，再用红色填充封闭的区域，如图6-37所示。第二步单击"预览"按钮，用清除工具处理边界，使图像更加完善，如图6-38所示。最后单击"好"按钮，完成处理。

图6-37　抽出滤镜抠图假山

（2）处理假山图像：第一步按V键，将假山图像拖入荷香苑园林规划设计效果图中。第二步按Ctrl+T键，按下Shift键，等比例缩放假山，放置到设计位置。第三步按Ctrl+L键，设置"输入色阶"为"0 1.00 200"，调整图像亮度。

图6-38　处理假山边界

2. 创建假山的水中倒影　第一步按Ctrl+J键复制一个假山新图层。第二步将第一个假山图层置于当前图层，按Ctrl+T键，再单击右键，在弹出的快捷选单中选择"垂直翻转"命令，然后将图层的不透明度设置为50%，如图6-39所示。第三步选择选单"滤镜"→"模糊"→"高斯模糊"命令，在弹出的对话框中设置半径值为5.0像素，如图6-40所示。第四步选择选单"滤镜"→"扭曲"→"波纹"命令，在弹出的对话框中设置"数量"为"200%"，"大小"为"大"，如图6-41所示。第五步选择选单"滤镜"→"模糊"→"动感模糊"命令，在弹出的"波纹"对话框中设置"距离"为"20像素"，"角度"为"90°"，如图6-42所示。第六步单击图层面板下方的"添加矢量蒙版"图标 ，为假山图层添加图层蒙版。第七步设置前景色为白色，背景色为黑色，然后执行线性渐变，在画面适当位置单击并拖曳鼠标，创建选区。完成图如6-43所示。

图6-39　垂直翻转假山

图6-40　高斯模糊效果

图6-41　波纹效果

图6-42　动感模糊效果

图6-43　线性渐变完成效果图

3. 添加自然驳岸　堆砌自然石块图像创建自然驳岸。

（1）抽出自然石块的图像素材：选择选单"滤镜"→"抽出"命令，在素材图像中选取符合要求的自然石块图像，再拖曳到荷香苑园林规划设计效果图中。

（2）堆砌驳岸：第一步反复使用羽化值为"0"的多边形套索工具、Ctrl+C键、Ctrl+V键、移动工具和缩放工具，选取并复制适宜的石块图像，按照高低错落、疏密有致的手法堆砌自然驳岸主体，如图6-44所示。第二步按Ctrl+E键，整理堆砌驳岸的石块图层，将其合并为一个图层。第三步双击图层名称部分，命名图层为"水体驳岸"。第四步降低"水体驳岸"图层透明度，利用羽化值为"0"的多边形套索工具选取遮挡花架部分的驳岸，然后按Ctrl+X键，剪切多余的驳岸石块，如图6-45所示。第五步按E键，激活橡皮擦工具，设置"画笔大小"为"5"，弱化驳岸边缘的棱角，模糊驳岸与路面的相接部分，如图6-46所示。

图6-44　堆砌驳岸主体

图6-45　剪切多余的驳岸石块

（3）创建水下驳岸效果：第一步将水面图层置为当前图层，利用羽化值为10的多边形套索工具，选取并复制水景左右两侧的部分图像。第二步将复制的水面图层移动到水体驳岸图层的上方，利用移动工具适当遮挡驳岸图像，目的是让驳岸有在水中的感觉。第三步按E键，激活橡皮擦工具，设置"画笔大小"为"5"，模糊驳岸与水面的相接部分。第四步将复制的水面图层的不透明度设为"60%"，如图6-47所示。

图6-46　模糊驳岸边缘　　　　　　　　　　图6-47　驳岸的水下效果

四、任务拓展

（一）绘制任务

绘制如图6-48所示的喷泉池。

（二）操作提示

1. 复制背景图层　打开素材图像，并复制背景层得到背景副本图层。

2. 激活抽出工具　用Ctrl+Alt+X组合键调出"抽出"对话框，如图6-49所示。

图6-48　喷泉池图像

3. 抽出喷泉图像　使用边缘高光工具，对所有需要区域进行涂抹，"画笔大小"调成"30"。如果需要还原，可以按住Ctrl+Z还原上一步操作，再使用填充工具，将需要保留的部分填充，如图6-50所示。填充完毕后单击"预览"按钮，选择清除工具，并按下Alt键在需要恢复的区域涂抹恢复，或选择边缘修饰工具修饰边缘，使图像更完善。完成后效果如图6-51所示。

4. 保存图像　最后将抽出的图像保存，并将其移动到其他图像中进行合成处理，结果如图6-52所示。

图6-49　喷泉的"抽出"对话框　　　　　　图6-50　填充喷泉图像

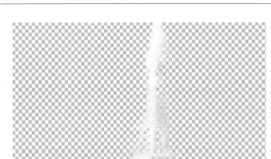
图 6-51 抽出喷泉图像

图 6-52 合成处理图像

五、课后测评

（一）填空题

（1）"抽出"操作的组合键为_____。

（2）"反选"操作的快捷键是_____。

（3）"羽化"操作的组合键是_____。

（4）"取消选择"操作的快捷键是_____。

（5）模糊工具，也称_____滤镜。它通过削弱相邻像素的对比度达到制作_____和阴影的效果，对修饰图像非常有用。

（6）Photoshop 绘图时常用_____、_____和_____等滤镜功能创建水中倒影的效果。

（二）选择题

（1）下面不属于 Photoshop CS2 软件可以存储的格式的是_____。

① PSD　　② JPEG　　③ BMP　　④ DWG

（2）在"抽出"对话框中，使用"边缘高光器工具"，将所有需要区域进行涂抹，如果涂抹错误，可使用下面_____快捷键还原。

① Ctrl+A　　② Ctrl+C　　③ Ctrl+V　　④ Ctrl+Z

（三）绘图题

请运用"抽出"操作选择图 6-53 中的一个小喷泉，将其移至图 6-54 中，修整后效果如图 6-55 所示。

图 6-53　　　　　　　　　图 6-54　　　　　　　　　图 6-55

任务二　园林植物景观的后期处理

一、任务分析

本任务绘制如图 6-56 所示的园林植物景观效果图。主要是运用 Photoshop 软件中的选取复制、图像调整、图像变换等功能及图层的使用，绘制高低错落、疏密有致、色彩丰富的园林植物景观。

图6-56　园林植物景观效果图

二、知识链接

（一）图像色彩的调整

创建园林植物景观时，有效地对植物素材图像的色彩和色调进行调控，才能制作出高品质的植物景观作品。选择选单"图像"→"调整"命令，弹出如图6-57所示的图像调整级联选单，它涵盖了十分完善和强大的色彩调整功能。下面介绍常用的几种功能。

1. 色阶　图像的色彩丰满度和精细度是由色阶决定的。它根据每个亮度值（0～255）包含像素点的多少来划分，最暗的像素点在左面，最亮的像素点在右面。选择选单"图像"→"调整"→"色阶"命令或按Ctrl+L键，会弹出如图6-58所示的色阶对话框。其中"通道"校正图像的色调范围和色彩平衡；"输入色阶"增加图像的对比度；"输出色阶"降低图像的对比度。

2. 曲线　与色阶功能大致相同，曲线也是用来调整图像的色调范围的，它可以调整0～255范围内的任意点，同时保持15个其他值不变。另外可以使用"曲线"命令对图像中的个别颜色通道进行精确的调整。选择选单"图像"→"调整"→"曲线"命令或按Ctrl+M键，会弹出如图6-59所示的"曲线"对话框。

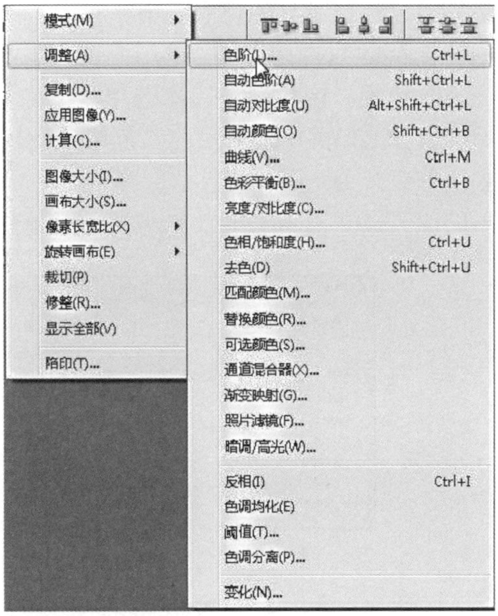

图6-57　图像调整级联选单

对话框中横轴表示图像原来的亮度值，纵轴表示新的亮度值。通过调整曲线上点的位置可调整图像的色调。

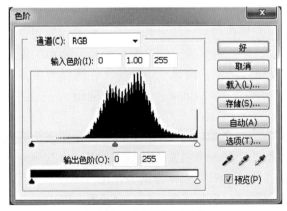

图6-58　"色阶"对话框

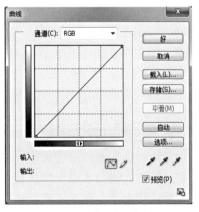

图6-59　"曲线"对话框

3.亮度／对比度　亮度指的是整个画面的明亮程度，对比度指的是图像中色彩的反差程度。它适用于粗略地调整整体图像的明亮程度和颜色的对比度。选择选单"图像"→"调整"→"亮度/对比度"命令，会弹出如图6-60所示的对话框，"亮度"与"对比度"的设定范围是－100～+100。

图6-60　"亮度/对比度"对话框

4.色彩平衡　选择选单"图像"→"调整"→"色彩平衡"命令或按Ctrl+B键，会弹出如图6-61所示的"色彩平衡"对话框。图示中有三对反转色：红对青、绿对洋红、蓝对黄，每种色彩分为"暗调"、"中间调"和"高光"三个色调。每个色调通过调整色彩平衡滑杆可以进行独立的色彩调整。注意，选择"保持亮度"复选项可防止图像亮度值随色彩的变化而改变。

5.色相／饱和度　选择选单"图像"→"调整"→"色相/饱和度"命令或按Ctrl+U键，会弹出如图6-62所示的"色相/饱和度"对话框。它可以控制图像的色相（即色彩的相貌，如红、黄、绿、青、蓝、洋红等）、饱和度（即色彩的纯度、鲜艳程度）、明度（即色彩的明暗程度）。常用此方法调整园林植物图像的鲜艳程度。

图6-61　"色彩平衡"对话框　　　图6-62　"色相/饱和度"对话框

6.去色　"去色"操作的快捷键为Ctrl+Shift+U键，此功能可把图像的颜色都去掉，只剩灰度。

7.渐变映射　选择选单"图像"→"调整"→"渐变映射"命令能把指定的色彩渐变映射到图像上产生特殊效果，常和选框工具结合处理园林植物与草坪的相接部位，产生融合的效果。

（二）通道

Photoshop软件中的通道是用来保存图像的颜色信息、选区和蒙版。在实际应用中，通道可选取图层中某部分图像，再对图像制作渐隐、阴影和三维等图像效果。简单的说，其实通道就是选区。通道的知识非常多，涉及面非常广，也是重中之重，在园林效果图中的作用主要体现在精细抠图，主要包括三种：颜色通道、Alpha通道和专色通道。一副图像最多可以有24个通道。

1.颜色通道　保存图像颜色信息的通道称为颜色通道。每个图像都有一个或多个颜色通道。图像中默认的颜色通道数取决于其颜色模式，即一个图像的颜色模式将决定其颜色通道的数量。例如，CMYK图像默认有四个通道，如图6-63所示，分别为青色、洋红、黄色、黑色。在默认情况下，位图模式、灰度、双色调和索引颜色图像只有一个通道。RGB有三个通道，如图6-64所示，为红、黄、蓝色。Lab图像有三个通道如图6-65所示，为明度a、b。

图6-63　CMYK通道　　　　　图6-64　RGB通道　　　　　图6-65　Lab通道

2．专色通道　专色就是黄、洋红、青和黑四种原色油墨以外的其他印刷颜色。专色通道主要用于辅助印刷，它可以使用一种特殊的混合油墨替代或附加到图像颜色油墨中。

3．Alpha通道　Alpha通道是计算机图形学中的术语，指的是特别通道。有时它特指透明信息，但通常的意思是"非彩色"通道。Alpha通道是为保存选择区域而专门设计的通道。在生成一个图像文件时并不是必须产生Alpha通道，通常它是人们在图像处理过程中人为生成，并从中读取选择区域信息的。

（三）图层蒙版

利用蒙版，可以制作图像融合效果或屏蔽图像中某些不需要的部分，从而增强图像处理的灵活性。

蒙版实际上是一幅256色的灰度图像。对于图层蒙版而言，其白色区域为完全透明区，其黑色部分为完全不透明区，而其他部分为半透明区。

1．快速蒙版　在快速蒙版模式下，可以将选区转换为蒙版，此时会创建一个临时的蒙版，在通道调板下创建一个临时的Alpha通道。修改好蒙版之后，回到标准模式下，即可将蒙版转换为选区。

单击工具栏中的"以快速蒙板模式编辑"图标 🔳，弹出如图6-66所示的"快速蒙版选项"对话框。蒙版修改起来非常方便，不会因为使用橡皮擦或剪切删除而造成不可返回的遗憾；还可结合运用不同滤镜，以产生一些意想不到的特效。任何一张灰度图都可用来作为蒙版。

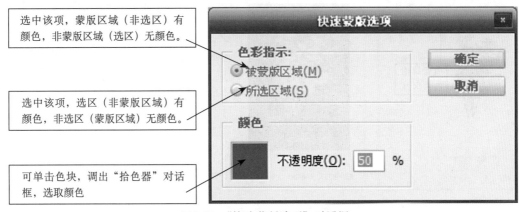

图6-66　"快速蒙版选项"对话框

2．创建蒙版　通过下列步骤创建蒙版：

（1）选中要创建蒙版的图层：将需要蒙版的图层置于当前图层。

（2）激活创建图层蒙版工具：单击图层控制面板下方的"创建图层蒙版"图标，或者选择选单"图层"→"添加图层蒙版"命令，然后选择显示或隐藏全部命令即可。

（3）创建隐藏整个图层的蒙版：要创建隐藏整个图层的蒙版，需要按住 Alt 键的同时单击"创建图层蒙版"图标。

三、任务实施

园林植物景观由乔木、灌木、地被植物、花卉、草坪等植物构成。草坪和地被植物组成的色块、绿篱在 SketchUp 软件中用贴图工具绘制，乔木、灌木、花卉需要在 Photoshop 软件中创建。

创建园林植物时，依据园林植物种植设计平面图，遵循先配置乔木、后配置灌木和花卉；先配置体量大植物、后配置体量小植物；近大远小；前面植物遮挡后面植物；高大植物遮挡低矮植物等配置原则以及高低错落、疏密有致、色彩丰富调和等构图美学原理配置植物。

（一）创建园林植物图像

下面以创建红枫图像为例介绍园林植物的图像创建过程。

1.创建红枫的主体图像　先创建 1 株红枫图像，再处理其大小、色彩、亮度、对比度、阴影等效果。

（1）复制红枫图像素材：第一步打开红枫素材文件。第二步选择选单"选择"→"色彩范围"命令，弹出如图 6-67 所示对话框。第三步依次执行选择吸管、单击白色区域、将"颜色容差"调整至"150"、在"选区预览栏"选择"白色杂边"、选中反相等步骤，观察效果，其中白色部分为选中区域，黑色部分为未选中区域，如图 6-68 所示。最后单击"好"按钮，显示如图 6-69 所示图像。第四步将选取的红枫图像拖曳到荷香苑园林规划设计效果图的绘图区。

图 6-67　"色彩范围"对话框　　　图 6-68　反向选取预览　　　图 6-69　选取的红枫图像

（2）处理红枫主体图像：第一步双击图层面板的图层名称，命名为"红枫"。第二步按 Ctrl+T 键，初步缩小红枫图像。第三步按 Ctrl+U 键，调整饱和度，增强红枫的色彩鲜艳度。第四步利用吸管工具将图像前景色设置为草坪颜色。第五步用羽化为 5 像素的矩形选框工具，选取红枫与草坪相接部位，再选择选单"图像"→"调整"→"渐变映射"命令，选取"前景到透明"渐变映射，增加红枫与草坪相接部位融合的真实效果，如图6-70所示。红枫处理前后对照图如图6-71所示。

图6-70　前景色到透明渐变映射处理　　　　图6-71　红枫图像处理前后对照图

2.创建红枫阴影　参照设计场景中园林建筑的阴影方向及大小创建植物的阴影。

（1）图形变换：第一步按Alt键，执行移动工具，复制"红枫"图层得到"红枫副本"图层。第二步将"红枫"图层置于当前图层，按Ctrl+L键，向右滑动输入色阶滑块，设置红枫颜色为黑色，如图6-72所示。第三步按Ctrl+T键，单击右键，在弹出的快捷选单中选择"扭曲"命令，可先将图像向下扭曲变形，再向右扭曲变形，最后左右扭曲细微调整，结合缩放，完成如图6-73所示的平面放置红枫图像的变形处理。

（2）模糊处理：第一步按3键，降低"红枫"图层不透明度为"30%"。第二步选择选单"滤镜"→"模糊"→"高斯模糊"命令，设置半径为"1.0像素"，模糊处理阴影图像，增强真实效果，如图6-74所示。

（3）合并图层：将"红枫副本"图层置为当前图层，按Ctrl+E键，将"红枫副本"图层合并到"红枫"图层。

图6-72　调整色阶　　　　　　图6-73　变换图形　　　　　　图6-74　模糊图像

按照上述步骤创建其他园林植物图像。

（二）配置园林植物

1.配置依据　打开园林植物种植设计平面图，作为配置园林植物的蓝图。

2.配置构成园林基本骨架的乔灌木　按照从左到右、从前到后的位置顺序配置乔灌木，注意前面植物体量大，后面植物体量小的透视关系，以及前面植物遮挡后面植物的位置关系。

（1）配置龙爪槐：第一步按照创建园林植物图像的步骤创建龙爪槐图像，并在图层面板命名"龙爪槐"图层。第二步按Ctrl键，单击龙爪槐图像，将龙爪槐图像移动到设计位置。第三步按Ctrl+T键，参照周围造园要素的大小，缩放龙爪槐图像大小，使其大致符合龙爪槐实物的大小。第四步按Alt键，同时单击移动工具复制龙爪槐图像，并自动创建"龙爪槐副本"图层，如图6-75所示。第五步按Ctrl+〔键，向下移动"龙爪槐副本"图层。第六步按Ctrl+T键，缩放龙爪槐副本图像的大小，使其符合前大后小的透视关系，如图6-76所示。再重复第四步到第六步，绘制其他两株龙爪槐图像，如图6-77至图6-78所示。

图6-75　复制龙爪槐图像

图6-76　缩放龙爪槐副本图像

图6-77　复制龙爪槐图像

图6-78　下移并缩放图像

　　（2）配置香樟行道树：第一步按照创建园林植物图像的步骤创建香樟图像，并在图层面板命名"香樟"图层。注意，在增加香樟与红檵木色块相接部位融合效果时，渐变映射的前景色为红檵木的颜色，如图6-79所示。第二步配置第一株香樟，参照周围造园要素的大小，调整香樟图像大小。第三步配置最后一株香樟，参照周围造园要素的大小，调整香樟图像大小。并参照第一株香樟距离红檵木色块边缘的位置，用移动工具调整其距离红檵木色块边缘的位置。近距离调整，可用键盘上的上下左右键微调。第四步单击直线工具，属性栏选择"形状图层"，粗细调整为"3像素"，颜色调

图6-79　香樟根部的渐变映射

整为"红色"，然后分别沿着第一株香樟和最后一株香樟的底部和顶部绘制两个直线形状图形，作为配置香樟行道树的位置和大小参照线，如图6-80所示。第五步按Alt键，同时单击移动工具复制第1株香樟图像，并自动创建"香樟副本2"图层。第六步按Ctrl+［键，向下移动"香樟副本2"图层。第七步按Ctrl+T键，依据两条参照线缩放"香樟副本2"的图像大小，如图6-81所示。按照第五步到第七步配置完成香樟行道树，注意株距尽量相等，如图6-82所示。绘制完成后删除两个形状图层。

图6-80　绘制红色的参照线

图6-81　依据参照线缩放香樟图像

图6-82　配置香樟行道树

（3）配置花架后面的桂花：第一步按照创建园林植物图像的步骤创建桂花图像，并在图层面板命名"桂花"图层。第二步依据花架的高度缩放桂花的高度，并按图6-83所示配置三株由大到小变化的桂花。第三步将"背景副本"图层置于当前图层，按L键，使用"多边形套索"工具选取花架图像，如图6-84所示。第四步按Ctrl+C键和Ctrl+V键,复制选取的花架图像。第五步按W键，属性栏的容差调整为"20"，单击花架图像，然后单击右键，在弹出的快捷选单中选择"选取相似"和"扩大选区"命令。通过魔术棒工具选取花架图像。第六步选择选单"选择"→"存储选区"命令，在弹出的对话框中命名"花架"新通道，如图6-85所示。然后按Ctrl+D键取消选择，并把复制的花架图像删除。第七步选择"桂花"

图层为当前图层，选择选单"选择"→"载入选区"命令，在弹出的对话框中选择"花架"通道，如图6-86所示，选取与花架重叠的桂花图像，如图6-87所示。第八步按Ctrl+X键，剪切选取的桂花部分图像，创建桂花在花架后面的效果，如图6-88所示。

图6-83　配置三株桂花

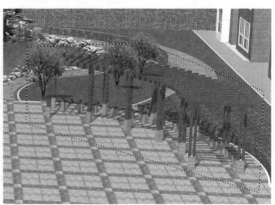

图6-84　套索选取花架图像

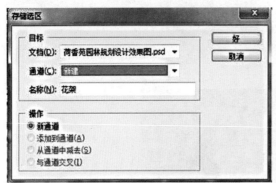

图6-85　命令"花架"新通道

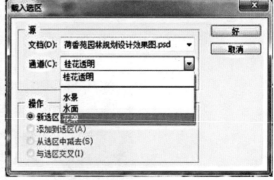

图6-86　选择"花架"通道

图6-87　选取与花架重叠的桂花图像

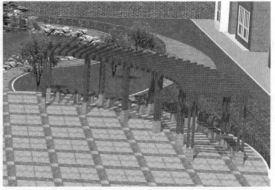

图6-88　桂花在花架后面的效果

　　（4）配置绿篱后面的香樟：第一步在左侧配置第一株香樟。第二步单击矩形选框工具，调整属性栏的羽化值为"0像素"，然后框选香樟图像。第三步单击移动工具，同时按Alt

键，复制香樟图像，如图6-89所示。按上述步骤配置一行大小基本一致，位置平行的香樟图像。第四步按L键，沿着绿篱边沿套索香樟树干。第五步按Ctrl+X键，剪切与绿篱重叠的香樟树干部分，完成香樟在绿篱后面配置的效果，如图6-90所示。上述复制办法，所有香樟图像在一个图层，降低了图层的管理容量，为快速作图打下基础。

图6-89　复制框选的香樟图像

图6-90　香樟在绿篱后面的效果

（5）配置其他乔灌木：在园林植物种植设计平面图中配置的乔木、较大的灌木都可以按照上述方法配置。其中花架后的广玉兰和含笑参照花架后的桂花处理，伞亭后的枇杷参照绿篱后的香樟处理，石楠、红叶李、珊瑚树、竹子等参照龙爪槐处理。最后完成如图6-91所示的绿化空间基本骨架配置图。

图6-91　绿色空间基本骨架配置

3.配置小型灌木　配置的乔木和较大的灌木构成了园林绿化空间的骨架。配置小型灌木时，需要在园林植物种植设计平面图的基础上做出一定的调整，主要用来填补余下的绿化空间，丰富色彩。另外，注意小型灌木大小的调整及灌木和周围植物的前后位置关系，确保整个绿化空间的层次关系。

（1）配置龙爪槐周围的灌木球：第一步右键单击龙爪槐图像，在弹出的显示图像内容选单中选择龙爪槐的图像，将"龙爪槐"图层置于当前图层。第二步按照创建园林植物图像的步骤创建红叶石楠图像，并在图层面板命名"红叶石楠"图层。以此红叶石楠图像为蓝本生成图纸中设计的红叶石楠图像。第三步复制红叶石楠图像到设计位置，并根据周围造园要素的大小缩放图像，如图6-92所示。第四步按Ctrl+〔键，向下调整"红叶石楠副本2"图层的位置，使其图像处于龙爪槐图像的下面，如图6-93所示。第五步右键单击红叶石楠副本图像，将其图像置于当前图层；再按L键，套索绿篱遮挡的红叶石楠图像部分，然后按Ctrl+X键，剪切选取部分，形成红叶石楠图像在绿篱后面的效果，如图6-94所示。第六步按照上述步骤配置海桐球。

图6-92 复制、缩放红叶石楠图像　图6-93 红叶石楠图像在龙爪槐图像下面的效果　图6-94 红叶石楠在绿篱后面的效果

（2）配置伞亭周围的花灌木：伞亭周围的乔木、较大灌木基本占据了整个绿化空间，只用配置红梅、红檵木球、石榴、红叶石楠、樱花等花灌木填补边沿的空间即可。在调整好上述灌木植物大小的基础上主要应用Ctrl+〔键调节植物图像所在图层的位置，如图6-95所示。

图6-95 伞亭周围花灌木的配置图

（3）配置花架后面的花灌木：第一步依据花架后面的园林植物种植设计图和空余的绿化空间创建樱花、海桐球、红檵木球图像，并应用Ctrl+〔键调节上述植物图像所在图层的位置。第二步右键单击海桐球的图像，在弹出的图层信息选单中选择海桐球图像的图层。第三步选择选单"选择"→"载入选区"命令，在弹出的对话框中选择"花架"通道，如图6-96所示。然后按Ctrl+X键，剪切海桐球与花架重叠的图像。按照上述步骤处理花架后面的花灌木图像。完成的配置图如图6-97所示。

图6-96 载入花架通道的选区

（4）配置住宅楼前面的花灌木：以团状栽植红枫为例。第一步在最近处配置一株大小适宜的红枫。第二步按Alt键，结合移动工具复制一株红枫，缩放大小，再按Ctrl+〔键，下移相应的红枫图层。依次类推创建五株红枫。第三步将第一株红枫至于当前图层，按Ctrl+E键，将上述五株红枫合并为一个图层。然后移动合

图6-97 花架后面的花灌木配置效果图

并的图像到设计位置，完成绘图。按照上述步骤绘制该住宅楼前的栀子、腊梅等花灌木。

（5）配置其余位置的灌木：按照上述几种方法配置其余位置的灌木。

最后完成如图6-98所示的园林植物景观效果图。

图6-98　园林植物景观效果图

四、任务拓展

（一）绘制任务

按照图6-99所示的园林空间场景图，绘制如图6-100所示的园林植物景观效果图。

（二）绘制提示

1. 处理好园林植物与花架的位置关系　除了按照前面所讲的方法外，还可以先复制一个花架的图像，放置在图层面板的最上面。

2. 处理好园林植物的大小关系　依照植物近大远小的透视效果处理植物的大小。

图6-99　园林空间场景图

图6-100　园林植物景观效果图

五、课后测评

（一）填空题

（1）"色阶"命令的快捷键是_____。

（2）"曲线"命令的快捷键是_____。

（3）"色彩平衡"命令的快捷键是_____。

（4）"色相和饱和度"命令的快捷键是_____。

（5）利用_____可以将一幅图像变成灰度图像。

（二）问答题

（1）如何创建一个园林植物的图像？

（2）如何处理背景图层的景观模型与园林植物图像的前后位置关系？

任务三 园林效果图的后期修饰

一、任务分析

绘制如图6-101所示的荷香苑园林规划设计效果图。本任务是在完成园林景观制作的基础上修饰整体的环境，增加图纸的景深，增强图纸的真实感。绘制本任务首先是在图纸的适当位置增添背景树林、人物、天空、飞鸟等配景素材，然后应用选择羽化、创建新的填充图层和高斯模糊等工具虚化处理远景素材；应用光照效果滤镜和创建新的调整图层命令增强重要节点景观的亮度，最后应用文字工具书写图纸名称和设计主题。

图6-101　荷香苑园林规划设计效果图

二、知识链接

（一）渲染滤镜

渲染滤镜可以在图像中创建云彩图案、折射图案和模拟的光反射。选择选单"滤镜"→"渲染"命令后，显示如图6-102所示的级联选单。与园林效果图处理密切相关的功能有云彩、镜头光晕等几种。

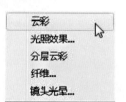

图6-102　"渲染"命令级联选单

1．"云彩"渲染滤镜　该滤镜使用介于前景色与背景色之间的随机值，生成柔和的云彩图案。若要生成色彩较为分明的云彩图案，设置好前景色和背景色后，直接选择选单"滤镜"→"渲染"→"云彩"命令即可。如图6-103所示是执行该滤镜后的效果。可以反复执行该命令，产生不同的云彩效果。

图6-103　云彩渲染效果

2．"分层云彩"渲染滤镜　该滤镜使用随机生成的介于前景色与背景色之间的值，生成云彩图案。此滤镜将云彩数据和现有的像素混合，其方式与"差值"模式混合颜色的方式相同。第一次选取此滤镜时，图像的某些部分被反相为云彩图案。应用此滤镜几次之后，会创建出与大理石纹理相似的凸缘。图6-104所示是前景色和背景色同样设置为白色和黑色后，执行该滤镜后的效果。

图6-104　分层云彩渲染效果

3．"光照效果"渲染滤镜　该滤镜可以通过改变17种光照样式、三种光照类型和四套光照属性，在RGB图像上产生无数种光照效果。还可以使用灰度文件的纹理（称为凹凸图）产生类似3D的效果，并存储您自己的样式以在其他图像中使用。

选择选单"滤镜"→"渲染"→"光照效果"命令，会弹出如图6-105所示的对话框，进行"样式"、"光照类型"、"属性"、"纹理通道"等设置。

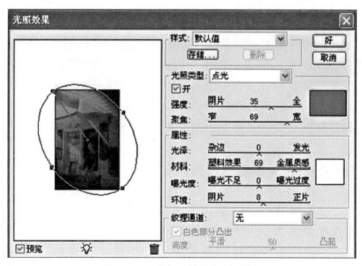

图6-105　"光照效果"对话框

4．"镜头光晕"渲染滤镜　该滤镜模拟光照射到相机镜头所产生的折射。选择选单"滤镜"→"渲染"→"镜头光晕"命令，会弹出如图6-106所示的对话框。在其中可以进行"亮度"、"光晕中心"（通过点按图像缩略图的任一位置或拖移十字光标，指定光晕中心的位置）、"镜头类型"等属性设置，产生特定的光晕效果，常用于园林效果图产生亮光效果。

5．"纤维"渲染滤镜　使用前景色与背景色之间的差异变化随机值，生成纤维的图案。选择选单"滤镜"→"渲染"→"纤维"命令，会弹出如图6-107所示的对话框。在其中设置"差异"和"强度"两个属性，产生不同变化的纤维图案。另外还可以单击"随机化"按钮产生随机变化的纤维图案。

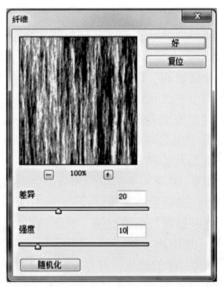

图6-106 "镜头光晕"对话框   图6-107 "纤维"对话框

（二）创建新的填充或调整图层

单击图层面板下方的"创建新的填充或调整图层"图标，弹出如图6-108所示的选单，其中上面三个为创建填充图层的命令，下面全部是创建调整图层命令。

1. 创建填充图层 填充图层是一种带蒙版的图层，可以向图像快速添加纯色、渐变色或图案，它具有如下特点：单独放在一个图层中，而不真正改变原图像；可以随时更换其内容；可以将其转换为调整图层；可以编辑蒙版制作融合效果。在园林设计效果图中常应用渐变填充制作远景虚拟飘渺的效果。

2. 创建调整图层 利用新建的调整图层，可将使用"色阶"、"曲线"、"亮度/对比度"、"色相/饱和度"、"渐变映射"、"色调分离"等图像调整命令制作的效果单独放在一个图层中，而不真正改变原图像。用户只需打开或关闭调整图层，即可创建或撤销某一种或多种图像调整效果，使创作工作更加灵活机动。另外，如果对调整图层的效果不满意，可在图层面板中双击该层缩略图，打开相应的图像调整设置对话框，重新进行调整。

默认情况下，调整图层带有图层蒙版，由图层缩览图左边的蒙版缩览图表示。如果在创建调整图层时路径处于显示状态，则创建的是矢量蒙版而不是图层蒙版。用户可直接编辑其中的蒙版，调整图像效果。

在园林设计效果图中，常应用"色阶"、"亮度/对比度"或

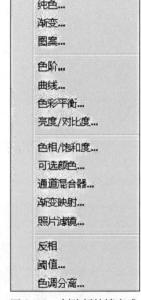

图6-108 创建新的填充或
调整图层选单

"曲线"命令中的任一种制作局部增强亮度的效果，突出重要节点的景观效果。

三、任务实施

（一）添加背景树林、天空、飞鸟、人物等配景素材

1.添加背景树林和天空素材 第一步将"背景副本"图层置于当前图层，按W键，激活魔棒工具，并将容差属性调整为"20"。第二步用魔棒工具选取原有场景中的土地和天空图像，按Ctrl+X键，剪切选取的图像，如图6-109所示。第三步打开树林素材图像文件，拖曳树林图像到绘图区域。第四步按Ctrl+ [键，将"树林"图层置于"背景副本"图层下面。第五步按V键，移动树林图像，使其树梢高于围墙即可。并输入数字"80"，将"树林"图层的不透明度设置为80%，如图6-110所示。

按照上述步骤添加天空素材图像，注意将"天空"图层置于"树林"图层下面，"天空"图层的不透明度为100%，如图6-111所示。

图6-109　利用魔棒工具选取天空和大地图像

图6-110　设置"树林"图层的不透明度

图6-111　添加天空图像

2. 添加人物素材　第一步打开所需要的人物图像，如图6-112所示。第二步按W键，激活魔棒工具，并将容差属性调整为"20"。第三步用魔棒工具单击人物图像的蓝色背景，并单击右键，在弹出的快捷选单中选择"选取相似"、"扩大选取"命令，选取全部的蓝色背景，如图6-113所示。第四步单击右键，在弹出的快捷选单中选择"选择反选"命令，然后按V键，将人物图像拖曳到绘图区域。第五步按Ctrl+T键，调整人物大小，如图6-114所示，并在图层面板中命名"人物"图层名称。第六步按Alt键，使用移动工具复制人物图像，并得到"人物副本"图层。第七步将"人物"图层置于当前图层，按Ctrl+L键，调整输出色阶，将人物图像转变为黑色，如图6-115所示。第八步按Ctrl+T键，单击右键，在弹出的快捷选单中选择"扭曲"命令，转换人物图像为光照阴影形式，如图6-116所示。第九步输入数字"50"，调整人物图像不透明度为50%，再使用"高斯模糊"滤镜，调整半径为"2.0像素"，完成人物阴影的图像调整，如图6-117所示。最后将"人物副本"图层置于当前图层，按Ctrl+E键，将"人物副本"图层合并到"人物"图层。

图6-112　打开人物图像

图6-113　选取蓝色背景

图6-114　调整人物大小

图6-115　调整人物图像色阶

图6-116　转换人物图像为光照阴影形式

图6-117　调整人物阴影图像

3. 添加飞鸟素材　按照上述步骤在天空图像上增添飞鸟素材。

（二）增强景观节点的亮度

在各个园林要素绘制完成的基础上，用户一般用创建新的调整图层的办法增强景观节点的亮度，进一步突出景观节点的效果。

1. 创建新的色阶调整图层　第一步将图层面板最上面的图层置于当前图层，确保新的调整图层创建后位于所有图层上面。第二步激活椭圆选取工具，在图纸上绘制长轴100mm，短轴50mm的椭圆选区。第三步单击右键，在弹出的快捷选单中选择"羽化"命令，如图6-118所示，并在弹出的"羽化选区"对话框中调整"羽化半径"为"20"像素，如图6-119所示。第四步单击图层面板下"创建新的填充或调整图层"图标 ◔ ，在弹出的选单中选择"色阶"命令，并在弹出的"色阶"对话框中调整"输入色阶"为"0 1.00 180"，如图6-120所示。第五步输入数字"80"，调整色阶调整图层的不透明度为80%，如图6-121所示。

图6-118　选择"羽化"命令

图6-119　调整羽化半径

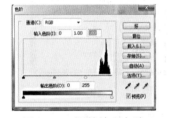

图6-120　调整输入色阶

图6-121　调整色阶图层不透明度

2. 用色阶图层覆盖重要景观节点　利用移动工具、复制命令将色阶图层覆盖在花架、假山、伞亭、树池坐凳等景观节点图像上，增强其亮度，如图6-122和图6-123所示。

图6-122　色阶覆盖景观节点前的效果

图6-123　色阶覆盖景观节点后的效果

（三）虚化处理图纸的边缘

为弱化图纸边缘，突出图纸中间的园林规划设计图像，用户一般用创建新的填充图层的办法虚化图纸边缘。

1. 创建虚化图纸的选区 第一步用套索工具创建如图6-124所示的虚化选区。第二步单击右键，在弹出的快捷选单中选择"羽化"命令，调整"羽化半径"为"20像素"。

图6-124 创建虚化选区

2. 创建新的渐变填充图层 第一步调整前景色为白色，背景色为黑色。第二步单击图层面板下"创建新的填充或调整图层"图标 ●，在弹出的功能表中选择"渐变"命令。第三步在"渐变填充"对话框中调整"样式"为"线性"，角度为"270度"，"缩放"为"150%"，如图6-125所示，创建线性渐变填充图层。第四步选择选单"滤镜"→"模糊"→"高斯模糊"命令，调整"半径"为"150"像素，如图6-126所示。

图6-125 创建线性渐变填充图层

图6-126 高斯模糊渐变填充图层

（四）添加图纸名称和设计主题

1. 书写图纸名称 使用横排文字工具，设置如图6-127所示的属性，在图纸的左上角书写图纸名称"荷香苑园林规划设计效果图"。

2.书写规划设计的主题 使用直排文字工具，设置如图6-128所示的属性，在图纸的右上角书写设计主题"四顾山光接水光，凭栏十里芰荷香。清风明月无人管，并作南来一味凉。"

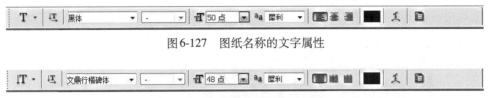

图6-127 图纸名称的文字属性

图6-128 设计主题的文字属性

（五）合并可见图层

在完成上述主要绘图任务后，按Shift+Ctrl+E键，或选择选单"图层"→"合并可见图层"命令，合并所有可见图层；然后按Shift+Ctrl+S键，或选择选单"文件"→"存储为"命令，选择文件格式为JPEG,保存文件到指定的位置。一般情况用户要保存一个没有合并图层的PSD格式文件，便于以后的图纸修改。

（六）增添镜头光晕滤镜

为进一步增添图纸的光亮效果，应用"镜头光晕"滤镜功能，在图纸指定位置增添镜头光晕效果。图6-129所示为"镜头光晕"对话框，其中的十字光标指向住宅楼的山墙，"亮度"为"60％"，"镜头类型"为"35毫米聚焦"。荷香苑园林规划设计效果完成图如图6-130所示。

图6-129 "镜头光晕"对话框

图6-130 荷香苑园林规划设计效果图完成图

四、任务拓展

（一）绘制任务

按照图6-131所示的初步园林景观效果图，绘制如图6-132所示的经过后期修饰的园林规划设计完成效果图。

图6-131　初步园林景观效果图

图6-132　园林规划设计完成效果图

（二）绘制提示

（1）复制背景图层：打开图纸，按Ctrl+J键，复制背景图像，得到"背景副本"图层。

（2）剪切不需要的图像：使用魔棒工具选取蓝色的天空图像，需配合"选取相似"和"扩大选区"命令，快速选择所需图像。然后按Ctrl+X键剪切所选取的图像。

（3）添加修饰的环境图像：在"背景副本"图层下面增添树林、天空和飞鸟图像，设置"树林"图层的不透明度为80%。

（4）增添人物图像：运用扭曲变形、降低输出色阶数值、降低图层不透明度等方法在"背景副本"图层上面增添带阴影的人物图像。

（5）虚化图纸边缘：运用创建虚化选区、创建新的渐变填充图层和高斯模糊等方法绘制白色的渐变填充图像虚化图纸的右上角。

（6）增添图纸的名称：在图纸的左上角增添图纸的名称"特色弧形花架广场效果图"。

（7）增添光晕效果：运用"镜头光晕"滤镜增加图纸的亮度。

五、课后测评

（一）填空题

（1）Photoshop CS2中渲染滤镜包括_____、_____、_____、_____、_____五种滤镜。

（2）"创建新的填充或调整图层"图标在_____的下面。

（3）创建的新填充图层是一种带蒙版的图层，可以向图像快速添加_____、_____或_____。

（4）创建的新填充图层_____放在一个图层中，而不_____改变原图像。

（5）利用新建的调整图层，可将使用"色阶"、"曲线"、"亮度/对比度"、"色相/饱和度"、"渐变映射"等图像_____命令制作的效果单独放在一个图层中，而不真正改变原图像。

（二）简述题

（1）简述图纸边缘虚化的操作步骤。

（2）简述增强图纸局部亮度的步骤。

（三）操作题

在图6-133上面增加如图6-134所示的雾状效果。

图6-133 原始图像

图6-134 雾状效果

项目七

综合实训——绘制园林规划设计方案文本

整个园林规划设计方案全都定下来后，设计者将规划方案的说明、投资估算等汇编成文字部分；将规划平面图、功能分区图、绿化种植图、小品设计图、全景透视图、局部景点透视图等汇编成图纸部分。文字部分与图纸部分的结合，就形成一套完整的规划方案文本。本项目为综合实训，以某居民小区绿地广场的设计为例，绘制一套完整的规划方案文本。

任务一　绘制设计概述图纸

一、任务分析

本任务绘制如图7-1所示的A3图幅的背景图纸。绘制时先新建一个宽度为420mm，高度为297mm，分辨率为40像素/厘米，颜色模式为RGB模式，背景为白色的文件，再用选框、填充和文字等工具绘制图纸的内容，最后保存为JPEG格式文件。在此基础上主要应用文字和复制等工具绘制创意来源、设计目标、设计说明等设计概述的图纸。

图7-1　A3图幅的背景图纸

二、任务实施

（一）新建图纸

按Ctrl+N键，在弹出的"新建"对话框中，"名称"一栏填写"背景图纸"，"预设"中的宽度为"420毫米"，"高度"为"297毫米"，"分辨率"为"40像素/厘米"，"颜色模式"为"RGB颜色"和"8位"，"背景内容"为"白色"，全部设置完成后，单击"好"按钮，如图7-2所示。

图7-2　新建图纸

（二）绘制图纸框线

1.显示绘图标尺　按Ctrl+R键，显示绘图标尺。

2.绘制参考线　选择选单"视图"→"新参考线"命令，在弹出的"新参考线"对话框中，选择"取向"选项栏中的"水平"选项，在"位置"单选项中依次设置为"1.0厘米"、"2.0厘米"、"2.2厘米"、"4.0厘米"、"8.0厘米"、"28.0厘米"；再选择"取向"选项栏中的"垂直"选项，在"位置"单选项中依次设置"10.0厘米"、"39.0厘米""40.0厘米"、"40.2厘米"。

3.绘制32cm×0.2cm的黑色矩形　第一步按M键，依据参考线，用矩形选框工具绘制32cm×0.2cm的选区。第二步选择选单"图层"→"新填充图层"→"纯色"命令，在"拾色器"中选取黑色填充选区，按照上述办法绘制1cm×5.8cm灰色矩形。

4.绘制渐变矩形　第一步将前景色调整为黑色，背景色调整为白色。第二步按M键，依据参考线，用矩形选框工具绘制0.2cm×3.0cm选区。第三步按G键，填充"前景色—背景色"线性渐变。按照上述办法绘制40cm×1.7cm矩形选区，填充"前景色—背景色"线性渐变。

5.绘制彩色矩形　第一步按M键，依据参考线，用矩形选框工具绘制1.8cm×1.7cm选区。第二步选择选单"图层"→"新填充图层"→"纯色"命令，在"拾色器"中选取淡蓝色填充选区。第三步复制淡蓝色图形，按Ctrl+T键，等比缩放70%。第四步选择选单"图层"→"更改图层内容"→"纯色"命令，在"拾色器"中选取淡黄色填充选区。第五步按V键，移动图形到淡蓝色图形的左上角位置。第六步复制淡黄色图形，

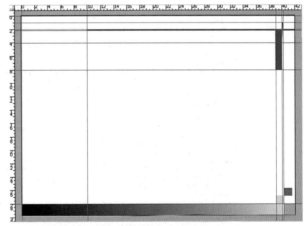

图7-3　依据参考线绘制矩形选区

更改图层颜色为淡红色，定位在淡黄色图形的右上角，如图7-3所示。

（三）输入文字

用横排文字工具输入中英文对照文字"景观设计方案　Landscape Design Concept &

Conceivement"，设置字体为"黑体"，汉字大小为"20点"，英文大小为"14点"，设置行距为"20点"，如图7-4所示。在此文字前面可前缀业主单位名称。

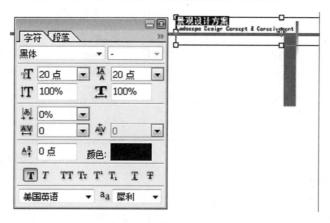

图7-4　设置文字样式

（四）保存文件

第一步按Ctrl+；，隐去参照线。第二步按Shift+Ctrl+E键，合并可见图层。第三步另存图形到指定位置，格式为JPEG，文件名称为"背景图纸"，作为随后绘制相关文本的背景图纸使用。

三、任务拓展

（一）任务说明

一套完整的规划方案文本包括文字部分，涉及任务分析、创意来源、设计目标、设计说明等内容。本任务主要应用文字工具、图像复制与粘贴、缩放等工具使设计说明图文并茂，简洁意赅，充分表达设计者的方案意图。下面绘制如图7-5所示的设计说明图纸。

图7-5　设计说明图纸

（二）操作提示

1. **设计主题标志**　第一步打开背景图纸文件，另存为"设计说明"。第二步用横排文字工具输入文字"荷香苑"，字体设为"隶书"，大小"40点"，颜色仿照荷叶的绿色（R=42，G=142，B=42）。第三步复制粘贴一张荷花的图片，按Ctrl+T键，缩放图片放置在"荷"字的"口"上；用同样的办法在"苑"字的左下部放置一片荷花的花瓣；第四步在图层窗口中右键单击"荷香苑"三个字的图层，在弹出的快捷选单中选择"栅格化处理"命令；第五步

图7-6　主题标志

选择"花瓣"图层，按Ctrl+E键，将上述三个图层合并在一起。设计好的主题标志如图7-6所示。

2. **书写图纸名称**　在图纸右侧矩形图像内，用直排文字工具输入文字"设计说明"，字体设为"黑体"，大小"20点"，颜色为"白色"，每个字之间空一格。

3. **版面设计**　在图纸的右上角粘贴与小区设计风格接近的图片，并对大小进行适当调整。

4. **书写正文**　用横排文字工具输入设计说明的正文，包括设计思路、设计亮点等内容。字体设为"黑体"，大小"20点"，颜色为"黑色"。

四、课后测评

完成如图7-7所示的A3图幅的背景图纸绘制。绘图提示如下：

①创建参考线辅助精确绘制矩形选区。

②前景色设置为R=156、G=46、B=55。

③使用矩形选框工具绘制矩形选区，在选区内填充"前景色—背景色"线性渐变。

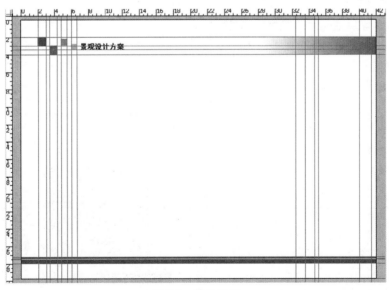

图7-7　背景图纸

任务二 绘制景观分析图

一、任务分析

方案文本的景观分析图纸一般包括景观的道路分析、结构分析、功能分析、绿化分析等图纸。本任务绘制如图7-8所示景观结构分析图。主要应用图层样式，包括投影、斜面和浮雕等图层样式，配合图形的变换、复制和粘贴等操作。

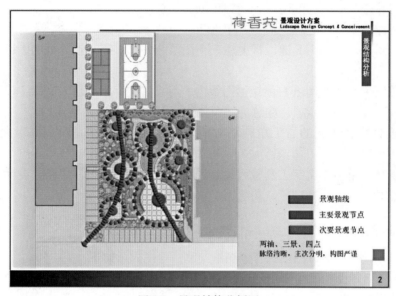

图7-8 景观结构分析图

二、任务实施

（一）创建景观结构分析图纸的底图

1.创建景观结构分析的图纸 第一步打开背景图纸文件，另存为"景观结构分析"。第二步复制荷香苑的变形字。第三步用直排文字工具输入文字"景观结构分析"，字体设为"黑体"，大小"20点"，颜色设为"白色"；第四步在图纸右下角蓝色方框内书写图纸的顺序。

2.复制荷香苑的总平面设计图 第一步打开绘制的荷香苑总平面设计图，将其拖曳到景观结构分析图纸。第二步按Ctrl+T键，按图纸空间大小缩放总平面设计图。第三步按M键，在矩形选框工具的属性栏中设置羽化值为"5"，在总平面设计图上创建矩形选框。第四步单击右键，在弹出的快捷选单中选择"选择反向"命令，如图7-9所示，然后按Ctrl+X键，在图像的边缘产生朦胧的效果。第五步输入数

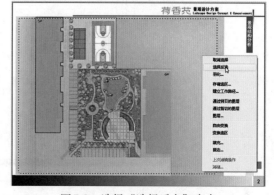

图7-9 选择"选择反向"命令

字"80"，调整图像的不透明度为80%，突出后面绘制的景观结构分析图形，如图7-10所示。

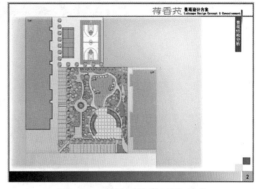

图7-10　调整图像的不透明度

（二）创建分析景观结构的图形

1.绘制表示景观轴线的图形　第一步按M键，在矩形选框工具的属性栏中设置羽化值为"0"，在总平面设计图上创建0.4cm×0.2cm矩形选框。第二步选择选单"图层"→"新填充图层"→"纯色"命令，在"拾色器"中选取红色填充选区。第三步按M键，框选红色图形，然后按Ctrl+Alt键，单击等距离移动并复制图形。第四步依据景观轴线的方向选取图形，按Ctrl+T键，旋转图形。第五步用自定义形状工具在其选项表中选择箭头的矢量图，在图像中绘制路径。第六步在路径面板中单击右键，在弹出的快捷选单中选择"建立选区"命令，将路径转换为选区，然后选择选单"图层"→"新填充图层"→"纯色"命令，在"拾色器"中选取红色填充选区，如图7-11所示的过程。第七步调整红色箭头的方向和大小，放置在景观轴线的两端。按照上述步骤绘制另一条景观轴线。

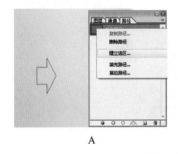
A

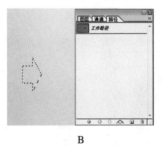
B

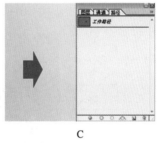
C

图7-11　红色箭头图形的绘制过程
A.创建路径　B.建立选区　C.填充红色

2.景观轴线添加图层样式　第一步在图层面板创建一个新的图层，将颜色填充图层合并到新图层；第二步单击图层面板下的"添加图层样式"图标 ，在显示的选单中先后勾选"投影"和"斜面和浮雕"复选项，分别依照图7-12和图7-13所示给图像添加投影效果、斜面和浮雕效果。最终效果如图7-14所示。

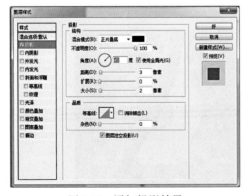

图7-12　添加投影效果

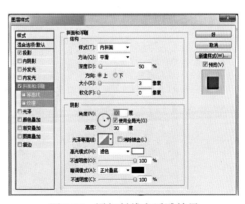

图7-13　添加斜线和浮雕效果

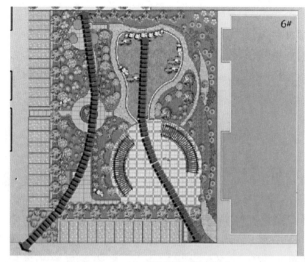

图7-14　景观轴线的图层样式

3. 绘制表示主要景观节点的图形

（1）创建图形的一个模板：第一步在弧形花架上创建一个0.2cm×0.3cm的蓝色矩形，在广场中心随意创建一个蓝色图形（移动中心点的参照），随后合并到一个新建图层上，如图7-15所示。第二步按Ctrl+T键，将中心点移到广场的中心点，如图7-16所示。

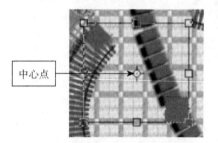
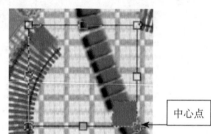

图7-15　创建蓝色图形　　　图7-16　中心点在广场中心

（2）旋转阵列图形：第一步在属性栏中设置旋转的角度为"15°"，按回车键确定。第二步左手同时按住Shift键、Ctrl键和Alt键，右手连续按T键，旋转阵列图形，如图7-17所示。第三步合并旋转阵列图形形成的图层。

（3）添加图层样式：依照图7-12和图7-13所示给图像添加投影效果、斜面和浮雕效果。最终效果如图7-18所示。

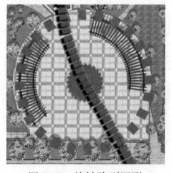
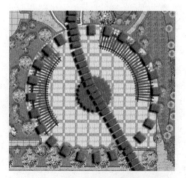

图7-17　旋转阵列图形　　　图7-18　添加图层样式后的效果

（4）复制阵列的图形：第一步按M键，框选绘制的图形，再按Ctrl+Alt键，单击复制两个图形到水景和圆形花坛坐凳位置。第二步按Ctrl+T键，缩放图形大小。

4.绘制表示次要景观节点的图形 第一步框选主要景观节点的图形，执行复制命令。第二步按Ctrl+U键，打开"色相/饱和度"对话框，色相调整为"+90"，饱和度为"0"，明度为"+20"，将图形颜色调整为紫色，如图7-19所示。第三步按Ctrl+T键，缩放图形大小。第五步按M键框选绘制的图形，执行复制命令，绘制其他次要景观节点图形。

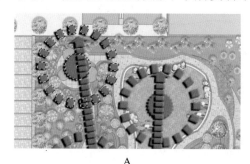 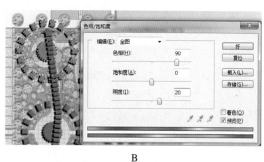

A   B

图7-19 绘制表示次要景观节点的图形

A.复制图形 B.调整色相

5.绘制图例说明 在图纸的右下角位置，绘制各种图例说明，简单说明景观结构的组成。注意应使用吸管工具选取和图例相同的颜色，如图7-20所示。

合并所有可见图层，保存为JPEG格式。

三、任务拓展

（一）任务说明

图7-20 图例说明

绘制如图7-21所示的道路交通分析图纸，主要说明规划区内交通路线、游览路线。绘制时主要应用钢笔工具、画笔工具和路径功能。

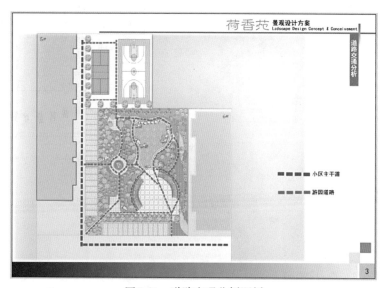

图7-21 道路交通分析图纸

（二）操作提示

1．增添画笔样式 第一步按B键，激活画笔工具。第二步按照图7-22所示步骤执行"载入画笔"命令。第三步在Photoshop文件库中找到矩形画笔样式，载入画笔调板。

2．绘制表示小区主干道的图形

（1）创建路径：第一步单击图层面板下"创建新图层"图标 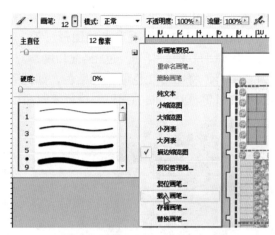 。第二步设置前景色为蓝色。第三步打开路径面板，单击"创建新路径"图标 。第四步按P键，激活钢笔工具，单击选区属性栏的"路径"图标 。第五步在图纸的竖向主干道上单击两点，创建一条路径，如图7-23所示。

图7-22 执行"载入画笔"命令

（2）设置画笔样式的特性：第一步按B键，激活画笔工具。第二步按F5键，显示画笔调板。第三步选取硬边方形20像素的画笔，同时设置画笔的直径为20像素，角度为90°，圆度为50%，间距为130%，如图7-24所示。

（3）用画笔描边路径：单击路径面板下方的"用画笔描边路径"图标 ，绘制如图7-25所示的图形。

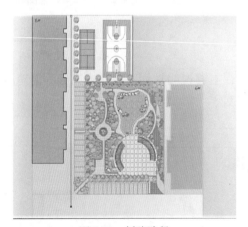

图7-23 创建路径

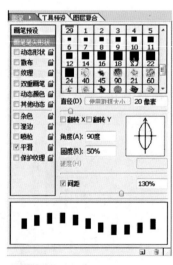

图7-24 设置画笔样式特性

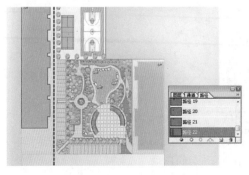

图7-25 用画笔描边路径

（4）按照上述步骤绘制水平方向的主干道：注意要创建新的水平路径，画笔特性中的角度调整为0°。

3. 绘制游园道路　调整前景色为红色

（1）绘制直线方向的道路：绘制步骤同主干道，画笔特性的直径调整为"12像素"，圆度为"50%"，间距为"130%"，水平方向角度为"0°"，竖直方向角度为"90°"，斜线方向角度根据位置具体调整。可多次试着调整，直到比较准确为止。尤其应注意，角度不一样时，路径也不一样，所以要分段创建路径。

（2）绘制圆弧方向的道路：圆弧方向每个画笔的角度都不同，绘制时不用创建路径，可直接使用画笔工具，一个一个绘制，一个一个调整画笔的角度，一般相邻两个画笔的角度相差10°，如图7-26所示。可多次试着调整，直到比较准确为止。

4. 绘制图例说明　在图纸右侧绘制表示各种道路的图例说明，简要说明道路的分类。注意应使用吸管工具选取和图例相同的颜色。

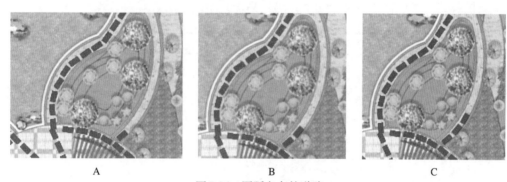

图7-26　圆弧方向的道路
A.角度为40°　B.角度为50°　C.角度为60°

四、课后测评

（1）绘制如图7-27所示的功能分区图。

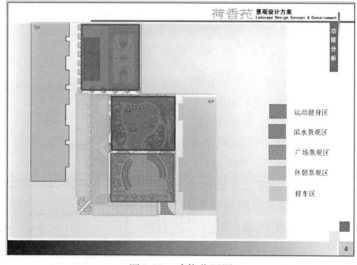

图7-27　功能分区图

绘图提示：

①创建矩形选区后，单击路径面板下方的"从选区生成工作路径"图标 ，创建路径。

②选取9像素的圆形画笔，间距为100%。

③右键单击路径面板中的工作路径缩略图，在弹出的快捷选单中选择"建立选区"命令，如图7-28所示。然后填充和画笔一样的颜色，并调整不透明度为50%。

图7-28　选择"建立选区"命令

（2）绘制如图7-29所示的总平面设计图图纸。总平面设计图图纸属于整体设计方案展示的一部分，主要运用文字工具、新建图层和添加样式等方法绘制。整体设计方案展示图纸是在总平面设计图、整体效果图绘制完稿的基础上，对其涉及的内容所做的进一步的详细说明，其中包括总平面设计图、整体分区、效果图等，力求设计方案清晰明了，易读易懂。绘图提示：

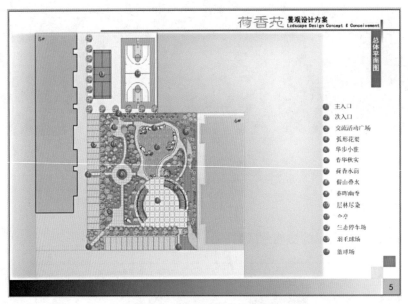

图7-29　总平面设计图图纸

①绘制圆形的红色图例：第一步按Shift+Alt键，同时单击椭圆选框工具，绘制直径0.5cm的圆形选框，填充红色。第二步单击图层面板下的"添加图层样式符号"图标 ，在显示的级联选单中勾选"斜面和浮雕"复选项，依照图7-30所示给图像添加斜面效果。第三步新建图层，将红色图形合并到图层。第四步复制红色图例到需要说明的位置。

②运用文字工具给红色图例编写顺序，并合并在一起。

③在图纸的右侧编写图例说明。

图7-30　添加斜面效果

任务三　绘制局部景观透视图

一、任务分析

在园林规划设计方案中为详尽展示设计内容，设计者还要绘制局部景观节点的透视图。图7-31所示即为荷香苑假山水景荷香水韵透视图。绘制时先在SketchUp软件中导出两点透视的水景场景图，接着在Photoshop软件中进行后期制作，最后复制到统一的方案文本背景图纸中，辅以文字和图片说明，保存到特定文件夹中。

图7-31　"荷香水韵"透视图

二、任务实施

（一）绘制假山水景场景图

1.调整两点透视的假山水景场景　第一步在SketchUp软件中打开场景设计的SKP格式图纸。第二步将鼠标指针放在水景位置滚动滚轴放大水景模型。第三步选择选单"相机"→"两点透视"命令，显示两点透视的假山水景场景，接着按Shift键，同时滚动鼠标中间的滚轴，移动图纸，将假山水景模型放置在视图的中间位置，如图7-32所示。第四步选择选单"窗口"→"阴影"命令，

图7-32　两点透视的场景

在弹出的对话框中设置时间为"14：00"，日期为"8/15"，光线为"80"，明暗为"50"。

2.导出二维场景图 第一步调整SketchUp的绘图窗口，目测宽度和高度比例大致为1.5左右，避免出现宽度和高度比例大于2的情况。第二步选择选单"文件"→"导出"→"2D图像"命令，在弹出的"导出二维消隐线"对话框中单击"选项"按钮，接着弹出"JPG导出选项"对话框，在其中设置"宽度"复选项为"2600"，像素"高度"复选项的像素根据第一步的绘图窗口比例自动生成。

（二）后期处理

1.添加假山图像

（1）处理假山素材：第一步拖曳素材库中一张假山的图像，缩放大小。第二步按Ctrl+L键，弹出"色阶"对话框，调整"输入色阶"为"0 1.00 245"。

（2）绘制假山的水中倒影：第一步按Ctrl+J键，复制一个假山新图层。第二步将第一个假山图层置于当前图层，按Ctrl+T键，单击右键，在弹出的快捷选单中选择"垂直翻转"命令，然后将图层的不透明度设置为50%，如图7-33所示。第三步选择选单"滤镜"→"模糊"→"高斯模糊"命令，在弹出的对话框中设置半径值为"5.0"像素，如图7-34所示。第四步选择选单"滤镜"→"扭曲"→"波纹"命令，在弹出的对话框中设置数量为"200%"，大小为"大"，如图7-35所示。第五步选择选单"滤镜"→"模糊"→"动感模糊"命令，

图7-33　垂直翻转图像

在弹出的对话框中设置距离为"20"像素，角度为"90°"，如图7-36所示。第六步单击图层面板下方的"添加矢量蒙版"图标，为假山图层添加图层蒙版。第七步设置前景色为白色，背景色为黑色，然后执行线性渐变，在画面适当位置单击并拖曳指针，创建选区。完成图如7-37所示。

图7-34　高斯模糊效果

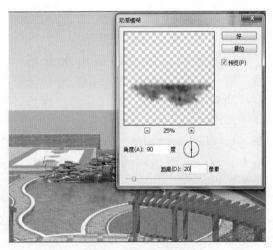

图7-35　波纹扭曲效果

图7-36 动感模糊效果

图7-37 线性渐变效果

2．添加岸边置石 岸边置石由若干块大小不等，高低错落的景石堆砌组合而成。在绘制时反复应用套索工具、缩放工具、复制粘贴工具，仔细处理每一块置石，并按照上述绘制假山水中倒影的步骤绘制临水置石的倒影，增强真实感。绘制时注意以下几点：

（1）在套索工具的属性栏设置羽化值为5像素，这样选取置石时可弱化边缘的棱角。

（2）运用"高斯模糊"、"波纹扭曲"和"动感模糊"等滤镜处理置石的倒影时，应随机调整对话框中的相关数值，以增强真实感。

（3）置石堆砌时要分段自然散置，不要过于整齐均匀，如图7-38所示。

图7-38 岸边置石堆砌效果图

3．添加植物图像 依据植物种植设计图，按照项目六中绘制植物的步骤添加植物素材。特别强调以下几点：

（1）配置植物时注意突出重点，色彩搭配应合理，植物布局应疏密有致，不一定完全按照植物种植设计图上的植物种类和数量配置。

（2）注意图层的前后关系。遇到植物和场景中的模型冲突时，可运用降低不透明度、利用套索和剪切工具相结合的方法剪切掉植物被模型遮挡的部分，如图7-39所示。

A   B   C

图7-39　剪切植物遮挡部分的过程

A.配置植物　B.降低植物不透明度和套索工具相结合　C.剪切植物

（3）按照近大远小的透视关系调整植物图像的大小。

4.添加背景图像　复制并缩放远山背景图像，将不透明度调整为50%。

5.图纸边缘的模糊化处理　第一步按Ctrl+Shift+E键，合并所有可见图层。第二步按L键，在图纸的上部边缘建立不规则选区，如图7-40所示，然后单击右键，在弹出的快捷选单中选择"羽化"命令，调整羽化值为30像素。第三步设置背景色为白色，前景色为黑色，然后选择选单"图层"→"新填充图层"→"渐变"命令，执行线性渐变，角度调整为90°，缩放调整为130%，如图7-41所示。第四步选择选单"滤镜"→"模糊"→"高斯模糊"命令，半径值调整为100像素，如图7-42所示。最终效果如图7-43所示。

图7-40　建立选区

图7-41　线性渐变

图7-42　高斯模糊

图7-43　最终效果

（三）制作荷香水韵图纸

1.绘制基本的图纸内容 第一步打开荷香苑规划方案的统一背景图纸。第二步复制并缩放假山水景图像。第三步书写标题和图纸编号。

2.绘制平面指示图 第一步复制并缩放总平面设计图纸。第二步按Ctrl+U键，在"色相/饱和度"对话框中调整饱和度为－100，将总平面图纸颜色调整为灰色。第三步在假山水景相应的平面图位置绘制红色的圆形图形，指示荷香水韵的平面位置，如图7-44所示。

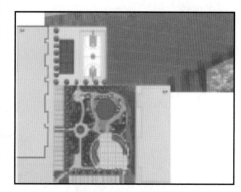

图7-44 指示平面位置

3.输入荷香水韵的设计主题 输入黄庭坚的《晚楼闲坐》诗句。

4.合并所有图层 按Shift+Ctrl+E键，合并所有可见图层。

5.保存图纸 按Ctrl+S键，将图纸以JPEG格式存盘。

三、任务拓展

（一）任务说明

绘制如图7-45所示的荷香苑规划方案中的华步小驻透视图。本图是荷香苑景观节点之一，绘制时遵循两点透视规律，运用综合图像处理工具绘制。

图7-45 华步小驻透视图

（二）操作提示

1.导出二维场景图 在SketchUp软件中导出两点透视的华步小驻场景图纸。

2.添加植物图像 依据近大远小规律调整植物图像的大小，根据图层面板中图层的上下关系调整图纸中图像的前后位置。

3.图纸远景模糊处理 结合选区羽化、线性渐变和高斯模糊处理远景，突出层次，增加真实感。

4.方案文本的绘制 图片和文字结合绘制华步小驻的方案文本。

四、课后测评

（1）绘制荷香苑规划方案中的层林尽染透视图，如图7-46所示。

图7-46　层林尽染透视图

（2）绘制荷香苑规划方案中的春晖幽香透视图，如图7-47所示。

图7-47　春晖幽香透视图

（3）利用学过的绘图知识，自行绘制一张A3图幅的封面。

附录　荷香苑园林规划设计图纸集

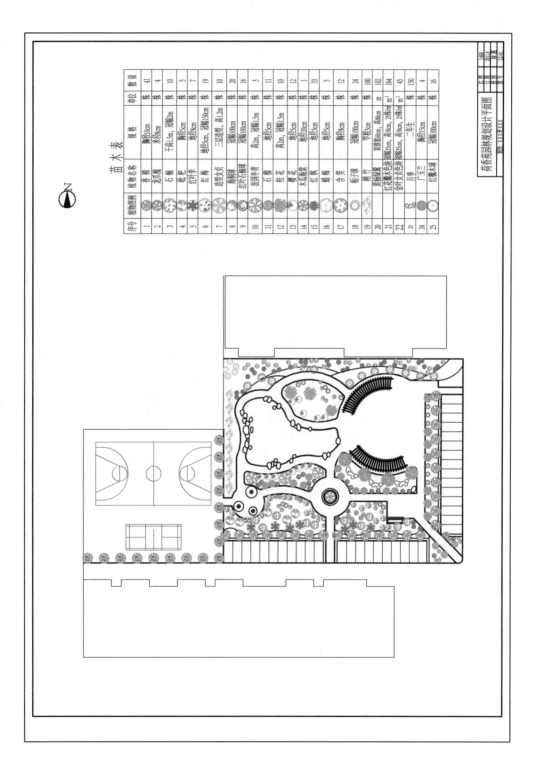

苗木表

序号	植物图例	植物名称	规格	单位	数量
1		香樟	胸径10cm	株	41
2		龙爪槐	米径6cm	株	4
3		石楠	干高1.3m，冠幅1.2m	株	10
4		蜡梅	胸径3cm	株	5
5		红叶李	地径8cm	株	7
6		红梅	地径12cm，冠幅150cm	株	19
7		造型女贞	三层造型，高1.2m	株	10
8		洒金柏	冠幅100cm	株	20
9		红叶石楠球	冠幅100cm	株	16
10		造型洒金柏	高2m，冠幅1.5m	株	3
11		石楠球	地径5cm	株	10
12		桂花	高2m，冠幅1.5m	株	12
13		霞花	地径20cm	株	1
14		红枫	地径5cm	株	33
15		木瓜海棠	地径5cm	株	5
16		蜡梅	胸径6cm	株	12
17		含笑	冠幅100cm	株	24
18		栀子球	冠幅100cm	株	100
19		箬竹	米径1cm	m	102
20		黄馨蔷薇	双杆h90cm，高90cm	m²	164
21		红花檵木色块	冠幅25cm，25株/m	m²	45
22		金叶女贞色块	高30cm，25株/m²	m²	150
23		月季	一、二年生	株	4
24		广玉兰	胸径15cm	株	4
25		红薰球球	冠幅100cm	株	16

荷香苑园林规划设计平面图

图名：XXX×××

苗木统计表

编号	植物图例	植物名称	规格	单位	数量
1		香樟	胸径10cm	株	41
2		龙爪槐	米径8cm	株	4
3		石榴	干高1.5m,冠幅1.2m	株	10
4		枇杷	胸径5cm	株	5
5		红叶李	地径2cm	株	7
6		红梅	地径2cm,冠幅150cm	株	19
7		造型女贞	三层造型,高1.2m	株	10
8		海桐球	冠幅100cm	株	20
9		红叶石楠球	冠幅100cm	株	16
10		法国冬青	高2m,冠幅1.5m	株	3
11		石楠	地径5cm	株	11
12		桂花	高2m,冠幅1.5m	株	10
13		樱花	地径5cm	株	12
14		木瓜海棠	地径20cm	株	1
15		红枫	地径5cm	株	33
16		蜡梅	地径5cm	株	5
17		含笑	胸径5cm	株	12
18		杞子球	冠幅100cm	株	24
19		刚竹	竹胜4m	株	100
20		重瓣绣球	丛径60cm,高80cm	m	102
21		红花檵木色块	篱幅25cm,高50cm,25株/m²	m²	164
22		金叶女贞色块	篱幅25cm,高50cm,25株/m²	m²	45
23		月季	一年生	株	150
24		广玉兰	胸径15cm	株	4
25		红檵木球	冠幅100cm	株	16

N

某育馆园林规划及植物种植设计图
图名:XXX某XXX
比例 1:400
日期 2011.8
图号 景植
图纸号 15.05

5

荷香苑 景观设计方案 Ladscape Design Concept & Conceivement

总体平面图

① 主入口
② 次入口
③ 交流活动广场
④ 弧形花架
⑤ 华步小驻
⑥ 春华秋实
⑦ 荷香水韵
⑧ 假山叠水
⑨ 春晖幽香
⑩ 层林尽染
⑪ 伞亭
⑫ 生态停车场
⑬ 羽毛球场
⑭ 篮球场

荷香苑园林规划设计效果图

光山顾四，水楼凭栏十里荷香。清风明月，无人管，并作南来一段凉。

主要参考文献

陈战是，梁伊任，刘华春，等.2006.园林景观设计施工CAD图块集1.北京：中国建筑工业出版社.

崔兆华，等.2009.AutoCAD2009机械制图.南京：江苏教育出版社.

刘畅，等.2008.SketchUp6.0中文版建筑草图大师基础与范例.北京：机械工业出版社.

邵淑河，等.2008.计算机辅助园林制图.北京：中国建筑工业出版社.

张华，等.2002.园林AutoCAD教程.6版.北京：中国农业出版社.

图书在版编目（CIP）数据

计算机辅助园林制图 / 王世茹主编. —北京：中
国农业出版社，2012.12
　中等职业教育农业部规划教材
　ISBN 978-7-109-17515-0

Ⅰ．①计…　Ⅱ．①王…　Ⅲ．①园林设计—计算机辅助
设计—中等专业学校—教材　Ⅳ．①TU986.2-39

中国版本图书馆CIP数据核字（2012）第308897号

中国农业出版社出版
（北京市朝阳区农展馆北路2号）
（邮政编码 100125）
策划编辑　钟海梅
文字编辑　许　坚

北京通州皇家印刷厂印刷　　新华书店北京发行所发行
2013年8月第1版　　2013年8月北京第1次印刷

开本：787mm×1092mm　1/16　　印张：20.25
字数：486千字
定价：49.80元
（凡本版图书出现印刷、装订错误，请向出版社发行部调换）